面向数字化时代高等学校计算机系列教材

计算机导论

邓立苗 赵磊 主编

李洪霞 陈龙猛 王艳春 李绍静 王蕊 张建伟 副主编

宋彩霞 王轩慧 姚莉 马媛媛 吕健波 李奇 参编

清華大學出版社

北京

内容简介

本书从计算机硬件、软件、数据库、网络和新一代信息技术等几方面对计算机类专业课程和相应知识点进行了介绍，主要内容包括计算机基础知识、计算机硬件系统、计算机软件系统、数据库技术、计算机网络、软件工程及新一代信息技术等。本书旨在让读者了解计算机学科的体系和课程结构，使读者对计算机科学与技术学科的本质有一个正确、深刻的认识；了解学科的定义、根本问题、知识体系，以及计算机学科各主要领域的基本内容、核心概念、数学方法、系统科学方法等；树立专业学习的责任感和自豪感，为今后深入学习计算机专业课程做好铺垫。

本书可作为高等学校计算机类专业的计算机导论课程教材，也可作为非计算机类专业的计算机基础、计算机素养等课程教材，还可作为计算机相关各类社会培训的参考书。

图书在版编目（CIP）数据

计算机导论 / 邓立苗，赵磊主编. -- 北京：清华大学出版社，2025.5.
（面向数字化时代高等学校计算机系列教材）. -- ISBN 978-7-302-68890-7

Ⅰ. TP3

中国国家版本馆 CIP 数据核字第 2025FX4326 号

责任编辑：贾　斌
封面设计：刘　键
责任校对：韩天竹
责任印制：宋　林

出版发行：清华大学出版社
网　　址：https：//www.tup.com.cn，https：//www.wqxuetang.com
地　　址：北京清华大学学研大厦 A 座　　**邮　　编**：100084
社 总 机：010-83470000　　**邮　　购**：010-62786544
投稿与读者服务：010-62776969，c-service@tup.tsinghua.edu.cn
质量反馈：010-62772015，zhiliang@tup.tsinghua.edu.cn
课件下载：https：//www.tup.com.cn，010-83470236
印 装 者：三河市春园印刷有限公司
经　　销：全国新华书店
开　　本：185mm×260mm　　**印　　张**：15.5　　**字　　数**：387 千字
版　　次：2025 年 6 月第 1 版　　**印　　次**：2025 年 6 月第 1 次印刷
印　　数：1～1500
定　　价：59.00 元

产品编号：107807-01

PREFACE

前　言

计算机给人们的生活带来了翻天覆地的改变，其对人类社会、经济发展的贡献也是有目共睹的。目前，计算机技术的应用与发展，成为一个国家综合国力的体现，是国家科技发展水平的象征，国民掌握计算机技术水平高低，直接影响到国民生产总值，因此，国民计算机技术水平的提高具有重大的时代意义。计算机行业是现代化科技体系的重要构成，是科技主战场，科技自立自强是国家强盛之基、安全之要。在党的二十大报告中，科技自立自强被多次提及，科技作为我国全面建设社会主义现代化国家的战略性支撑，其自立自强在统筹发展和安全中发挥着关键作用。

“计算机导论”是学习计算机专业知识的入门课程，也是对计算机专业完整知识体系进行阐述的一门课程。课程的目标是为计算机类专业的学生提供关于计算机基础知识和技术的入门介绍，帮助他们对于该学科有一个整体的认识，知道在大学四年中需要学习哪些课程和哪些专业知识，以及这些课程之间是什么联系；对学生理清学习思路、制定学习目标、确定职业去向有着重要的意义。结合专业教师多年的教学经验，我们编写了本书。

本书共9章，第1章计算机基础知识由王轩慧编写；第2章计算机系统结构由宋彩霞编写；第3章操作系统由王艳春编写；第4章计算机程序设计语言由王蕊、李洪霞编写；第5章数据结构与算法设计由李绍静编写；第6章数据库技术由陈龙猛编写；第7章计算机网络技术由吕健波编写；第8章软件工程由姚莉编写；第9章新一代信息技术由邓立苗、李洪霞、马媛媛、王蕊、李奇共同编写。最后由邓立苗、赵磊、张建伟进行统稿。马克思主义学院的刘丽红、杨先梅对本书的编写思想与思政内容进行了精心指导，在此表示诚挚的感谢！

由于编者水平有限，书中难免存在一些错误和不妥之处，恳请广大读者批评指正。

编　者

2025年2月

CONTENTS

目　录

第1章

计算机基础知识

(1) 在现代的计算机发展过程中，我国自主研发的“天河二号”、“神威·太湖之光”多次登顶超级计算机性能榜首，从而激发学生的民族自豪感。

(2) 我国信息产业在国际上遭遇的坎坷，有助于让学生理解科学技术是第一生产力、关键时刻只能靠自己，让学生明确自己身上肩负的历史使命，激发学生的爱国热情。

(1) 了解计算的起源、计算机的产生和发展阶段、中国计算机的发展历程、计算机的应用领域和发展趋势；了解计算机中信息的表示与编码、存储与处理。

(2) 掌握计算机的概念、计算机系统的体系结构。

计算机的出现和发展，使人类社会得到了前所未有的进步。自1946年世界上第一台电子计算机在美国诞生至今，已经历了七十多年的时间。在这期间，计算机技术发展迅速，计算机的应用已深入千家万户，进入社会生活的各个层次和领域，成为人们工作、学习和生活不可缺少的工具。在21世纪，掌握以计算机为核心的信息技术的基础知识并具有一定的应用能力，是现代大学生必备的基本技能。

1.1 计算机概述

1.1.1 计算机的起源和发展

1. 计算机的起源

现代计算机，同任何其他先进科学技术一样，是人类社会发展到一定阶段的必然产物。在人类的整个发展历程中，一直都在寻找快速有效的计算工具。现代计算机就是从古老的计算工具发展而来的。计算工具自产生以来，经历了漫长的发展过程。我国春秋时期就有“筹算法”(用竹筹计数)，唐末创造出算盘，南宋已有算盘和歌诀的记载。1564年出现了计算尺，1642年在法国制成了第一台机械计算机，1887年制成手摇计算机，以后又出现了电动计算机。

以上计算工具都不能满足近代生产、航海航空、运输及科学技术等的发展要求，如人造卫星、导弹轨迹的计算等问题，迫切要求人们努力创造具有计算速度快、精度高、能按程序的规定自动进行计算和自动控制等优点的新型计算工具。

基础理论的研究和先进思想的出现为现代计算机的问世创造了条件。19世纪中叶，英国数学家查尔斯·巴贝奇(Charles Babbage)最先提出了通用数字计算机的基本设计思想；英国数学家乔治·布尔(George Bool)创立了布尔代数，从此数学进入思维领域。信息论的创始人香农奠定了二进制在计算机中取代十进制的理论基础。1937年，英国数学家艾伦·麦席森·图灵(Alan Mathison Turing)提出了著名的"图灵机"模型，证明了通用数字计算机是可以制造出来的。为纪念图灵对计算机科学的重大贡献，美国计算机协会(Association for Computing Machinery, ACM)开设了图灵奖，授予每年在计算机科学领域做出突出贡献的人。1945年，匈牙利出生的美籍数学家冯·诺伊曼(John von Neumann)提出了在计算机内部的存储器中存放程序的概念，这种计算机体系结构被称为"冯·诺伊曼结构"。按照这一结构设计并制造的计算机称为存储程序计算机，又称为通用计算机。冯·诺伊曼被人们誉为"计算机之父"。

1946年2月，世界上第一台多用途的电子计算机ENIAC(Electronic Numerical Integrator And Computer)，意为电子数字积分和计算机，在美国的宾夕法尼亚大学诞生。ENIAC计算机共用18000多个电子管，1500个继电器，重达30吨，占地170平方米，耗电140千瓦，每秒能计算5000次加法，是由约翰·莫克利(John Mauchley)和约翰·皮斯普·埃克特(John Presper Eckert)领导研制的。尽管庞大笨重，但它的问世，标志着一个崭新的计算机时代的到来。图1.1描述的是埃克特为ENIAC换电子管。

图1.1 埃克特为ENIAC换电子管

2. 计算机的发展阶段

自世界上第一台电子计算机ENIAC诞生以来，计算机获得了迅猛的发展。根据电子计算机所采用的物理器件的发展，一般把电子计算机的发展分成四个阶段，习惯上称为四代，相邻两代计算机之间在时间上有重叠。

第一代(1946—1957年)：电子管计算机时代。

其主要特点是采用电子管作为基本器件，代表机型是ENIAC。这一代计算机内存储器采用磁芯，外存储器有纸带、卡片、磁带、磁鼓等，运算速度仅为每秒几千次，内存容量仅为几千字节。程序设计语言是用机器语言和汇编语言。主要用于科学计算。

第二代(1958—1964年)：晶体管计算机时代。

这时期计算机的主要器件逐步由电子管改为晶体管，因而缩小了体积，降低了功耗，提高了速度和可靠性。外存储器有了磁带和磁盘，运算速度每秒达几十万次，内存容量达几十万字节。出现了 ALGOL60、FORTRAN、COBOL 等高级程序设计语言。应用扩展到数据处理和工业控制中。

第三代(1965—1970 年)：中小规模集成电路计算机时代。

这时期的计算机采用集成电路作为基本器件，因此功耗、体积、价格等进一步下降，而速度及可靠性相应地提高。内存采用半导体存储器，速度为几十万次/秒～几百万次/秒。出现了操作系统和会话式语言，计算机开始应用于各个领域。

第四代(1971 年至今)：大规模或超大规模集成电路(LSI 或 VLSI)计算机时代。

这时期计算机主要逻辑元件是大规模或超大规模集成电路，内存主要采用集成度很高的半导体存储器，速度为几百万次/秒～几万亿次/秒。操作系统日益完善，软件产业高度发达。计算机的发展进入了以计算机网络为特征的时代。

1.1.2　计算机的特点及分类

1. 计算机的特点

计算机不仅具有计算功能，还具有记忆和逻辑推理功能，可模仿人类的思维活动，代替人的脑力劳动。它之所以能够应用于各个领域，完成各种复杂的处理任务，是因为它具有以下一些基本特点。

1）运算速度快

巨型机运算速度已达 10 万亿次/秒以上。在气象预报中，要分析大量资料和数据，若手工计算需十天半月才能算出，而用一般中型计算机只要几分钟就能完成。

2）运算精确度高

一般计算机的计算精度可有十几位有效数字，通过一定技术手段，能实现任何精度要求(但这使机器太复杂或使运算速度降低，因此不必要无限制地增加有效位数)。

3）具有“记忆”和逻辑判断能力

计算机还可以“记忆”大量信息，即把原始数据、中间结果和计算指令等信息存储起来，以备调用。它还能进行各种逻辑判断，并根据判断的结果自动决定以后执行的命令。

4）通用性强

在计算机中运行不同的程序，即可完成不同的任务，从这个意义上说，计算机在各行各业中均可找到用武之地。

5）高度自动化

计算机的自动性是由它的存储程序工作原理决定的。存储在计算机中的程序，可以很快调入内存执行，并由其“指挥”计算机的数据加工处理过程，使它能自动地进行运算和操作，不需要人工干预，这也是计算机区别于其他工具的本质特点。

除上述五个特点外，计算机还具有可靠性强、可联网等特点。概括地说，电子计算机是一种以高速进行操作、具有内部存储能力、由程序控制操作过程的自动电子装置。

2. 计算机的分类

计算机可从不同的角度进行分类。

1）按工作原理分类

按工作原理计算机可分为电子数字计算机、电子模拟计算机。

电子数字计算机处理的数据是用离散的数字量表示的，其基本运算部件是逻辑数字电路，精度高、存储量大、通用性强；电子模拟计算机处理的数据是用连续的模拟量表示的，它计算速度快、精度低、通用性差，通常用于过程控制和模拟仿真。通常我们所用的都是电子数字计算机，简称电子计算机。

2）按使用范围分类

按使用范围分为通用计算机和专用计算机两类。

平常我们使用的计算机一般是通用计算机。专用计算机是为满足某种特殊用途而设计的计算机。由于它的任务单一，因而执行效率比通用机高，如专用于数字信号处理的DSP处理器等。

3）按规模分类

这里的规模是用计算机的一些主要技术指标，如字长、运算速度、主频、存储容量、输入/输出能力、外部设备配置、软件配置等来衡量的。

计算机按规模一般可以分为巨型机（Supercomputer）、大型机（Mainframe）、小型机（Minicomputer）、微型机（Microcomputer）和工作站（Workstation）等。但其界限并无严格规定，而且随着科学技术的发展，它们之间的界限也是变化的。

值得一提的是，工作站与功能较强的高档微机之间的差别并不十分明显。通常，它比微型机有更大的存储容量和运算速度，配备大屏幕显示器，主要用于图像处理和计算机辅助设计领域。

1.1.3 计算机的应用领域与发展趋势

1. 计算机的应用领域

现在，计算机的应用已广泛而深入地渗透到人类社会各个领域。从科研、生产、国防、文化、教育、卫生，到家庭生活，真可谓是无处不及。归结起来，计算机的应用分为如下七方面。

1）科学计算

科学计算又称数值计算，是指用于完成科学研究或工程技术中提出的数学问题的计算。例如在天文学、量子化学、空气动力学、核物理学等领域中，都需要依靠计算机进行复杂的运算。在军事上，导弹的发射及飞行轨道的计算控制、先进防空系统等现代化军事设施通常都是由计算机控制的大系统。现代的航空、航天技术发展，例如超音速飞行器的设计，人造卫星与运载火箭轨道计算更是离不开计算机。科学计算的特点是计算量大和数值变化范围大。

2）过程控制

过程控制又称实时控制，是指用计算机实时采集检测数据，以选定的控制模型对其进行加工处理，按最佳值对被控对象进行自动控制或调节。在现代化工厂里，计算机普遍用于生产过程的自动控制。例如，在化工厂中用计算机来控制配料、温度、阀门的开闭等；在炼钢车间用计算机控制加料、炉温、冶炼时间等；程控机床加工的机械零件具有尺寸精确的特点，而且不需要专用工具卡、模具和熟练技工就可以制造出形状复杂的产品。

3）数据处理

数据处理又称非数值计算，是指用计算机对大批量数据进行分析、加工、处理以形成有用的信息。数据处理系统具有输入输出数据量大而计算简单的特点。例如人事管理、财务管理、仓库管理、资料统计与分析等各种管理信息系统（Management Information System，MIS）都是计算机用于数据处理的例子。

目前，数据处理已广泛用于办公自动化、企业管理、事务管理、情报检索等，已成为计算机应用中占比例最大的一个领域，成为计算机应用的一个重要方面。

4）电子商务

电子商务（Electronic Commerce 或 Electronic Business）是指利用计算机和网络进行的商务活动，具体地说，是指综合利用局域网，Intranet（企业内部网）和 Internet 进行商品与服务交易、金融汇兑、网络广告或提供娱乐节目等商业活动。

电子商务是一种比传统商务更好的商务方式，它旨在通过网络完成核心业务，改善售后服务，缩短周转周期，从有限的资源中获得更大的收益，从而达到销售商品的目的，它向人们提供新的商业机会、市场需求以及各种挑战。

5）计算机辅助系统

利用计算机辅助人们完成某一个系统的任务，目前主要有三类计算机辅助系统。

（1）计算机辅助设计。

计算机辅助设计（Computer Aided Design，CAD）是指利用计算机辅助人们进行设计工作，使设计过程实现自动化或半自动化。目前已用于设计飞机、船舶、汽车、房屋、机械、服装和集成电路等。

（2）计算机辅助制造。

计算机辅助制造（Computer Aided Manufacturing，CAM）是指利用计算机进行生产设备的管理、控制和操作的过程。CAM 已广泛用于飞机、汽车、家电等制造业，成为计算机控制的无人生产线的基础。CAD/CAM 和数据库技术的集成，形成计算机集成制造系统技术，该技术的目标是实现无人加工工厂，使设计、制造、管理完全自动化。

（3）计算机辅助教育。

计算机辅助教育（Computer-Based Education，CBE）包括计算机辅助教学（Computer-Aided Instruction，CAI）、计算机辅助测试（Computer Aided Test，CAT）和计算机管理教学（Computer-Management Instruction，CMI）。利用计算机来辅助进行教学。CAI 可以模拟某一个物理过程，使教学过程形象化。也可以把课程内容变成计算机软件，称为“课件”（Courseware），对不同学生可以选择不同内容和进度，有利于实现因材施教。CAT 还可以利用计算机来解答问题、批改作业、编制考题对学生进行测试、测验等。

6）人工智能

人工智能（Artificial Intelligence，AI）是计算机应用的一个新领域，它研究的内容包括：知识表示、自动推理和搜索方法，机器学习和知识获取，知识处理系统，自然语言理解，计算机视觉，智能机器人等。近年来已具体应用于机器人、医疗诊断、计算机辅助教育、地质勘探、邮政信件分拣、推理证明等方面。

7）虚拟现实

虚拟现实是利用计算机生成的一种模拟环境，通过多种传感设备使用户参与进去，实现用户与环境的直接交互。这种虚拟环境是利用计算机模拟出来的。目前虚拟现实发展非常迅速，应用很广泛，出现了许多虚拟实验室、虚拟工厂、虚拟主持人等。所以有人说，未来是一个虚拟现实的世界。

2. 计算机的发展趋势

目前计算机正朝着巨型化、微型化、网络化、智能化等方向发展。

1）巨型化

巨型计算机有三个显著特点：功能最强、速度最快、价格昂贵。巨型机主要用于大型科学计算，特别是国防尖端技术的发展，需要有很高运算速度、很大存储容量的巨型计算机。巨型机是衡量一个国家科技实力的重要标志之一。

2）微型化

微型化是利用微电子技术和超大规模集成电路技术，把计算机的体积进一步缩小，价格进一步降低。微型机的出现与发展，掀起计算机大普及的浪潮，利用4位微处理器Intel 4004组成的MCS-4是世界上第一台微型机，它于1971年问世。Intel 8086是最早开发成功的16位微处理器（1978年）。现在，个人计算机、笔记本电脑、膝上型、掌上型计算机的使用已日益普及。正是由于微型机的迅猛发展，使得计算机进入了千家万户和各行各业。

3）网络化

计算机网络是利用计算机技术和现代通信技术，把分布在不同地点的计算机系统互联起来，按照通信协议相互通信，以实现软件、硬件和数据资源的共享为目标的系统。现在计算机网络已在各行各业中得到越来越广泛的普及和应用。

4）智能化

人工智能是研究解释和模拟人类智能行为及其规律的一门学科，其主要任务是建立智能信息处理理论，进而设计可以展现某些近似于人类智能行为的计算机系统。智能化的主要研究领域包括：自然语言的生成和理解、自动定理证明、自动程序设计、模式识别、机器翻译、专家系统、智能机器人等。

3. 我国计算机技术的发展概况

我国从1956年开始研制计算机。1958年8月成功地研制出第一台电子管数字计算机103机（如图1.2所示），1964年我国自行研制的晶体管计算机问世，1971年制成了以集成电路为主要器件的DJS系列计算机。

1983年11月26日，国防科技大学研制出我国第一台巨型电子计算机"银河Ⅰ"，它的成功研制使我国成为继美、日之后第三个能研制巨型计算机的国家。此后相继研制出性能越来越高的"银河Ⅱ"（1992年）、"银河Ⅲ"（1997年6月，如图1.3所示）和"银河Ⅳ"等系列巨型机，再加上其他机构研制的"曙光"系列、"神威"系列巨型计算机，使我国巨型计算机技术在世界高科技领域占有一席之地。

2002年9月底，中国科学院计算技术研究所推出了独立研制成功的我国首枚高性能通用CPU"龙芯"1号；2005年4月18日，该所又推出了具有完全自主知识产权的"龙芯"2号处理器，主频为500MHz。"龙芯"的成功问世，标志着我国已经结束了在计算机关键技术领

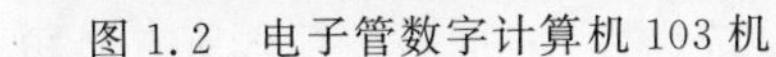

图1.2　电子管数字计算机103机

图1.3　银河Ⅲ

域的“无芯”历史。“龙芯”系列处理器，由于在安全性上优势突出，很适用于对安全性要求较高的安全服务器，在政府或者军事安全平台等领域都将有广阔的市场。

当前我国在高效能计算机研究方面也取得了重要进展，2016年6月20日国际TOP500组织发布榜单，“神威·太湖之光”超级计算机系统登顶榜单之首，不仅速度比第二名“天河二号”快出近两倍，其效率也提高3倍。“神威·太湖之光”超级计算机是由国家并行计算机工程技术研究中心研制、安装在国家超级计算无锡中心的超级计算机，其全部采用国产处理器，峰值速度达每秒12.54亿次。“神威·太湖之光”超级计算机由40个运算机柜和8个网络机柜组成。4块由32块运算插件组成的超节点分布其中。每个插件由4个运算节点板组成，一个运算节点板又含两块“申威26010”高性能处理器。一台机柜有1024块处理器，共有40960块处理器。

2023年5月22日，全球超级计算机评比组织TOP500发布了第61期的超算榜单，我国在榜最高的计算机依旧为“神威·太湖之光”，以93Pflop/s位列第七。对于“神威·太湖之光”所取得的突破，TOP500网站评论说，它结束了“中国只能依靠西方技术才能在超算领域拔得头筹”的时代。中国超算从“103机”到“神威·太湖之光”的事例告诉我们，中国在信息技术行业取得了很大的进步，从追赶者变为领先者。这背后，是中国科研人员努力的追赶：从全面落后、被动模仿，到苦苦追赶、缩小差距，再到实现齐头并进和局部领先。计算机技术发展的根本动力来自人民。习近平总书记深刻指出，“中国人民是具有伟大创造精神的人民”。在几千年历史长河中，中国人民始终辛勤劳作、发明创造。我国发明了造纸术、火药、印刷术、指南针等深刻影响人类文明进程的伟大科技成果。今天，中国人民的创造精神正在前所未有地迸发出来，推动我国日新月异向前发展。如果人民的创新智慧、能力和潜力得不到挖掘，科技创新就将成为无源之水。紧紧依靠人民，充分发挥人民在科技事业中的主体作用，尊重人民首创精神，为了人民干事创业，依靠人民干事创业，是科技创新坚持以人民为中心的重要体现。

1.1.4　计算思维

计算思维是每个大学生必须掌握的基本技能。计算思维作为一种新的思维方式，通过广义的计算(涉及信息处理、算法、复杂度等)来描述各类自然过程和社会过程,从而解决各学科的问题。

1. 基本特征

理论科学、实验科学和计算科学作为科学发现的三大支柱,推动着人类文明进步和科技发展,这种说法已被科学文献广泛引用。与三大科学方法相对应的是三大科学思维。

1) 理论思维

理论思维以推理和演绎为特征,以数学学科为代表,理论思维是所有学科的基础领域。如数学一样,定义是理论思维的灵魂,定理和证明是它的精髓。公理化方法是理论思维的基本方法,公理系统需要满足以下三个条件。

(1) 无矛盾。公理系统不允许出现相互矛盾的命题。

(2) 独立性。所有公理必须是独立的,任何一个公理都不能从其他公理推导出来。

(3) 完备性。公理系统必须是完备的,即从公理系统出发,能推出该领域所有命题。

为了保证公理系统的无矛盾性和独立性,一般要尽可能地使公理系统简单化。简单化使无矛盾性和独立性的证明成为可能,简单化是科学研究追求的目标之一。

2) 实验思维

实验思维以观察和总结自然规律为特征,以物理学科为代表。与理论思维不同,实验思维需要借助一些特定设备,并用它们获取数据和进行分析。实验思维的步骤如下。

(1) 从现象中获得直观认识,用简单的数学形式表示,以建立量的概念。

(2) 用数学方法导出另一个易于实验证实的数量关系。

(3) 通过实验证实这种数量关系。

对实验思维来说,最重要的事情就是设计制造实验仪器和建立理想的实验环境。

3) 计算思维

计算思维以设计和构造为特征,以计算机学科为代表。计算思维是运用计算机科学的基础概念,进行问题求解、系统设计以及人类行为理解的一系列思维活动。

计算思维的本质是抽象和自动化,计算的根本问题是什么能被有效地自动进行。计算是抽象的自动执行,自动化则要求对进行计算的事物进行某种程度的抽象。

抽象层次是计算思维中的一个重要概念,它使人们可根据不同抽象层次,有选择地忽视某些细节,最终控制系统复杂性;在分析问题时,还应当了解各抽象层次之间的关系。

计算思维中的抽象最终要能够利用机器一步步地自动执行。为了确保机器的自动化就需要在抽象过程中进行精确和严格的符号转换和建立计算模型。

计算思维的抽象显得更为丰富,也更为复杂。数学抽象的特点是抛开现实事物的物理、化学和生物学等特性,仅保留量的关系和空间形式,而计算思维中的抽象不仅如此。例如,堆栈是计算学科中常见的一种抽象数据类型,这种数据类型不可能像数学中的整数那样进行简单的"相加"。再如,算法是一种抽象,但不能将两个算法放在一起来实现一个并行算法。同样,程序也是一种抽象,这种抽象也不能随意"组合"。

不仅如此,计算思维中的抽象还与现实世界中的最终实施有关。因此,需要考虑问题处理的边界,以及可能产生的错误。在程序运行中,如磁盘满,服务没有响应,类型检验错误。甚至出现危及设备损坏的严重状况时,计算机需要知道如何进行处理。

2. 计算思维的特征

1) 计算工具与思维方式的相互影响

计算机科学家艾兹格·W. 迪杰特斯拉(Edsger Wybe Dijkstra)说过:"我们使用的工具影响着我们的思维方式和思维习惯,从而也将深刻地影响着我们的思维能力"。计算的发展在一定程度上影响着人类的思维方式,从最早的结绳记数,发展到目前的电子计算机,人类思维方式也随之发生了相应的改变。例如,计算生物学正在改变着生物学家的思维方式;计算机博弈论正在改变着经济学家的思维方式,计算社会科学正在改变着社会学家的思维方式;量子计算改变着物理学家的思维方式,计算思维已成为各个专业求解问题的一条基本途径。

2) 计算思维的定义

"计算思维"是美国卡内基-梅隆大学计算机科学系主任、美国国家自然基金会计算与信息科学工程部助理部长周以真(Jeannette M. Wing)教授提出的一种理论。周以真认为:计算思维是运用计算机科学的基础概念去求解问题、设计系统和理解人类行为,它涵盖了计算机科学的一系列思维活动。

国际教育技术协会(ISTE)和计算机科学教师协会(CSTA)在 2011 年给计算思维做出了一个可操作性的定义,即计算思维是一个问题解决的过程,该过程包括以下特点。

(1) 制定问题,并能够利用计算机和其他工具来帮助解决该问题。

(2) 要符合逻辑地组织和分析数据。

(3) 通过抽象,如模型、仿真等,再现数据。

(4) 通过算法思想(一系列有序的步骤),支持自动化的解决方案。

(5) 分析可能的解决方案,找到最有效的方案,并且有效结合这些步骤和资源。

(6) 将该问题的求解过程进行推广并移植到更广泛的问题中。

3) 计算思维的特征

周以真教授在 *Computational Thinking* 一文中提出了以下计算思维的基本特征。

计算思维是每个大学生必须掌握的基本技能,它不仅属于计算机科学家。应当使每个孩子在培养解析能力时,不仅掌握阅读(Reading)、写作(Writing)和算术(Arithmetic),还要学会计算思维。

计算思维是人的,不是计算机的思维方式。计算思维是人类求解问题的思维方法,而不是要使人类像计算机那样思考。计算机枯燥而且沉闷,人类聪明且富有想象力,是人类赋予计算机激情。

计算思维是数学思维和工程思维的相互融合。计算机科学本质上来源于数学思维,但是受计算设备的限制,迫使计算机科学家必须进行工程思考,不能只是数学思考。

计算思维建立在计算过程的能力和限制之上。需要考虑哪些事情人类比计算机做得好?哪些事情计算机比人类做得好?最根本的问题是:什么是可计算的?

当我们求解一个特定的问题时,首先会问:解决这个问题有多么困难?什么是最佳的解决方法?表述问题的难度取决于人们对计算机理解的深度。

为了有效地求解一个问题,我们可能要进一步问:一个近似解是否就够了?是否允许漏报和误报?计算思维就是通过简化、转换和仿真等方法,把一个看起来困难的问题,重新阐释成一个我们知道怎样解决的问题。

计算思维采用抽象和分解的方法，将一个庞杂的任务或设计分解成一个适合计算机处理的系统。计算思维是选择合适的方式对问题进行建模，使它易于处理。在我们不必理解每一个细节的情况下，就能够安全地使用或调整一个大型的复杂系统。

1.2 计算机中信息的表示与编码

计算机是一个可编程的数据处理机器，本节讨论不同的数据类型以及它们在计算机中是如何表示和存储的。

1.2.1 进位计数制及其相互转换

数据是计算机加工和处理的主要对象。数据可以是数值、文本、声音、图像等。在计算机内，不管是什么样的数据，都用二进制表示。其原因如下：

(1) 物理上容易实现。二进制只使用数字符号“0”和“1”，可以很方便地使用电子元件的两个不同状态来表示，如电平的“高”和“低”。

(2) 二进制的运算规则简单。以加法为例，二进制的加法规则仅有4条：

0+0=0　　0+1=1　　1+0=1　　1+1=10

(3) 适合逻辑运算。二进制中的0和1正好与逻辑代数中的假(False)和真(True)相对应，计算机的工作原理是建立在逻辑运算基础上的，逻辑代数是逻辑运算的理论根据。

(4) 工作可靠。两个状态表示二进制的两个数码，数字传输和处理不易出错，电路更加可靠。

1. 进位计数制

在计算机内部，是以二进制(Binary Notation)形式表示和处理数据，但人们习惯用十进制(Decimal Notation)，有时还用八进制(Octal Notation)、十六进制(Hexadecimal Notation)等。因此，我们首先要搞清楚进位计数制的特点及各进制之间的相互转换。表1.1列出了常用进制数的对应关系。

表1.1 常用进制数的对应关系

十进制	二进制	八进制	十六进制
0	0	0	0
1	1	1	1
2	10	2	2
3	11	3	3
4	100	4	4
5	101	5	5
6	110	6	6
7	111	7	7
8	1000	10	8
9	1001	11	9
10	1010	12	A

续表

十 进 制	二 进 制	八 进 制	十 六 进 制
11	1011	13	B
12	1100	14	C
13	1101	15	D
14	1110	16	E
15	1111	17	F

2. 进位计数制的特点

用进位的方法进行计数的数制称为进位计数制，简称进制。不同的进制都有基数、位权和计数规则这三个基本要素。

(1) 每一种进制都使用固定个数的基本数码计数，这些数码的个数称为基数(Radix)。如十进制允许使用的数码有 0、1、2、3、4、5、6、7、8、9 共十个，故基数为 10；二进制允许使用的数码有 0 和 1，共两个，故基数为 2；八进制允许使用的数码有 0、1、2、3、4、5、6 和 7 共八个，故基数为 8；对于十六进制数，除用 0～9 这十个数码外，还要用 A、B、C、D、E、F 这六个英文字母分别表示十、十一、十二、十三、十四和十五，共十六个符号，故基数为 16。

(2) 采用位权表示法。处于不同位置上的相同数字所代表的值不同，一个数字在某个位置上所代表的实际数值等于该数字与这个位置的因子的乘积，而该因子由所在位置相对于小数点的距离来确定，这个因子叫作位权，简称权(Weight)。权与基数的关系是：各进制中的权值恰是基数的整数次幂。小数点左边第一位的权是基数的 0 次幂，往左每增加一位幂指加 1，往右每增加一位幂指减 1。一个三位的十进制整数，其位权从左到右依次是：10^2、10^1、10^0。任何一种进制表示的数都可写成按位权展开的多项式之和，称为按权展开式，任意一个 r 进制数$(a_n \cdots a_0 . a_{-1} a_{-2} \cdots a_{-m})_r$ 可表示为

$$(a_n \cdots a_0 . a_{-1} a_{-2} \cdots a_{-m})_r = a_n * r^n + \cdots + a_0 * r^0 + a_{-1} * r^{-1} + a_{-2} * r^{-2} + \cdots a_{-m} * r^{-m}$$

【例 1-1】 不同进制数的按权展开式。

十进制数 658.92 的按权展开式为

$(658.92)_{10} = 6 \times 10^2 + 5 \times 10^1 + 8 \times 10^0 + 9 \times 10^{-1} + 2 \times 10^{-2}$

十六进制数 6A8.9F 的按权展开式为

$(6A8.9F)_{16} = 6 \times 16^2 + 10 \times 16^1 + 8 \times 16^0 + 9 \times 16^{-1} + 15 \times 16^{-2}$

八进制数 457.612 的按权展开式为

$(657.612)_8 = 6 \times 8^2 + 5 \times 8^1 + 7 \times 8^0 + 6 \times 8^{-1} + 1 \times 8^{-2} + 2 \times 8^{-3}$

二进制数 1011.011 的按权展开式为

$(1011.01)_2 = 1 \times 2^3 + 0 \times 2^2 + 1 \times 2^1 + 1 \times 2^0 + 0 \times 2^{-1} + 1 \times 2^{-2}$

(3) 计数规则为逢 N 进 1，N 为基数。例如十进制数的计数规则为逢 10 进 1，二进制数为逢 2 进 1，八进制数为逢 8 进 1，十六进制数为逢 16 进 1。

3. 不同进制数的表示

一般地，为了标明一个数的进制，经常在数后加字母 B 表示二进制数，加字母 O 表示八进制数，加字母 H 表示十六进制数，加字母 D 或省略 D 表示十进制数。如 0A8FH 表示十六进制数 A8F，39O 表示八进制数 39，10100.101B 表示二进制数 10100.101。也可以将数

用括号括起来，在右下角标明数的进制，如$(167.5)_8$表示八进制数167.5。表1.2给出了四种进制数的特点比较。

表1.2 四种进制数的特点比较

进 制	二 进 制	八 进 制	十 进 制	十 六 进 制
计数规则	逢二进一	逢八进一	逢十进一	逢十六进一
基数	R=2	R=8	R=10	R=16
基本数码	0、1	0、1、2、3、4、5、6、7	0、1、2、3、4、5、6、7、8、9	0、1、2、3、4、5、6、7、8、9、A、B、C、D、E、F
权	2^i	8^i	10^i	16^i
后缀表示	B	O	D	H

4. 不同进制数间的相互转换

1）其他进制数转换为十进制数

将非十进制数转换为十进制数的规则是“按权展开求和”，即写出该进制数的按权展开式，然后按十进制运算，求出其结果即可。

【例1-2】 下列数转换成十进制数。

$10101.1B = 1\times2^4 + 1\times2^2 + 1\times2^0 + 1\times2^{-1} = 21.5D$

$1EC.AH = 1\times16^2 + 14\times16^1 + 12\times16^0 + 10\times16^{-1}$

$= 256 + 224 + 12 + 0.625 = 492.625D$

2）将十进制数转换为任意非十进制数

将十进制数转换为任意非十进制数，需要对整数部分和小数部分按不同规则分别进行转换。

(1) 整数部分的转换采用“除基数取余法”。

除基数取余法就是将被转换的十进制整数除以基数，记下余数，将得到的商继续除以基数，记下余数，如此反复，直到商为0为止。然后按“先得到的余数置于低位，后得到的余数放在高位”的顺序将余数排列起来，就得到了对应的进制数。该方法概括为“除基数、取余数、结果倒排”。

【例1-3】 将100D转换成二进制数、八进制数和十六进制数。

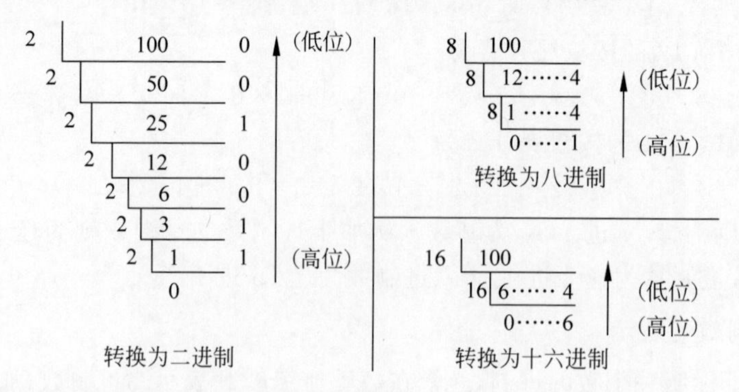

∴ 100D=1100100B=144O=64H

(2) 小数部分的转换采用“乘基数取整法”。

乘基数取整法就是将十进制数的小数部分乘以基数，取出整数，将剩余的小数继续乘以基数，取出整数，如此反复，直到小数部分为0为止。然后按“先得到的整数置于高位，后得到的整数放在低位”的顺序将整数排列起来，就得到了对应的进制数。该方法概括为“乘基数、取整数、结果正排”。

【例1-4】 将$(0.8125)_{10}$转换成二进制数。

```
  0.8125
 ×     2
 0.6250……1    (高位)
 ×     2
 0.2500……1
 ×     2
 0.5000……0
 ×     2
 0.0000……1    (低位)
```

∴　0.8125D=0.1101B

【例1-5】 将数100.625转换为二进制数。

应用上面的方法，对十进制整数部分100和十进制小数部分0.625分别进行转换，再把二者连接起来。

100D=1100100B　　　　0.625D=0.101B

∴　100.625D=1100100.101B

3）二进制数、八进制数、十六进制数之间的转换

八进制数和十六进制数与二进制数之间的转换非常方便，由于$2^3=8$，一位八进制数恰好可用三位二进制数表示；同样由于$2^4=16$，一位十六进制数恰好可用四位二进制数表示。根据这一原理，它们之间的转换规则如下：

(1) 二进制数转换成八进制数。

转换规则为“三位并一位”，即以小数点为基准，向左对整数部分每三位为一组进行分组，最后一组不足三位时在左端添0补足三位；向右对小数部分每三位一组进行分组，最后一组不足三位时在右端添0补足三位。然后把每一组二进制数代之以一位八进制数，小数点位置不变，即得到八进制数。

【例1-6】 将1010.0011B转换成八进制数。

001 010.001 100 B

1　2　1　4

∴　1010.0011B =12.14O

(2) 八进制数转换成二进制数。

转换规则为“一位拆三位”，即把每一位八进制数替换成与之相等的三位二进制数，然后按权连接即可。

【例1-7】 将八进制数512.74转换成二进制数。

5　1　2　.　7　4

101 001 010 .　111 100

∴　512.74O=101001010.111100B=101001010.1111B

(3) 二进制数转换成十六进制数。

转换规则为“四位并一位”,即以小数点为基准,向左对整数部分每四位为一组进行分组,最后一组不足四位时在左端添0补足四位;向右对小数部分每四位一组进行分组,最后一组不足四位时在右端添0补足四位。然后把每一组二进制数代之以一位十六进制数,小数点位置不变,即得到十六进制数。

【例 1-8】 将1010.00101B转换成十六进制数。

1010.0010 1000 B

A　2　8

∴　1010.00101B =A.28H

(4) 十六进制数转换成二进制数。

转换规则为“一位拆四位”,即把每一位十六进制数替换成与之相等的四位二进制数,然后按权连接即可。

【例 1-9】 将十六进制数2BF.2EH转换成二进制数。

2　B　F　.　2　E　H

0010 1011 1111 . 0010　1110

∴　2BF. 2E H =001010111111.00101110B

(5) 八进制数与十六进制数之间的互换可通过二进制数作为中介来完成。

1.2.2 带符号数的表示

1. 机器数

计算机中使用的数有无符号数和有符号数两种。在计算机中,数的正负号也被数码化了。通常把二进制数的最高位定义为符号位,用0表示正,用1表示负,称为数符;其余位仍表示数值。若一个数占8位,表示形式如图1.4所示。把在机器内存放的用0、1表示正、负的数称为机器数,把机器外部用正、负号表示的数称为真值数。

【例 1-10】 真值数−0101100B,其机器数为10101100B,存放在机器中如图1.4所示。

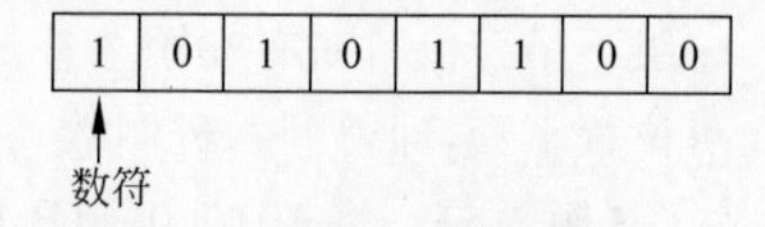

图1.4 机器数的表示形式

2. 机器数的表示——原码、反码、补码

机器数的表示方法常用的有三种:原码、反码和补码。为简单起见,下面举例时,仅对整数且假定字长为8位进行说明。

1) 原码

如上所述,把一个数的最高位定义为符号位,用“0”表示正,用“1”表示负,其余位表示真值的绝对值,这种表示方法就是原码。

【例 1-11】 下面三个真值数的原码分别是:

真值:	+0000001	−0000001	−1100100
原码:	00000001	10000001	11100100

注意:(1) 正数的原码是它本身;

(2) 数值0的原码有两种形式:

$$[+0]_{原} = 00000000$$
$$[-0]_{原} = 10000000$$

两种形式均当0处理。

采用原码的优点是简单易懂,与真值转换方便,用于乘除法运算十分方便,但对于加减法运算就很麻烦。

2）反码

正数的反码与其原码形式相同,即最高位符号位为“0”,其余各位为数值位;负数的反码就是对其原码除符号位不变外,其余各位“按位取反”所得的数。用数学式表示如下:

$$[x]_{反} = \begin{cases} x & 0 \leqslant x < 2^{n-1} \quad 其中 n 为字长 \\ 2^n - 1 - |x| & -2^{n-1} < x \leqslant 0 \end{cases}$$

由定义可看出,零的反码有两种表示形式$[+0]_{反}=00000000$和$[-0]_{反}=11111111$。

【例1-12】 下面三个真值数的原码和反码分别是:

真值:	+0000001	−0000001	−1100100
原码:	00000001	10000001	11100100
反码:	00000001	11111110	10011011

3）补码

对于n位计算机,某数x的补码定义如下:正数的补码与其原码相同;负数的补码等于模(即2^n)减去它的绝对值,即用它的补数来表示。用数学式描述如下:

$$[x]_{补} = \begin{cases} x & 0 \leqslant x < 2^{n-1} \quad 其中 n 为字长 \\ 2^n - |x| & -2^{n-1} \leqslant x < 0 \end{cases}$$

补码的求法:除用上面补码的定义来求一个数的补码外,常用下面方法来求补码。

(1) 正数的补码与其原码相同。

(2) 负数的补码等于其反码加1。

(3) 零的补码为0。

【例1-13】 对于字长为8位的计算机,求下列几个整数的原码、反码和补码实例如表1.3所示。

表1.3 原码、反码和补码实例

十进制(真值)	二进制(真值)	原　码	反　码	补　码
+0	+000 0000	0000 0000	0000 0000	0000 0000
−0	−000 0000	1000 0000	1111 1111	0000 0000
+1	+000 0001	0000 0001	0000 0001	0000 0001
−1	−000 0001	1000 0001	1111 1110	1111 1111
+91	+101 1011	0101 1011	0101 1011	0101 1011
−91	−101 1011	1101 1011	1010 0100	1010 0101
+127	+111 1111	0111 1111	0111 1111	0111 1111
−127	−111 1111	1111 1111	1000 0000	1000 0001
−128	−1000 0000	—	—	1000 0000

注意:在计算机中,有符号数都是用补码表示,运算结果也用补码表示,所以补码最重要。

现在对原码、反码、补码总结如下：

（1）正数的原码、反码、补码三者相同。

（2）负数的反码、补码与原码不同，但三者符号位都是 1。

（3）将负数的反码加 1 即得到其补码。

1.2.3 定点数与浮点数

数的小数点，在计算机中一般通过隐含规定小数点的位置来表示。根据约定的小数点的位置是否固定，分为定点表示法和浮点表示法两种。这两种表示方法，不仅关系到小数点的问题，而且关系到数的表示范围、精度和计算机内部电路的复杂程度。

1. 定点表示法

约定小数点隐含地固定在数字位序列中某个位置不变，称为定点表示法。用定点表示法表示的数称为定点数。原则上，小数点固定在哪一位并无关系，但为了方便，总是把小数点规定在数的最前面或数的最后面，即总是把所有的数化为纯小数或纯整数来对待，选择哪一种在硬件上并无区别，是在程序中约定的。图 1.5 给出了定点纯小数和定点纯整数的一般表示形式。

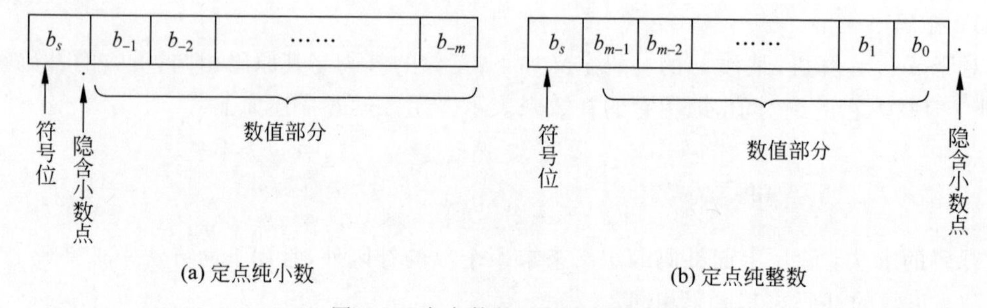

图 1.5 定点数的一般表示形式

2. 浮点表示法

浮点表示法类似于科学记数法，是小数点的位置可以变动的表示方法。任何一个二进制数 N 可表示为

$$N = \pm S \times 2^{\pm j}$$

其中 j 称为 N 的阶码，j 前面的正负号称为 N 的阶符，S 称为 N 的尾数，S 前面的正负号称为数符。在浮点表示法中，小数点的位置是可以浮动的，如何移动由阶码和阶符决定。如二进制数 1011.0101 可表示为

$$N = 1011.0101 = 1.0110101 \times 2^{+11} = 101.10101 \times 2^{+01} = 1011010.1 \times 2^{-11}$$

一般浮点数在计算机内存放的形式如图 1.6 所示。

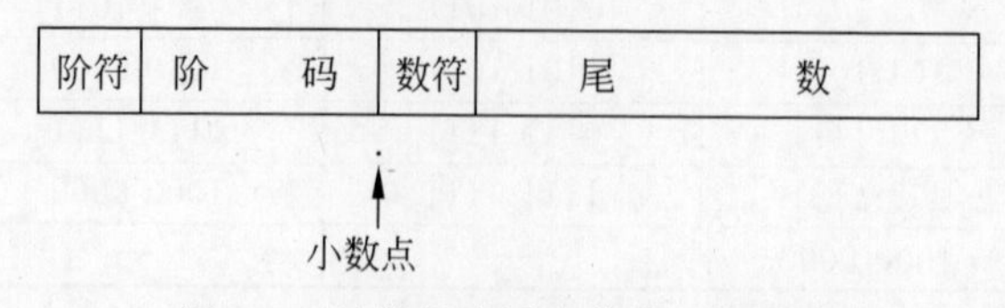

图 1.6 计算机内浮点数的一般形式

在图 1.6 中，数符和阶符各占一位，阶码是定点整数，阶码的位数决定了所表示数的范围；尾数是定点纯小数，尾数的位数决定了数的精度。在不同字长的机器中，浮点数占的字长不同，一般为 2 个或 4 个机器字长。

为了在计算机中存放方便和提高精度，必须用规格化形式唯一地表示一个浮点数。规格化形式规定：尾数值的最高位为 1，而数的实际大小可通过调整阶码大小而保持不变。对于上面的数 1011.0101B，其规格化浮点数形式唯一地表示为 $0.10110101\times2^{+100}$。

【例 1-14】 设字长为 16 位，其中阶符 1 位，阶码 4 位，尾符 1 位，尾数 10 位，阶码和尾数都用补码表示。要求写出 $X=-101101.0101B$ 的规格化浮点表示形式。

首先把 X 写成规格化的浮点真值数：$X=-0.1011010101\times2^{+110}$。

$[+110]_{补}=00110$。

-0.1011010101 的定点纯小数补码$=10100101011$。

则规格化的浮点补码数如下：

0	0110	1	0100101011

【例 1-15】 设阶码用原码表示，尾数用补码表示，求下列浮点机器数的真值。

0	0010	1	001001100
阶符	阶码	尾符	尾数

真值$=-0.1101100111\times2^{+0010}=-11.01100111B$。

1.2.4　信息编码

计算机中的所有信息都是用二进制编码表示的。而计算机除了能处理数值数据外，还能识别和处理各种非数值型的数据，如文字、声音、图形等。这些数据必须经过编码后才能输入计算机中进行处理。

1. 数字编码

数值在计算机中的表示使用 BCD(Binary Coded Decimal)码，即将每一位十进制数用四位二进制数编码表示。十进制有 0～9 共 10 个数字，因此每一位十进制数要四位二进制数编码。

BCD 码的编码方案很多，最常用且最基本的是 8421 码，所以又常把 8421 码称为 BCD 码。这种编码采用 4 位二进制数表示一位十进制数，而 4 位二进制数各位的权自左到右分别为 8，4，2，1。所不同的是，四位二进制数有 0000～1111 十六种组合状态，取其中 0000～1001 这前十种状态表示 0～9 这 10 个数字，其余 1010～1111 这六种状态舍弃。例如：

98D＝01100010B

98D＝10011000(BCD)

表 1.4 列出了十进制数与 BCD 码的对应关系和二进制数的对比关系。

这里要注意，两位十进制数是用 8 位二进制数并列表示，它不是一个 8 位的二进制数。如 26 的 BCD 码是 00100110，而二进制数 00100110＝25＋22＋21＝38D。

表 1.4 十进制数与 BCD 码的对应关系和二进制数的对比关系

十进制数	BCD 码	二进制数	十进制数	BCD 码	二进制数
0	0000	0000	9	1001	1001
1	0001	0001	10	00010000	1010
2	0010	0010	11	00010001	1011
3	0011	0011	12	00010010	1100
4	0100	0100	13	00010011	1101
5	0101	0101	14	00010100	1110
6	0110	0110	15	00010101	1111
7	0111	0111	16	00010110	10000
8	1000	1000	17	00010111	10001

2. 字符编码

用来表示字符的二进制编码称为字符编码。计算机中常用的字符编码有 EBCDIC(Extended Binary Coded Decimal Interchange Code,扩展的二一十进制交换码)和 ASCII 码(American Standard Code for Information Interchange,美国信息交换标准码)。EBCDIC 码主要用在 IBM 系列及其他大型机中,微机中广泛应用的是 ASCII 码。ASCII 码字符集包括各种运算符号、关系符号、标点符号、控制符号、字母和数字符号等。

ASCII 码被国际标准化组织 ISO 指定为国际标准。ASCII 码有 7 位码和 8 位码两种版本。国际通用的 7 位 ASCII 码采用 7 位二进制数表示一个字符的编码,其编码范围为 0000000B～1111111B,可以表示 $2^7=128$ 个不同字符的编码,如表 1.5 所示。而一个字符在计算机内实际是用 8 位(即 1 字节)表示。正常情况下,最高一位 d_7 为"0",在需要奇偶校验时,这一位可用于存放奇偶校验的值,此时称其为校验位。

要通过表 1.5 查找某个字符的 ASCII 码,可在表中先查到它的位置,然后确定它所在位置的相应列和行,最后根据列确定高位码(d6d5d4),根据行确定低位码(d3d2d1d0),把高位码与低位码合在一起就是该字符的 ASCII 码。一个 ASCII 码可用不同进制的数表示。例如字母"A"的 ASCII 码是 1000001B,用十六进制表示为 41H,十进制表示为 65D。

由表 1.5 可看出,十进制码值为 0～31 和 127(即 NUL～US 和 DEL)的 33 个符号起控制作用,故称为控制码,其余 95 个符号用于写程序和命令,称为信息码。数字字符 0～9 的编码值符合正常的数字排序关系;英文字母的编码值也满足正常的字母排序关系,且大小字英文字母编码的对应关系为小写比大写字母码值大 32,即在第 5 位以 0、1 区别,这有利于大、小写字母之间的编码转换。

表 1.5 标准 ASCII 码表

3210 位	654 位							
	000	001	010	011	100	101	110	111
0000	NUL	DLE	SP	0	@	P	`	p
0001	SOH	DC1	!	1	A	Q	a	q
0010	STX	DC2	"	2	B	R	b	r
0011	ETX	DC3	#	3	C	S	c	s
0100	EOT	DC4	$	4	D	T	d	t

续表

3210位	654位							
	000	001	010	011	100	101	110	111
0101	ENO	NAK	%	5	E	U	e	u
0110	ACK	SYN	&	6	F	V	f	v
0111	BEL	ETB	'	7	G	W	g	w
1000	BS	CAN	(	8	H	X	h	x
1001	HT	EM	)	9	I	Y	i	y
1010	LF	SUB	*	:	J	Z	j	z
1011	VT	ESC	+	;	K	[	k	{
1100	FF	FS	,	<	L	\	l	|
1101	CR	GS	-	=	M	]	m	}
1110	SO	RS	.	>	N	^	n	~
1111	SI	US	/	?	O	_	o	DEL

为使用更多的符号，有的操作系统采用8位二进制数的字符编码，又叫扩展ASCII码。其编码范围为00000000B～11111111B，可表示256($2^8=256$)种不同的符号，其中最高位为0的编码对应的符号与7位ASCII码相同，而最高位为1的编码定义了另外128个图形符号。

1.2.5　汉字的表示方法

为了用计算机处理汉字，同样也需要对汉字进行编码。用计算机对汉字信息进行处理实际上是各种汉字编码间的转换和对汉字编码的处理。不同的汉字处理过程，采用的汉字编码也有所不同。目前计算机上使用的汉字编码主要有四种：汉字输入码、汉字信息交换码、汉字内码和汉字字形码。

1. 汉字输入码

汉字输入码也称汉字外部码(简称外码)，是指用计算机标准键盘上按键的不同排列组合来对汉字的输入进行编码。衡量一个输入编码的优劣有以下三个指标：

(1) 编码的长度。编码短，可以减少击键的次数。

(2) 重码率。重码率即同一编码所对应的汉字个数。重码少，可以实现盲打。

(3) 学习和记忆的难易程度。

根据编码规则，目前各种汉字输入码可分为四类：流水码、音码、形码和音形码。

1) 流水码

流水码即数字编码，就是用4位数字代表一个汉字的输入码，如电报码、区位码等。流水码的优点是无重码，而且输入码和内部编码的转换比较方便，但是编码难以记忆。

2) 音码

音码是以汉语拼音为基础的汉字输入编码。常用的音码有双拼码、全拼码、简拼码、智能ABC、微软拼音等。双拼把一个汉字分为声母和韵母两部分，各用一个字母表示，码最短；全拼必须把汉字的全部读音输入，因而编码较长；简拼则把部分多字节声母和韵母用一个字母表示，编码长度介于全拼和双拼之间。由于汉字同音字太多，其重码率很高，因此,按字音输入后还必须进行同音字选择,影响了输入速度。优点是易学易用,熟悉汉语拼音的人学起来都不难。

3) 形码

形码是根据汉字的字形、结构特征和一定的编码规则确定的编码。典型的形码有五笔字型码、大众码、表形码、五笔画等。形码的核心是将汉字作为若干基本部件的组合。它的特点是根据汉字的字形就能得出汉字的编码。输入汉字时重码少,输入速度快。但形码需要专门的学习才能掌握。

4) 音形码

音形码是结合汉字的读音和字形对汉字进行的编码。如自然码、首尾码等。音形码吸取了字音和字形编码的优点,使编码规则简化,重码少,但仍需专门的学习。

2. 汉字信息交换码

在不同汉字信息处理系统间进行汉字交换时所使用的编码,就是汉字信息交换码,简称交换码。它是为使系统、设备之间信息交换时采用统一的形式而制定的。交换码以1981年我国国家标准局公布的《信息交换用汉字编码字符集——基本集》(国家标准号:GB2312—1980)作为编码标准。该标准共收录7445个汉字及符号,其中汉字6763个,各种图形符号682个。该字符集中的汉字依据使用频率高低分为一级汉字3755个,按汉语拼音字母顺序排列;二级汉字3008个,按部首顺序排列。这一汉字字符集规定,将汉字和符号分成94个区(行),每个区分为94位(列),汉字及字符就排列在这94行×94列的阵列中。交换码以两字节表示,第一字节对应区号,第二字节对应位号。显然,区号和位号的范围都是1～94。

若将区号、位号各用两位十进制数字表示,区号在前,位号在后,这就构成了区位码。例如汉字"材"在18区、36位,所以其区位码为1836。

国标码就是上面所说的交换码,其求法是:将一个汉字的十进制区号和十进制位号分别转换成十六进制,然后再分别加上20H,就得到了该汉字的国标码。例如汉字"材"的区位码为1836,其国标码为3244H(1224H＋2020H)。

汉字字符集除上述GB2312—80汉字编码外,还有以下两种。

1) GBK编码

GBK(Chinese Internal Code Specification)是又一个汉字编码标准,全称汉字内码扩展规范,中华人民共和国国家信息技术标准化技术委员会于1995年12月1日制定。GBK向下与GB2312—1980兼容,向上支持ISO10646国际标准,共收录汉字21003个、符号883个,并提供1894个造字码位,简、繁字融于一库。

中文Windows 95/98/2000/XP全面支持GBK内码,能统一地表示20902个汉字。

2) UCS编码

1993年,国际标准化组织ISO公布了ISO10646编码标准——通用多八位编码字符集(Universal Multiple-Octet Coded Character Set,UCS)。在UCS中,每个字符用4字节表示,编码由组、平面、行和字位组成,整个字符集包括128个组,每组有256个平面,每个平面有256行,每行有256个字位。这样巨大的编码空间足以容纳世界上的各种文字。字符集中的每个字符用4字节(组、平面、行、字位)唯一地表示。经过各使用汉字国家和地区的合作与艰苦努力,整理、形成了UCS中统一的汉字字符集CJK(C-China、J-Japan、K-Korea),

CJK 中总共有 20902 个字符。

3. 汉字内码

汉字内码是汉字在信息处理系统内部统一的表示形式，是在信息处理系统内部存储、处理、传输汉字用的代码。为与 ASCII 码区分，在信息处理系统内部，汉字的表示形式不是直接采用国标码，而是采用变形国标码，即将汉字国标码的每一字节的最高位置“1”，作为汉字机内码，以区别于西文字符的 ASCII 码（其最高位为“0”）。由此可见，汉字机内码（简称汉字内码）＝汉字的国标码＋8080H。例如：

汉字“补”的区位码为 1825。

汉字“补”的国标码为 3239H（00110010 00111001B）。

汉字“补”的内码为 b2b9H（10110010 10111001B）。

4. 汉字字形码

汉字字形码是表示汉字字形信息的数字代码，通常用点阵、矢量等方式表示。它用于输出汉字时产生汉字的字形。用点阵表示字形时，汉字字形码指的就是汉字字形点阵的数字化代码，即点阵汉字字形中的每一点都是用一个二进制位来表示。根据输出汉字的要求不同，汉字点阵的多少也不同，点阵越大，输出的字形越美观。简易型汉字为 16×16 点阵；提高型汉字有 24×24 点阵、32×32 点阵、48×48 点阵等；屏幕上显示汉字常用 16×16 点阵，而普通打印常用 24×24 点阵。不同字体如仿宋、楷体、黑体等，其字形码也有区别。一个汉字信息系统具有的所有汉字字形码的集合构成了该系统的汉字库。不同大小、不同字体的汉字字形码需要不同的汉字库来存储。

字模点阵的信息量是很大的，所占存储空间也很大，以 16×16 点阵为例，每个汉字就要占用 16×16÷8＝32 字节，两级汉字大约占用 212KB。

5. 各种编码之间的关系

从汉字编码转换的角度，图 1.7 显示了四种编码之间的关系，各种编码之间都需要各自的转换程序来实现。

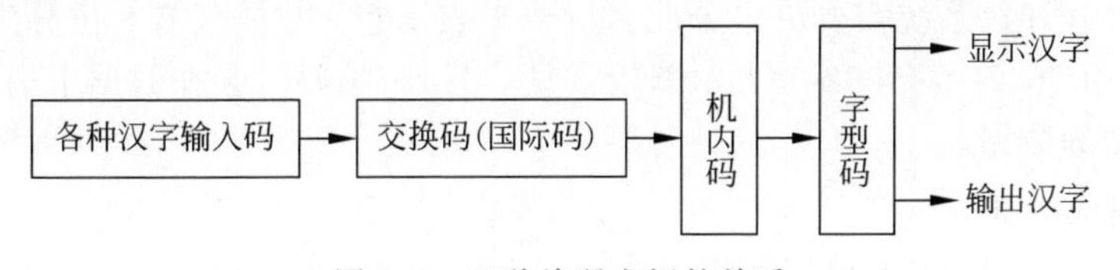

图 1.7　四种编码之间的关系

1.2.6　音频的表示方法

音频是声音或音乐的表现，本质上与上面讨论过的数值和字符不同。不同字符个数是可数的，而音频是不可数的，是随时间变化的模拟数据。在计算机中存储和处理音频信号，必须对其进行数字化，方法是按照一定的频率（时间间隔）对声音信号的幅值进行采样，然后对得到的一系列数据进行量化与二进制编码处理，即可将模拟声音信号转换为相应的二进制序列。这种数字化后的声音信息就能被计算机存储、传输和处理。当需要计算机播放数字化的音频时，会将数字信号还原为模拟信号播放，这样就可以听到声音了。

1. 采样

我们不可能记录一段音频信号的所有幅值，只能记录其中的一些。每隔一个时间间隔在模拟声音波形上取一个幅值的过程称为采样，可以记录这些采样值来表现模拟信号。图 1.8 显示了在 1 秒音频信号上采样 10 次的状况。

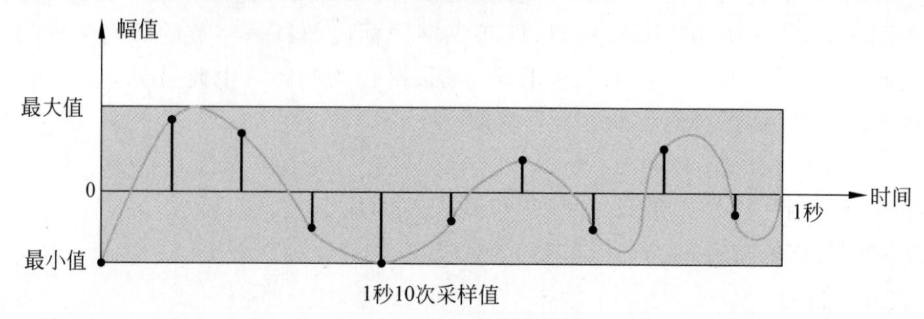

图 1.8 音频信号的采样

每秒需要采样多少次才能还原出原始音频信号呢？通常每秒 40000 个左右样本的采样率就能很好地还原出音频信号。采样率低于这个值，人耳听到的还原声音会失真。较高的采样率当然会更保真，生成的声音质量更好，但到达某种程度后，再提高采样率，人耳已分辨不出差别了，这意味着白白浪费数据，多占用存储空间。

2. 量化

采样得到的值是实数，这意味着可能要为每一秒的样本存储几万个实数值。为了减少存储量，每个样本使用一个整数表示更合适。量化是将样本的值截取为最接近的整数值。例如，实际的采样值为 17.2，就可截取为 17；如果采样值为 17.7，就可截取为 18。

3. 编码

量化后的样本值需要被编码。一些系统的样本取值有正有负，另一些系统通过把曲线移动到正的区间从而只有正值。换言之，一些系统使用有符号整数表示样本，而另一些系统使用无符号整数表示。有符号整数可以用补码或原码表示。

每个样本编码时，系统需要决定分配多少位来表示它。早先仅有 8 位分配给声音样本，现在每个样本用 16、24 甚至 32 位表示都较常见。另外，编码时会在数据中加入一些用于纠错、同步和控制的数据。

4. 声音编码标准

当今音频编码的主流标准是 MP3(MPEG Layer 3)，该标准是 MPEG 音频压缩编码标准的一部分。它采用的方案是每秒采样 44100 个样本，每个样本用 16 位编码，再使用信息压缩方法进行压缩，压缩后再存储。

1.2.7 图像和图形的表示方法

图像(Image)和图形(Graph)这两个术语有时会混用，严格意义上讲，图像是按照一个一个像素点(光栅图格式)存储的，而图形是按照几何形状描述(矢量图格式)存储的。

1. 图像的表示方法

1) 像素

照片等自然场景的图像在计算机中是按光栅图(也称为位图)存储的。将图像在行和列的方向均匀地划分为若干小格，每个小格称为一个像素，一幅图像的尺寸可以用像素点来衡量。像素点通常都很小，为了能直观地理解像素的概念，将图像的一部分放大，如图 1.9 所示，从放大的图像中看到的每一个小方块就是一个像素。

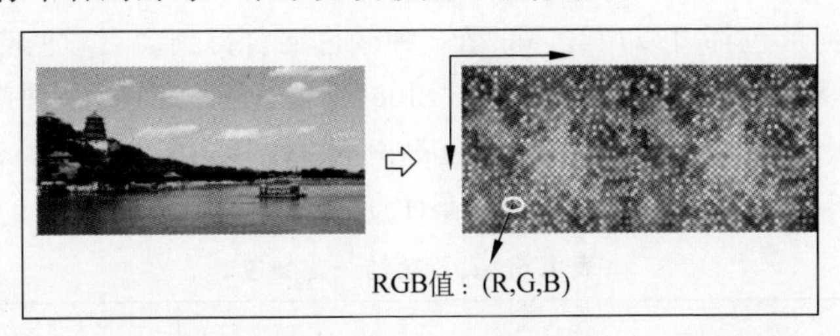

图 1.9　图像是由像素构成的

数码相机等图像数字化设备在拍照时，将连续的模拟图像信号转换为离散的数字信号，也就是像素表示的数字图像，图 1.10 展示了图像数字化过程，输出数字图像的每个小格就是一个像素。

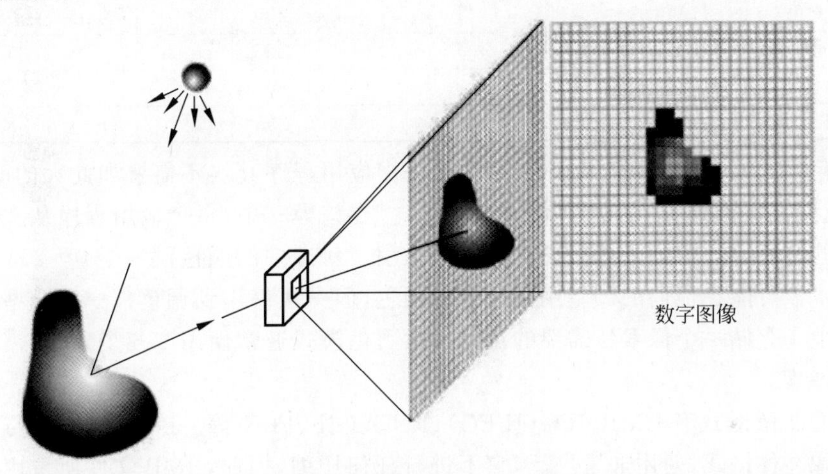

图 1.10　图像数字化过程

图像中像素点的个数称为分辨率，用“水平像素点数×垂直像素点数”表示。图像的分辨率越高，构成图像的像素点就越多，能表示的细节就越多，图像就越清晰；反之，分辨率越低，图像就越模糊。

2）图像表示

存储图像本质上就是存储图像每个像素点的信息。根据色彩信息可将图像分为黑白图像、灰度图像和彩色图像。

(1) 黑白图像。

黑白图像(有时也称二值图像、单色图像)只有黑和白两种颜色，因此构成它的每个像素只需要 1 位就能表示(通常用 0 表示黑色，1 表示白色)。一幅宽为 400 像素，高为 300 像素的图像需要 400×300×1b＝120000b＝15000B 来存储。

(2) 灰度图像。

灰度图像的每个像素可以由纯黑，深黑，深灰……浅灰，纯白构成，为了表示不同的灰度层次，通常需要用 1B(8b)表示一个像素，这样可以表示 2^8(0～255)种不同的状态。0 表示纯黑，1～254 表示从深到浅的不同灰度，255 表示纯白。

（3）彩色图像。

彩色图像的表示分为真彩色和索引色。

我们知道，任何颜色都可以用红、绿、蓝 3 种颜色混合得到。真彩色使用 24 位编码一个像素，在该技术中，红（Red）、绿（Green）、蓝（Blue）三原色（RGB）每一种都用 8 位表示。因为 8 位可以表示 0～255 的数，所以每种颜色都由为 0～255 的 3 组数字表示。真彩色模式可以编码 2^{24} 即 16777216 种颜色。表 1.6 显示了真彩色的一些颜色。

表 1.6 真彩色的一些颜色

颜　色	R	G	B
黑色	0	0	0
红色	255	0	0
绿色	0	255	0
蓝色	0	0	255
黄色	255	255	0
青色	0	255	255
洋红	255	0	255
白色	255	255	255

真彩色模式使用了超过 1600 万种颜色，许多应用程序其实不需要如此大的颜色范围，索引色（或调色板色）模式仅使用其中的一部分。在该模式中，每个应用程序从大的色彩集中选择一些颜色（通常是 256 种）并对其建立索引。对选中的颜色赋一个 0～255 的值。这就好比艺术家可能在他们的画室用到很多种颜色，但一次仅用到调色板中的一些。索引色的使用减少了存储一个像素所需要的位数。索引色模式通常使用 256 个索引，需要用 8 位存储一个像素。

常见的图像格式有 BMP、JPG（JPEG）、PNG、GIF、PCX 等。BMP 是一种与硬件设备无关的图像文件格式，使用非常广泛，它不进行任何压缩，因此，BMP 文件所占用的空间很大。JPEG 使用真彩色模式，通过压缩图像来减少存储量，GIF 标准使用索引色模式。

2. 图形的表示方法

图像像素表示有两个缺点，一是文件尺寸太大，二是重新调整图像大小不方便。放大位图图像意味着扩大像素，放大后的图像看上去很粗糙。图形（矢量图）编码方法并不存储每个像素的值，而是把一个图分解成几何图形的组合，如线段、矩形或圆形。每个几何形状由数学公式表达，线段可以由它端点的坐标描述，圆可以由圆心坐标和半径长度描述。矢量图是由定义如何绘制这些形状的一系列命令构成的。

当要显示或打印矢量图时，将图像的尺寸作为输入传给系统，系统重新设计图像的大小，并用相应的公式画出图像。

例如，考虑半径为 r 的圆形，程序需要绘制该圆的主要信息如下。

（1）圆的半径 r。

（2）圆心的位置（坐标）。

（3）绘制的线型和颜色。

（4）填充的类型和颜色。

当该圆的大小改变时，程序改变半径的值并重新计算这些信息以便再绘制一个圆。改变图像大小不会改变绘图的质量。

矢量图不适合存储细微精妙的照片图像，它适合存储采用几何元素创建的图形，如 TrueType 和 PostScript 字体、计算机辅助设计、工程绘图等。

1.2.8　视频的表示方法

视频是图像（称为帧）的时间推移的表示形式，视频由一系列连续放映的帧组成。所以，如果知道如何将一幅图像存储在计算机中，也就知道如何存储视频了。每一幅图像或帧按照位图模式储存，这些图像组合起来就可表示视频。需要注意的是，视频通常需要进行压缩后再存储，否则存储容量太大。

常见的视频格式有 MPEG、AVI、MOV、WMV、MKV、RMVB 等。

1.3　计算机系统

计算机系统包括硬件系统和软件系统两大部分。计算机工作（执行程序）时，需要二者协同工作，缺一不可。一个具体计算机系统的组成可用图 1.11 予以描述。

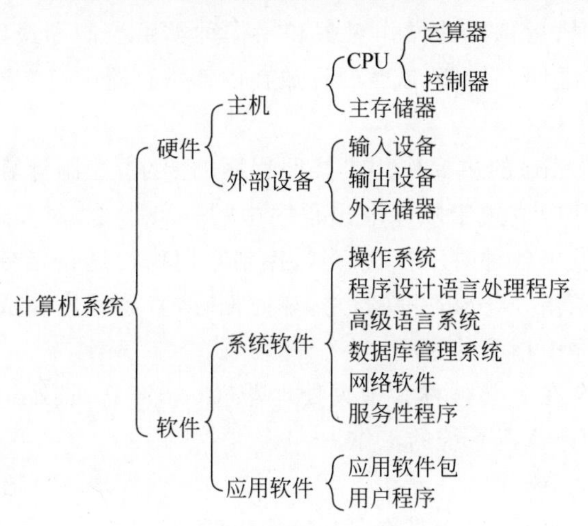

图 1.11　计算机系统的基本组成

1.3.1　计算机硬件系统

1. 什么是硬件

硬件（Hardware）是计算机系统中由电子、机械和光电元件等组成的各种计算机部件和计算机设备。这些部件和设备依据计算机系统结构的要求构成的有机整体称为计算机硬件系统（Hardware System）。硬件是计算机工作的物质基础。

2. 计算机硬件系统的基本组成

1）硬件系统概述

美籍匈牙利数学家冯·诺伊曼提出的存储程序工作原理决定了计算机硬件系统有五

个基本组成部分：运算器、控制器、存储器、输入设备和输出设备。冯·诺伊曼原理的主要内容是：采用二进制；程序和数据都存储在存储器中；计算机由上述五个基本部分组成。现在的计算机，从巨型机到微型机，尽管性能各异，但都属于冯·诺伊曼体系结构，其结构如图 1.12 所示。

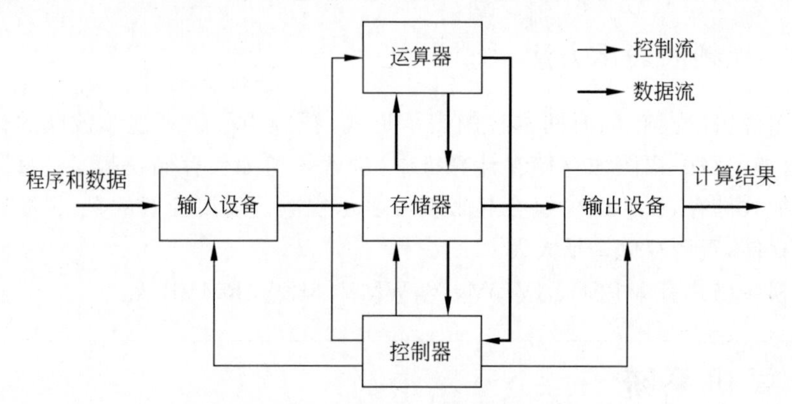

图 1.12 计算机硬件系统基本结构

2）运算器

运算器(Arithmetic-Logic Unit，ALU)又叫算术逻辑部件，是计算机执行算术运算和逻辑运算的部件。操作时，运算器的操作对象和操作种类由控制器决定，处理的数据来自存储器，处理的结果通常送回存储器，或暂时存放在内部寄存器中。

3）控制器

控制器(Control Unit)的主要作用是按照程序的要求，控制计算机的各功能部件协调一致地工作。即从主存中按规定顺序取出程序中的一条指令，对其进行分析，然后根据指令的要求向有关部件发出各种时序控制信号，控制它们执行这条指令所规定的功能。然后再从主存中取出下一条指令，分析并执行之，如此循环，直到程序完成。计算机自动工作的过程就是逐条执行程序中指令的过程。

运算器和控制器合在一起被称为中央处理器(Central Processing Unit，CPU)，它是计算机的核心，控制整个计算机系统的工作。

4）存储器

存储器(Memory)是计算机中具有"记忆"能力的部件，它能根据地址存储数据或指令，也能根据地址提供有关的指令或数据。存储器可分为主存储器和辅助存储器两大类。

主存储器(Main Memory)简称主存，也叫内存。其速度快，存储容量小，成本高。计算机工作时，整个处理过程中用到的指令和数据都存放在内存中，CPU 可直接存取其中的内容。辅助存储器(Auxiliary Memory)简称辅存，也叫外存。外存容量大，存储成本低，但存取速度慢。外存用来长时间存放暂时不用的程序和数据，CPU 不能直接存取其中的内容。图 1.13 中给出了常见存储器种类。

对于存储器的有关术语简述如下：

(1) 地址：计算机为了区分存储器中的各个存储单元(8 位一个存储单元)，把全部存储单元从 0 开始按顺序编号，这些编号称为存储单元的地址。每个存储单元必须由唯一的编号(称为地址)来标识。

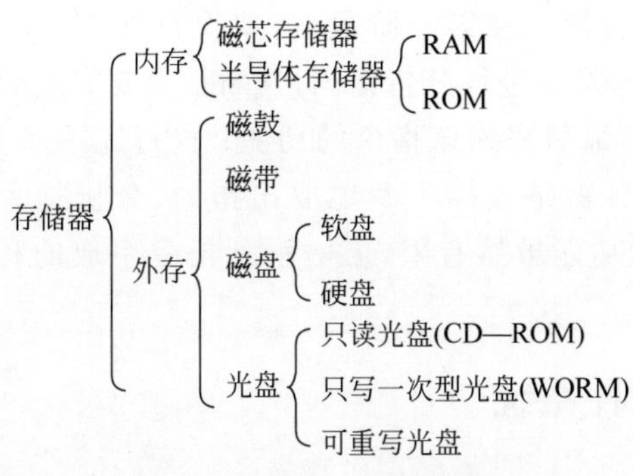

图1.13　常见存储器种类

(2) 比特(bit简写为b)：是计算机系统中数据的最小单位，1比特即一个二进制位。

(3) 字长(Word Length)：计算机中作为一个整体一次能处理的二进制信息称为字(Word)，一个字中二进制的位数称为字长。通常说的64位微机，就是指其中的字长为64位。字长表示了计算机的性能，字长越长，计算机性能越高。

(4) 字节(Byte简写为B)：1字节＝8比特。计算机的字长都是字节的整数倍。存储器容量以字节为基本单位，因字节单位太小，存储容量一般用KB、MB、GB、TB来表示。它们之间的关系是 $1KB=2^{10}B=1024B$，$1MB=2^{10}KB=2^{20}B$，$1GB=2^{10}MB=2^{30}B$，$1TB=2^{10}GB=2^{40}B$。

5）输入设备

输入设备(Input Device)用来接受用户输入的数据和程序，将它们转换成计算机可识别和处理的形式存到存储器中。常用的输入设备有键盘、鼠标、扫描仪、数字化仪、光笔、话筒等。

6）输出设备

输出设备(Output Device)用于将计算机中的二进制信息变换成人们需要和能识别的信息形式。常见的输出设备有显示器、打印机、绘图仪、扬声器等。

3. 计算机的基本工作原理

1）指令和程序的概念

指令是指计算机完成某个操作所发出的命令，一条指令就是计算机机器语言的一个语句。一条指令通常由两部分组成，即操作码和操作数，其格式如下：

操作码	操作数

其中操作码用来指明该指令要完成的操作，如加、减、乘、除、移位、转移等，即指明进行什么操作。操作数则指出被操作的对象所在存储单元的地址、寄存器的地址以及立即数。一台计算机的所有指令的集合称为该计算机的指令系统，不同种类的计算机的指令系统所包含的指令数目与格式也不相同。

程序是使用者解决某一问题的步骤，对于使用指令编制的一条条指令序列，计算机执行了这一指令序列，就完成了预定任务。计算机的一切操作都是在事先编制好的存储在计算机中的程序控制下进行的。

2）计算机指令的执行过程

计算机的工作过程就是执行程序的过程，即自动连续地执行一系列指令。计算机执行指令的过程一般分为两个阶段。在第一阶段,将要执行的指令从内存中取出,送到CPU;在第二阶段,CPU对取出的指令进行分析译码,判断指令要完成的操作,然后向各个部件发出完成该操作的控制信号,最后完成该指令的功能;执行完一条指令后,继续取出下一条指令,重复上述过程。CPU就是这样不断地取出指令、分析指令、执行指令,这就是程序的执行过程。一条指令的功能虽然有限,但一系列指令组成的程序可完成的任务是无限多的。

1.3.2 计算机软件系统

1. 软件的概念

软件(Software)是计算机系统中的程序和有关文档的集合。其中程序(Program)是计算任务和处理规则的描述;文档(Document)是与软件研制、维护和使用有关的资料。程序必须输入计算机中才能被执行;文档一般是给人看的,不一定装入计算机。

2. 软件的分类

计算机系统的软件通常分为系统软件和应用软件两大类。

系统软件(System Software)是指管理、监控和维护计算机系统正常工作的程序和有关资料,它支持应用软件的运行,为用户开发应用系统提供一个平台。系统软件一般包括操作系统、语言处理程序、数据库管理系统、网络软件和常用服务程序等。

应用软件(Application Software)是为某一专门的用途而开发的软件,它要借助系统软件的支持来开发和运行。常见的应用软件有文字处理软件、表格处理软件、管理信息系统、辅助设计软件、辅助教学软件、计算机检测与控制软件等。

值得注意的是,软件种类的划分不是绝对的,而是相互交叉和变化的。有些软件既可看作系统软件,又可看作应用软件。它们可以在一个系统中是系统软件,在另一个系统中是应用软件。也可在一个系统中既是系统软件,又是应用软件。

3. 系统软件

常用的系统软件有如下几类。

1) 操作系统

操作系统(Operating System,OS)是一组管理、控制程序,其功能是管理和控制计算机系统的全部软、硬件资源,充分提高计算机系统中所有资源的利用率,为用户提供方便的、有效的、友好的服务界面。

一个功能较完善的操作系统,大致具有如下五部分功能:进程与处理机调度、作业管理、存储管理、设备管理和文件管理。

目前在微机上常见的操作系统有DOS、OS/2、XENIX、Linux、Windows系列等。

按照硬件的结构可把操作系统分为微机操作系统和大型机操作系统。按照服务功能可把操作系统分为以下六类。

(1) 单用户操作系统(Single User Operating System)。

单用户操作系统的主要特征是一个计算机系统每次只能支持一个终端用户使用计算机,计算机的所有软、硬件资源由该用户独占。单用户操作系统按同时管理的作业数又可分为单用户单任务操作系统和单用户多任务操作系统。

① 单用户单任务操作系统一次只能管理一个作业运行,CPU运行效率低。

② 单用户多任务操作系统允许多个程序或多个作业同时存在和运行。

单用户操作系统一般用于微机。如MS-DOS(磁盘操作系统)是单用户单任务操作系统;Windows3.x是基于图形界面的16位单用户多任务的操作系统;Windows95/98是32位单用户多任务操作系统。

(2) 批处理操作系统(Batch Processing Operating System)。

批处理操作系统是以作业为处理对象,连续处理在计算机系统中运行的作业流。如UNIX操作系统就是用于多用户小型计算机的32位批处理操作系统。

(3) 分时操作系统(Time-Sharing Operating System)。

分时操作系统支持多个终端用户同时使用计算机系统。CPU按照优先级分配给各个终端时间片,轮流为各个终端服务,由于计算机高速的运算,每个用户感觉到自己独占这个计算机。属于分时系统的有UNIX、XENIX、Linux以及VAX-11系列的VMS操作系统。

(4) 实时操作系统(Real-Time Operating System)。

实时操作系统是使计算机系统能及时响应外部事件的请求,并在限定的时间范围内尽快对外部事件进行处理,做出应答。计算机系统用于导弹发射、飞机航行、票证预订、炼钢控制时,要用实时操作系统。RDOS就属于实时操作系统。

(5) 网络操作系统(Network Operating System)。

网络操作系统是管理整个计算机网络资源和方便网络用户的软件的集合,它提供网络通信和网络资源共享功能。网络操作系统除具有单机操作系统的功能以外,还应提供网络通信能力、网络资源管理和提供多种网络服务的功能。当前流行的网络操作系统有基于TCP/IP的UNIX操作系统、Novell NetWare系统和Microsoft Windows NT等。

(6) 分布式操作系统。

用于管理分布式计算机系统中资源的操作系统。所谓分布式计算机系统是指由多台计算机组成的计算机网络,其中的若干台计算机可相互协作来完成一个共同任务。

2) 程序设计语言和语言处理程序

(1) 程序设计语言。

计算机的工作是由程序来控制的,而程序是用计算机程序设计语言来编写的。程序设计语言是人与计算机交流思想的工具,随着计算机的发展,程序设计语言主要分为四代。

① 第一代——机器语言(Machine Language)。

机器语言是以二进制代码表示的指令集合。计算机只能直接识别和执行用机器语言编写的程序。机器语言的优点是占用内存少、执行速度快,用它编写的程序无须翻译便可直接执行;缺点是它面向机器,随机而异,通用性差,另外它用二进制代码表示指令,不易阅读和记忆,编程工作量大,难以维护。

② 第二代——汇编语言(Assemble Language)。

汇编语言是"符号化"了的机器语言,它采用一定的助记符号表示机器语言中的指令和数据,即用助记符号代替了二进制形式的机器指令。不同型号的计算机系统一般有不同的汇编语言。其优点是直观、比机器语言易学易记、占用内存少、执行速度快;缺点同机器语言一样,面向机器、随机而异、通用性差。用汇编语言编写的源程序,必须用汇编程序翻译成机器语言目标程序才能被计算机执行,这种翻译过程称为汇编。

③ 第三代——高级语言(High-level Language)。

1954 年出现了第一种高级语言 FORTRAN,此后到 20 世纪 70 年代陆续产生了许多高级语言。高级语言很接近于人们习惯用的自然语言和数学语言,程序中的语句或命令是用英文表示的,程序中所用的符号和算式跟常用的数学表达式差不多。高级语言通用性强,用高级语言编写的程序能在不同的机器上运行,易学易用;用高级语言写的程序可读性强,便于维护,极大提高了程序设计的效率和可靠性。

自 20 世纪 80 年代中期出现了新型高级语言,面向对象程序设计(Object-Oriented Programming,OOP)语言是其中最重要的一种,此前的高级语言都是面向过程语言。面向对象语言是一类以对象为基本程序结构单位的程序设计语言。其中对象(Object)是一个数据集合和对这个数据集合进行的一组操作。程序的执行是通过对象之间的相互作用或相互间传递消息完成的。属于面向过程的高级语言有 BASIC、Pascal、FORTRAN、C、COBOL 等;属于面向对象的有 C++、Java、Visual Basic 等。下面对比较常用的高级语言进行介绍。

FORTRAN 适用于科学和工程计算。

COBOL 适用于商业和管理领域。

PASCAL 是最早出现的结构化程序设计语言,特别适合教学,也适于系统设计、开发和管理等。

C 适用于系统软件开发、数值计算、数据处理等,目前已成为使用得最多的高级语言之一。C 语言的面向对象版本是 C++语言。

BASIC 适于初学者使用,简单易学,人机对话功能强。至今 BASIC 语言已有许多高级版本,其面向对象版本是 Visual Basic For Windows 语言。

Java 是一种新型的跨平台分布式程序设计语言。它具有简洁、安全、可移植、面向对象、多线程处理和具有动态等特性。Java 语言是基于 C++的,其最大特色在于"一次编写,处处运行"。但 Java 语言编写的程序要依靠一个虚拟机 VM(Virtual Machine)才能运行。

ADA 适用于大型软件的开发,功能很强。

LISP 是函数型表处理语言,适用于人工智能领域。

PROLOG 是逻辑型语言,适用于人工智能、专家系统等。

④ 第四代语言(4GL)。

第四代语言是非过程性或过程性很少的语言,它要求只需说明"做什么"而无须给出"怎样做"的具体步骤。这种语言由使得最终用户无须或很少技术支持就能开发应用软件或能使职业程序员提高软件开发效率的各种软件工具组成,它能用比过程语言更少的程序执行完成同样的任务。如报表生成器、应用程序生成器、SQL 语言、数据库管理系统 DBMS 等都属于第四代语言。

(2) 语言处理程序。

用汇编语言和高级语言编写的程序计算机是不能直接识别和执行的,它们必须被翻译成计算机能直接识别和执行的机器语言程序,才能被计算机执行。一般把用高级语言编写的程序称为"源程序"(Source Program),而把由源程序翻译成的机器语言程序或汇编语言程序称为"目标程序"(Object Program)。实现将源程序翻译成目标程序的程序就是语言处理程序。常用的语言处理程序有汇编语言处理程序和高级语言处理程序两大类。

① 汇编语言处理程序——汇编程序(Assembler)。

汇编程序将汇编语言源程序翻译成机器语言目标程序。其汇编及执行过程如图 1.14 所示。

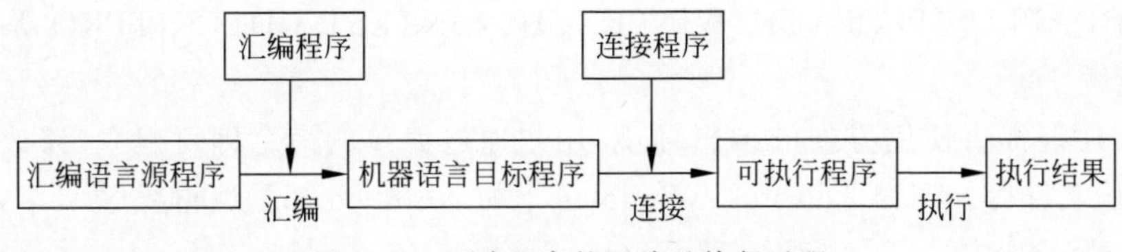

图 1.14　汇编程序的汇编及执行过程

② 高级语言处理程序。

高级语言处理程序用于将高级语言源程序翻译成目标程序,按翻译方式分为编译程序和解释程序两种。

编译程序的工作方式是首先把源程序翻译成等价的机器语言目标程序,然后再用连接程序把目标程序和库文件相连接,形成可执行文件。运行此可执行文件可得到运行结果。可执行文件一经形成,可反复多次执行,执行速度较快。PASCAL 语言、C 语言和 FORTRAN 语言都属于编译型高级语言。

高级语言源程序的编译执行过程如图 1.15 所示。

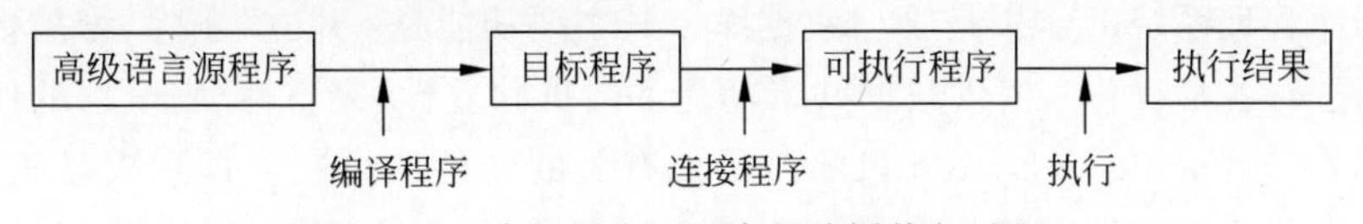

图 1.15　高级语言源程序的编译执行过程

解释程序的工作方式是"边解释边执行",即对源程序的语句逐句解释执行,翻译一句执行一句。解释程序不保留目标程序代码,不产生可执行文件。这种方式执行速度较慢,每次执行都要经过解释,"边解释边执行"。早期的 BASIC 语言处理程序就属于解释程序。解释程序的工作方式如图 1.16 所示。图 1.17 展示了编译型高级语言从源程序的生成到得到运行结果的整个过程。

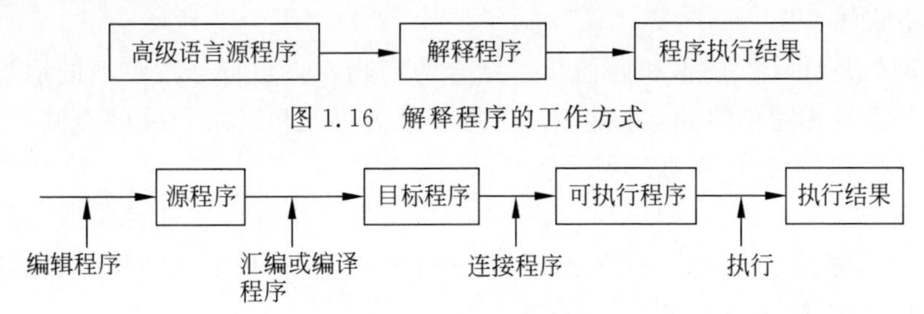

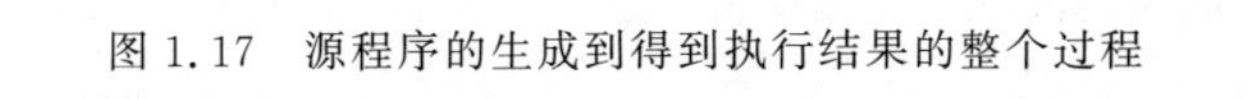

图 1.16　解释程序的工作方式

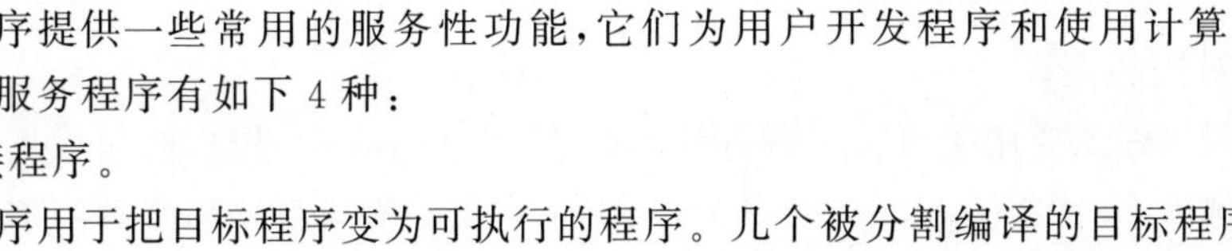

图 1.17　源程序的生成到得到执行结果的整个过程

(3) 服务程序。

服务程序提供一些常用的服务性功能,它们为用户开发程序和使用计算机提供了方便。常用的服务程序有如下 4 种:

① 连接程序。

连接程序用于把目标程序变为可执行的程序。几个被分割编译的目标程序和库文件,通过连接程序可以形成一个可执行程序。由语言处理程序生成的机器语言目标程序并不能直接执行,必须通过连接程序形成可执行程序才能运行。

② 诊断程序。

诊断程序能对计算机系统进行检测并自动对硬件故障进行检测和定位。用于微机的诊断程序有 QAPLUS、PCBENCH、WINBENCH、WINTEST、CHECKITPRO 等。

③ 编辑程序。

编辑程序能提供使用方便的编辑环境,用户通过简单的命令即可建立、修改和生成程序文件、数据文件等。例如 Editplus、Windows 下的 NotePad 都是编辑程序。

④ 调试程序。

调试程序用于检测、跟踪、并排除计算机程序或其他软件中的错误。DOS 操作系统自带的 Debug、Borland 公司的 Turbo Debugger 都是调试程序。

(4) 数据库管理系统(Database Management System,DBMS)。

数据库系统是 20 世纪 60 年代后期才产生并发展起来的,它是计算机科学中发展最快的领域之一。在信息社会中,人们的社会和生产活动产生大量的信息,数据量比较大,人工管理难以应付,因此希望借助计算机对信息进行搜集、存储、处理和使用等。数据库技术就是在这种需求背景下而产生和发展起来的。

数据库(Database)是按一定方式组织起来的数据的集合,它具有数据冗余小、可共享等特点。数据库管理系统的作用是管理数据库。其主要功能是:建立、删除、维护数据库以及对库中数据进行各种操作;提供数据共享功能和数据独立性、完整性、安全性的保障。

数据库系统(Database System,DBS)是把有关的硬件、软件、数据和人员组合起来,为用户提供信息服务的系统。数据库系统主要由数据库、数据库管理系统、计算机系统(包括硬件和操作系统)、数据库应用程序、数据库管理员和用户组成。

不同的数据库管理系统以不同的方式将数据组织到数据库中,数据的组织方式称为数据模型。数据模型一般有三种:层次型——采用树结构组织数据;网络型——采用网状结构组织数据;关系型——采用二维表格形式组织数据。目前常用的 DBMS 有 DBase Ⅳ、SQL Server、Sybase、Oracle、MySQL 和 MS Access。

(5) 网络软件。

计算机网络是计算机技术和通信技术结合的产物。它是将分布在不同地理位置的多个独立计算机系统用通信线路连接起来,在网络通信协议和网络软件的控制下,实现相互通信和资源共享,以提高计算机的可靠性和可用性。

计算机网络由网络硬件、网络通信协议、网络拓扑结构和网络软件组成。网络软件主要包括网络操作系统。当前流行的网络操作系统有基于 TCP/IP 的 UNIX 操作系统、Novell NetWare 和 Microsoft Windows NT 等。

4. 应用软件

常用的应用软件有如下几类。

1) 文字处理软件

文字处理软件主要用于将文字输入计算机,存储在外存中,用户能对输入的文字进行修改、编辑、排版,并能将输入的文字以多种文体、字型及格式打印出来。当前常用的文字处理软件有 WPS、Microsoft Word 等。

2）表格处理软件

表格是由许多行、列组成的二维表，表格处理软件是用计算机快速、动态地对建立的表格进行各种统计、汇总，其中还应提供丰富的函数和公式演算能力、自动造表能力和存取数据库中数据等方面的能力。Microsoft Excel、Lotus 1-2-3 就属于常用的表格处理软件。

3）辅助设计软件

计算机辅助设计软件能高效率地绘制、修改、输出工程图纸。设计中的常规计算帮助设计人员从繁重的绘图设计中解脱出来，使设计工作计算机化。目前常用的软件有AutoCAD 等。

4）管理信息系统

管理信息系统(Management Information System，MIS)是用计算机对数据进行输入、存储、加工处理以得到人们所需的有用信息的系统。MIS 多种多样，如人事信息管理系统、财务信息管理系统、图书管理系统等。

除上述所列的种类之外，应用软件还有课件制作软件，如 ToolBook、Authorware Professional、Flash 等；网络通信软件，如电子邮件 E-mail；实时控制软件，如 Fix、InTouch Lookout 等。

1.3.3　计算机硬件和软件的关系

硬件和软件是构成计算机系统的两大要素，二者既相互联系又相互区别。

未配置任何软件的计算机叫裸机(Bare Machine)。用户无法使用裸机。没有软件，硬件就无法实现其自身价值；反过来，没有计算机硬件，软件就不能得到体现。因此软件和硬件不可分。

软件和硬件是相辅相成的。计算机性能的不断提高，既要靠硬件水平的飞速发展，也要靠软件的不断发展与完善。在许多已取得的进展中，二者密切交织在一起。一个反面的例子是：20 世纪 80 年代末，日本在研制新一代计算机过程中，由于只重视硬件开发，忽视了对软件的深入研究，导致整个研究计划的失败。

软件和硬件的功能界面是浮动的。计算机系统的许多功能既可由硬件实现，也可由软件实现。例如，浮点运算功能在微机中既可由协处理器(硬件)完成，也可完全由编程(软件)来实现。这在逻辑上是等价的，但用硬件实现一般速度较快。再如多媒体数据处理中的数据解压功能既可通过解压卡来实现，也可通过豪杰超级解霸等软件来实现。很显然，软件和硬件的发展是相互推动的。

现代计算机软硬件技术发展中，出现了既非硬件又非软件的固件(Firmware)。固件是软件与硬件的结合体。把 BASIC 语言解释程序固化在只读存储器(ROM)中，这就得到了一种固件。

1.3.4　计算机系统的分层

计算机系统具有层次性。如图 1.18 所示是计算机系统的层次结构。其中计算机的内核是硬件系统，紧贴内核的是操作系统，最外层是使用计算机的人，即用户。人与硬件系统间的接口是软件系统，包括应用软件和其他系统软件。

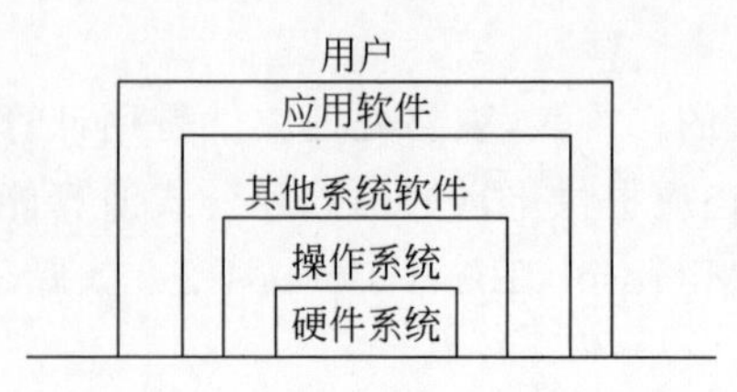

图 1.18 计算机系统的层次结构

1.4 本章小结

计算机科学是以计算机为研究对象的一门科学，它是一门研究范畴十分广泛、发展非常迅速的新兴学科。全面了解计算机科学技术的学科内涵和研究范畴，对于读者而言是十分必要的。计算机科学的研究范畴包括计算机理论、硬件、软件、网络及应用等。

通过本章的学习，读者应理解计算机的基本概念、信息化社会的特征以及信息化社会对计算机人才的需求，并初步了解计算机科学技术的研究范畴，明确今后学习的目标和内容。同时，读者应树立学好计算机课程的自信心和强烈的社会责任感，为计算机的发展和国家的繁荣贡献自己的力量。

习题 1

一、简答题

1. 如何划分计算机发展的 4 个阶段（第一代到第四代）？冯·诺伊曼结构的特点是什么？当前广泛应用的计算机主要采取哪一代的技术？

2. 电子计算机的特点是什么？

3. 计算机的发展经历了哪几代？各以什么器件为其主要特征？

4. 计算机硬件系统由哪五个模块组成？各模块的作用是什么？

5. 简述计算机软件系统的组成。

6. 把下列十进制数转换为二进制、八进制和十六进制。

(1) 197　　(2) 25.75　　(3) 0.7109375

7. 将下列二进制数转换成 8421 码。

(1) 101110.01　　(2) 11011011.0001

8. 写出下列十进制数的原码、原码和补码（用 8 位二进制数）。

(1) 65　　(2) 115　　(3) −65　　(4) −115

9. 写出下列用补码表示的二进制数的真值。

(1) 10001101　　(2) 11111111　　(3) 01010101

10. ASCII 码与汉字内码的区别是什么？

11. RAM 和 ROM 的功能是什么？比较它们的特点与不同之处。

12. 操作系统有哪些功能？

13. 计算机软件分为几大类？操作系统、字处理软件、语言处理程序各属于哪一类？

14. 机器语言、汇编语言和高级语言各自的优缺点是什么？

15. 计算机能直接执行的程序是什么语言程序？

16. 微型计算机的硬件基本组成有哪几部分？

17. 为什么存储器要分内、外两种？二者有什么区别？内存储器都包括哪些存储器？内存储器是由什么电子器件构成的？外存储器包括哪些存储器？它们是由什么做成的？

18. 简述汉字内码、输入码和字形码之间的关系。

二、填空题

1. 计算机主存中，能用于存取数据的部件是________。

2. 微机内存容量的基本单位是________。

3. 1T、1G、1M、1K 分别表示 2 的________、________、________、________次方。

4. 请将有关的存储器：RAM、软盘、硬盘、Cache、闪盘，按读写速度由快到慢的排列次序依次为____________________。

5. 二进制负数常用的表示方法有原码、反码、补码等，表示定点整数时，若要求数值 0 在计算机中唯一表示全零，应采用________码。

6. 浮点数取值范围的大小由________决定，而浮点数的精度由________决定。

7. 已知汉字"啊"在 GB2312—1980 字符集中处于 16 区 1 位，其区位码＝________，国标码＝________，汉字内码＝________。

8. 微机中，显示器通过________与主机相连。

9. 计算机系统的输入/输出接口是(A)之间的交接界面。主机一侧通常是标准的(B)。一般这个接口就是各种(C)。

供选择的答案如下：

A：① 存储器与 CPU；② 主机与外围设备；③ 存储器与外围设备。

B：① 内部总线；② 外部总线；③ 系统总线。

C：① 设备控制器；② 总线适配器。

第2章

计算机系统结构

(1) 强调计算机硬件和软件的相互作用和配合，让学生认识到计算机技术的发展与人类社会的进步密切相关，并引导学生思考计算机技术在现代社会中的重要地位和作用，培养学生的技术认同感和爱国情怀。

(2) 通过深入剖析计算机系统的基本概念与组成、计算机的工作原理、计算机程序的执行过程以及并行处理与多核技术等方面的内容。帮助学生更好地理解计算机系统的运行机制和特点，培养学生的工程意识和用户思维，同时提高学生的思想政治素质和技术素养。

(3) 介绍并行处理和多核技术的概念和特点，并强调它们在现代计算机系统中的重要作用。可以引导学生思考如何利用并行处理和多核技术来解决实际问题，培养学生的实践能力和创新意识。

(1) 了解计算机软件与计算机硬件概念，理解计算机硬件与软件之间的关系。

(2) 掌握冯·诺伊曼计算机的特点，掌握衡量计算机的性能指标。

(3) 了解各类主存储器的类型特点，理解主存储器的结构，掌握存储器的层次结构，理解并掌握高速缓冲存储器的工作过程，了解国产存储器品牌。

(4) 掌握CPU的组成，理解算术逻辑单元中的算术运算与逻辑运算，了解控制单元的作用，掌握常用的寄存器的作用，了解主流国产CPU品牌。

(5) 了解输入/输出设备作用，了解常用的输入/输出设备，了解I/O接口作用，理解并掌握程序查询方式、程序中断方式、DMA方式的工作原理与过程。

(6) 了解总线概念，掌握计算机三总线及特点。

(7) 理解计算机的解题过程，理解多级时序的概念。

(8) 理解CISC与RISC的概念与特点，理解流水线提高执行效率的原因，了解四种常用的并行处理方法。

计算机系统结构是计算机科学中的一个核心概念，它涉及计算机系统的组成、原理、功能和运行机制等方面。计算机系统结构的研究对于深入了解计算机系统的性能、设计和优化具有重要意义。随着计算机技术的不断发展，计算机系统结构也在不断变革和进步，研究者们不断探索新的理论、结构和方法，以提升计算机系统的性能和功能。

2.1 计算机系统简介

计算机系统是由硬件和软件组成的,用于处理数据和执行各种任务的系统。它具有以下几个主要组成部分。

1. 硬件

硬件是看得见,摸得着的器件。包括中央处理单元(Central Processing Unit,CPU)、主存、输入设备(如键盘和鼠标)、输出设备(如显示器和打印机)以及外存储设备(如硬盘和固态硬盘)。这些硬件协同工作,使计算机能够执行计算和数据处理操作。

2. 软件

软件是指与计算机系统操作有关的各种程序以及任何与之相关的文档和数据的集合。计算机软件包含系统软件和应用软件。

系统软件:用于管理和控制计算机硬件和软件资源,支持应用软件开发和运行的系统。计算机中最核心的系统软件是操作系统,负责管理和协调计算机的各种资源。它提供了用户与计算机硬件之间的接口,允许用户运行应用程序,并管理系统的文件和文件夹。

应用软件:包括各种程序和工具,用于实现特定的任务。常见的应用软件包括办公软件(如 Microsoft Office)、图像处理软件、视频编辑软件等。应用软件依赖于操作系统提供的服务和资源,通过操作系统与硬件交互。

计算机系统软件和硬件的关系:计算机系统的软件部分和硬件部分是相辅相成的,互为依托,缺一不可的有机整体。如果没有工程师的智慧(软件),一堆计算机硬件,也不过是一堆废铁,同样如果只有软件,没有硬件,计算机系统也不过是空中楼阁,想象中的系统。

2.2 计算机组成

2.2.1 冯·诺伊曼计算机

冯·诺伊曼机,又称冯·诺伊曼计算机,根据冯·诺伊曼提出的"存储程序"概念设计的计算机,如图2.1所示。典型的冯·诺伊曼计算机的结构如图2.2所示,主要特征可以归纳为以下几点:

图2.1 冯·诺伊曼和冯·诺伊曼机

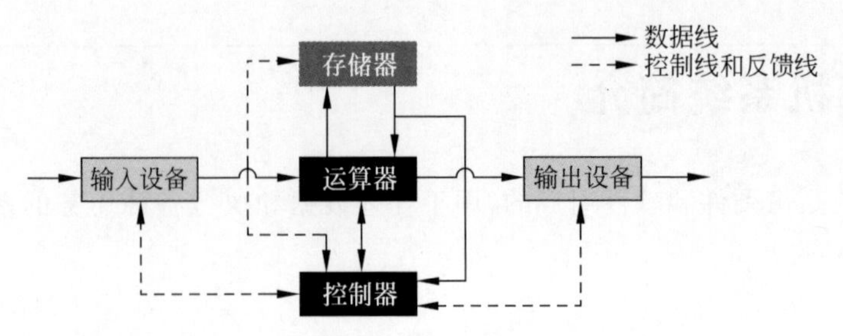

图 2.2 典型的冯·诺伊曼计算机的结构

(1) 计算机由运算器、控制器、存储器、输入设备和输出设备五大部分组成。

(2) 指令和数据以二进制代码形式不加区别地存放在主存储器中，并可按地址进行寻访。

(3) 顺序执行程序，即计算机执行程序时，将自动地并按顺序从主存储器中取出指令一条一条地执行。

(4) 计算机以运算器为中心，输入/输出设备与存储器的数据传送通过运算器完成。

2.2.2 计算机性能的评价标准

衡量一台计算机性能优劣是由许多技术指标综合确定的。包括硬件的各项指标，也包含软件的各项指标。目前常用的计算机性能评价指标如下。

1. 字长

计算机中的"字"，英文为 Word，是指计算机在同一时间内处理的一组二进制数。字长表示一个字的二进制位数，通常以比特(bit)为单位来表示。

在计算机系统中，字长决定了一次性处理的数据量大小。在其他指标相同时，字长越长，每次处理的数据量就越大，计算机的处理数据的能力也就越强。

早期的微型计算机通常采用 8 位或 16 位的字长。这些微型计算机包括了一些著名的个人计算机，例如 Apple Ⅱ、Commodore 64 以及早期的 IBM PC。

随着计算机技术的发展，字长也逐渐增加。到了 20 世纪 80 年代末和 90 年代初，32 位的字长逐渐成为主流，特别是随着 Intel 推出了 386 和 486 微处理器。

在之后的几代处理器中，如 Pentium、Pentium Pro、Pentium Ⅱ、Pentium Ⅲ和 Pentium 4，同样采用了 32 位的字长。这些处理器在当时的个人计算机市场非常流行。

而如今，64 位的字长已经成为现代计算机的标准。现代的多数操作系统和应用程序都提供了 64 位版本，可以更充分地利用现代处理器的性能和内存资源。64 位的字长可以提供更大的内存寻址能力、更高的精度计算、更好的浮点运算性能等优势。

2. 存储容量

存储器的容量主要包括主存容量和外存储器(辅存)容量。

存储容量是指存储器可以容纳的二进制代码的总位数，即存储容量＝存储单元个数×存储字长。

3. 存储单元

存储单元是中央存储单元 CPU 访问存储器的最小单位，每个存储单元都有一个地址，存储地址的二进制位数决定了有多少个存储单元。例如存储地址位数为16位，说明此存储器内有 $2^{16}=65536$ 个存储单元(即64K个存储字，$1K=2^{10}=1024$)。

4. 存储字长

存储字长是存储器中一个存储单元所存储的二进制代码的位数。

如果一个存储体有64K个存储单元，每个单元中的存储字长为8位，则这个存储体的容量为 $64K\times8=512K$ 位，也可以用 $64K\times8/8=64K$ 字节表示(1字节(Byte)=8位(bit))。

内存存储容量越大，意味着计算机可以同时加载和处理的数据就越多，系统功能就越强大，从而计算机系统的性能和响应速度就越高。对于需要处理大型数据集、进行复杂计算或运行内存密集型应用程序的任务来说，拥有足够的内存是非常重要的。外存储器的容量增加可以提供更多的存储空间，从而可以保存更多的信息和文件，允许用户可以安装更多的应用软件，提供更丰富的功能和更广泛的选择。

5. 主频

主频即时钟频率，是指计算机的CPU在单位时间内发出的脉冲数目。它很大程度上决定了计算机的运行速度。主频的单位是兆赫兹(MHz)，目前常用的是吉赫兹(GHz)。CPU的主频越高，计算机的执行速度越快，性能越好。

6. 运算速度

运算速度是衡量计算机性能的一项重要指标，它与许多因素有关，如机器的主频、执行什么样的操作、主存本身的速度(主存速度越快，取指、取数就越快)。

通常所说的计算机运算速度(平均运算速度)，早期的有吉普森(Gibson)法，这种方法综合考虑每条指令的执行时间以及它们在全部操作中所占的百分比，即

$$T_M=\sum_{i=1}^{n} f_i t_i$$

其中，T_M 为机器运行速度，f_i 为第 i 种指令占全部指令的百分比数，t_i 为第 i 种指令的执行时间。现在计算机的运算速度普遍采用单位时间内执行指令的平均条数(Million Instruction Per Second，MIPS)来衡量，即“百万条指令/秒”来描述。例如某机器每秒能执行600万条指令，则记为6MIPS。

2.3 主存储器

主存储器又称为主存或内存。主存储器用来存放指令和数据，并能由CPU直接随机存取。

2.3.1 主存储器的类型

计算机中常见的内存种类主要是随机存取存储器(Random Access Memory，RAM)、只读存储器(Read-Only Memory，ROM)和高速缓存(Cache)。但是一说到内存，更多是指随机存取存储器(RAM)。

1. 随机存取存储器

随机存取存储器(RAM)是计算机系统中用于临时存储数据和程序的重要元件。它是一种易失性存储器,意味着当计算机断电或重新启动时,RAM 中的数据将丢失。

RAM 的主要特点是可以随机访问任何存储位置,即任何一个存储单元都可以直接读取或写入,而不需要按照顺序逐个访问。这使得 RAM 具有高速存取的优势。

RAM 以芯片的形式存在,每个芯片通常包含多个存储单元,每个存储单元可以存储一个特定大小的数据。常见的 RAM 类型包括动态随机存取存储器(Dynamic Random Access Memory, DRAM)和静态随机存取存储器(Static Random Access Memory, SRAM)。

DRAM 是最常见和广泛使用的 RAM 类型之一。它的存储单元由一个电容和一个开关组成,电容用于存储数据,而开关用于控制读取和写入操作。DRAM 需要定期刷新来保持数据的完整性,并且相对较慢,但它具有较高的存储密度和较低的成本,具有功耗低的特点,广泛用于计算机的主存中。

SRAM 是另一种 RAM 类型,相对于 DRAM 来说速度更快而且更昂贵。它的存储单元由一个触发器组成,触发器能够保持存储的数据,而不需要定期刷新。SRAM 用于高速缓存 Cache 和其他需要快速访问的应用。

RAM 在计算机系统中扮演着临时存储器的角色,它存储着操作系统、应用程序和用户数据等待被处理的内容。当计算机运行程序时,数据和指令从硬盘或其他非易失性存储器中加载到 RAM 中,CPU 可以快速访问和处理 RAM 中的数据。因此,RAM 的容量和速度对计算机系统的性能和响应时间有着重要影响。

2. 只读存储器

只读存储器(ROM)是一种在制造过程中被编程,并且在正常操作期间不可擦除或重写的存储器。与 RAM 不同,ROM 是一种非易失性存储器,即 ROM 中的数据在断电或重新启动后仍然保持不变。

ROM 中的数据通常被称为固化(Burning),它们是在芯片制造过程中被写入的。ROM 的写入过程是永久性的,因此无法直接更改或擦除 ROM 中的数据。

ROM 中存储的数据可以是计算机系统中的各种重要信息,例如启动程序、引导指令、固件程序、操作系统设置等。由于 ROM 中的数据具有永久性,它们可以在计算机断电或重新启动后立即使用,无须重新加载。

常见的 ROM 类型包括以下 4 种。

可编程只读存储器(Programmable Read-Only Memory,PROM):这种 ROM 类型的数据可以在制造过程中被单次编程(写入),一旦编程后,数据将无法修改。

可擦写只读存储器(Erasable Programmable Read-Only Memory,EPROM):这种 ROM 类型的数据可以通过使用紫外线擦除器擦除,并重新编程。EPROM 在擦除和重写过程中需要特殊的操作步骤。

电可擦可编程只读存储器(Electrically Erasable Programmable Read-Only Memory, EEPROM):这种 ROM 类型的数据可以通过使用电信号进行擦除和重写,相较于 EPROM 更为方便,但擦除和重写的速度相对较慢。

闪存存储器：闪存存储器是一种特殊的可擦写只读存储器，它可以被多次擦除和重写。闪存常用于存储固件、操作系统、应用程序和用户数据等，在计算机系统、移动设备和其他电子设备中得到广泛应用。

只读存储器的主要特点是数据的持久性和不可修改性，这使得它适合存储那些不需要频繁修改的数据和程序。由于ROM在启动过程中扮演着关键的角色，它对计算机系统的可靠性和稳定性非常重要。

3. 高速缓存

高速缓存(Cache)是位于计算机系统中的一层介于CPU和内存之间的存储器，具有较高的访问速度，用于提高计算机系统的性能和响应速度。

高速缓存的工作原理是基于访问的局部性原理，即指令和数据的访问往往具有时间和空间的局部性。也就是说CPU刚刚访问过的指令和数据在未来一段时间内还会经常被访问。因此把这些指令和数据放在Cache中存储，下次访问时，直接从高速Cache中取数，减少了CPU对内存的访问次数，从而提高计算机的运行速度。

高速缓存通常分为多个级别，每个级别的缓存容量和速度都不同。最常见的是三级缓存结构，包括L1、L2和L3缓存。

L1缓存：位于CPU内部，与CPU核心紧密结合，速度最快，但容量较小。它主要用于存储和提供CPU核心频繁访问的指令和数据。

L2缓存：位于CPU和主内存之间，容量比L1缓存大，速度相对较慢。它充当L1缓存的备份，并为CPU提供更大的缓存容量。

L3缓存：位于CPU和主内存之间，容量最大，速度相对较慢。它作为L1和L2缓存的补充，为多个CPU核心提供共享的高速缓存，以提高多核系统的整体性能。

2.3.2 主存储器的结构

主存储器(以下简称主存)是许多存储单元的集合，按单元号顺序排列。每个单元由若干二进制位构成，以表示存储单元中存放的数值，一般情况下，一个主存单元中存储一个字节的数值，如图2.3所示。

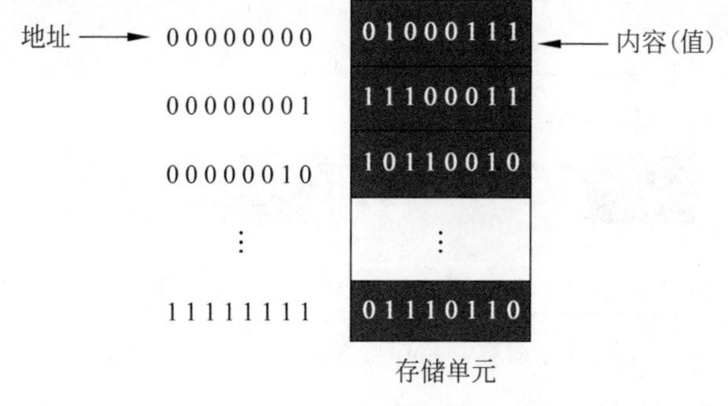

图2.3 主存储器

主存的工作方式是按存储单元的地址存放或读取各类信息，统称访问存储器。主存中汇集存储单元的载体称为存储体，存储体中每个存储单元能够存放一串二进制码表示的信息，该信息的总位数称为一个存储单元的字长，一般是一字节。存储单元的地址与存储在其中的信息是一一对应的，单元地址只有一个，固定不变，而且是顺序编码的，而存储在其中的信息是可以更换的。

指示每个存储单元的二进制编码称为地址码。寻找某个单元时，先要给出它的地址码。暂存这个地址码的寄存器叫存储器地址寄存器(Memory Address Register，MAR)。为了存放从主存的存储单元内取出的信息或准备存入某存储单元的信息，还要设置一个存储器数据寄存器(Memory Data Register，MDR)。

MAR 中存放的是存储单元的地址，MAR 的位数决定了 CPU 可以访问的内存单元的地址空间的大小，例如，MAR 的位数为 8 位，说明地址可以从 00000000～11111111，寻址空间 0～255，可以标识 $2^8=256$ 个存储单元；如果 MAR 的位数为 n 位，则寻址空间为 0－(2^n-1)，可以标识 2^n 个存储单元。MDR 里面存放的是从内存中取出或者是要送往内存中的数据，其位数叫作一个字长，可以为 8 位、16 位、32 位等，一般为 8 的倍数。

2.3.3 存储器的层次结构

存储器有三个主要的性能指标：速度、容量和每位价格(简称位价)。一般来说，速度越高，价位就越高；容量越大，价位就越低，而且容量越大，速度必越低，关系如图 2.4 所示。

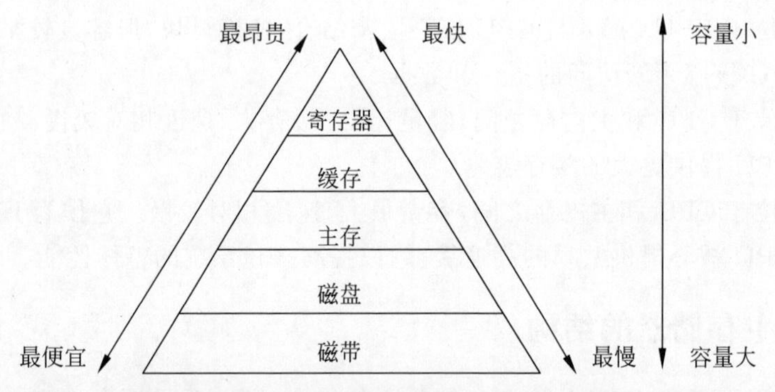

图 2.4　存储器速度、容量和价位的关系

但单一的存储器不能同时满足以上全部需求，所以我们采用多级层次结构来同时兼顾我们的需求。实际的存储系统层次结构主要体现在缓存—主存和主存—辅存这两个存储层次上，如图 2.5 所示。

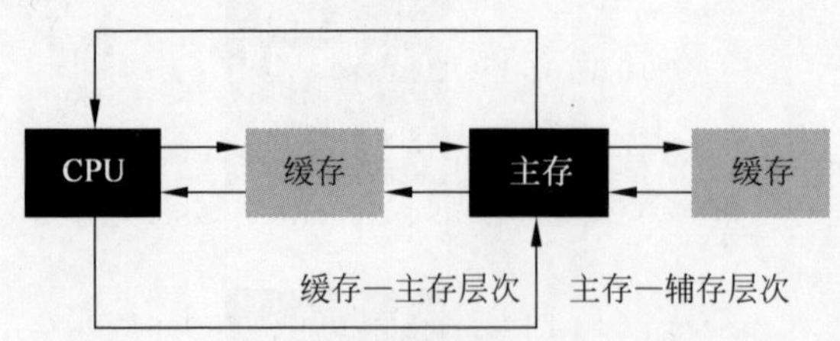

图 2.5　缓存—主存层次和主存—辅存层次

缓存—主存层次主要解决 CPU 和主存速度不匹配问题。主存—辅存层次主要解决存储系统的容量问题。

(1) 当对速度要求很苛刻时，可以使用少量的高速存储器。CPU 中的寄存器就是这种存储器。

(2) 用适量的中速存储器来存储经常需要访问的数据。例如下面将要讨论的高速缓冲存储器 Cache 就属于这一类。

(3) 用大量的低速存储器存储那些不经常访问的数据。主存就属于这一类。

(4) 用更大量的较低速的存储器存储那些暂时不访问的数据。磁盘、磁带就属于这一类。

2.3.4　高速缓冲存储器

高速缓冲存储器(Cache,简称缓存)的存取速度要比主存快,但是比 CPU 及其内部的寄存器要慢。高速缓冲存储器通常容量较小,且被置于 CPU 和主存之间。

高速缓冲存储器在任何时间都包含主存中的一部分内容的副本。当 CPU 要存取主存中的一个字时,将按以下步骤进行:

(1) CPU 首先检查 Cache。

(2) 如果要读取的字在 Cache 中,CPU 就立即读取该字。

(3) 如果要存取的字没有在 Cache 中,CPU 就从速率相对较慢的主存中读取,同时把这个字所在的数据块调入缓存中。可以使得以后对整块数据的读取都从缓存中进行,不必再调用主存。

总体来说,CPU 读取数据的顺序是先 Cache 后主存。

Cache 的出现使 CPU 可以不直接访问主存,而与高速 Cache 交换信息。那么,这是否可靠呢?为什么 Cache 尽管存储容量小效率却很高?这是由程序访问具有局部性特点决定的。

程序访问的局部性原理包括时间局部性和空间局部性。

时间局部性是指在最近的未来要用到的信息,很可能是现在正在使用的信息,因为程序中存在循环。

空间局部性是指在最近的未来要用到的信息,很可能与现在正在使用的信息在存储空间上是邻近的,因为指令通常是顺序存放、顺序执行的,数据一般也是以向量、数组等形式簇聚地存储在一起的。

高速缓冲技术就是利用程序访问的局部性原理,把程序中正在使用的部分数据存放在一个高速的、容量较小的 Cache 中,使 CPU 的访存操作大多数对 Cache 进行,从而大大提高程序的执行速度。

需要注意的是,缓存是有限的存储空间,当缓存已满时,如果需要调入新的数据块,就要替换掉已经存在的数据块。为了提高缓存的利用率和命中率,缓存采用了一些高效的替换算法和访问策略,例如最近最少使用(Least Recently Used,LRU)算法、先进先出(First In First Out,FIFO)算法等。这些算法可以根据数据的访问模式和频率,优化缓存中数据的存储和替换过程。

2.3.5　国产内存品牌

国产内存品牌总结如下。

1. 影驰

影驰(Gainward/GALAX)是中国知名的内存品牌,其产品线包括高性能 DDR4 内存条和 SSD 等。影驰内存条具有卓越的性能和稳定性，常被用于游戏和超频需求。

2. 威刚

威刚(ADATA)是一家专注于存储解决方案的公司，在国内市场具有较高的认可度。威刚内存条以高品质和稳定性为特点，多样化的产品线适用于不同的应用场景。

3. 科赋

科赋(GALAX/KFA2)是中国知名的内存条品牌，其产品线包括高性能 DDR4 内存条和 SSD 等。科赋内存条具有卓越的性能和稳定性，在游戏和超频领域备受认可。

4. 光威

光威(Silicon Power)是一家专注于存储产品的公司，在国内市场也有一定的影响力。其内存条以高品质、稳定性和兼容性著称，适用于不同的应用场景。

2.4 中央处理单元

中央处理单元(CPU)，作为计算机系统的运算和控制核心，是信息处理、程序运行的最终执行单元。CPU 主要有三个组成部分：算术逻辑单元(Arithmetic Logical Unit，ALU)，控制单元(Control Unit，CU)和寄存器组，如图 2.6 所示。

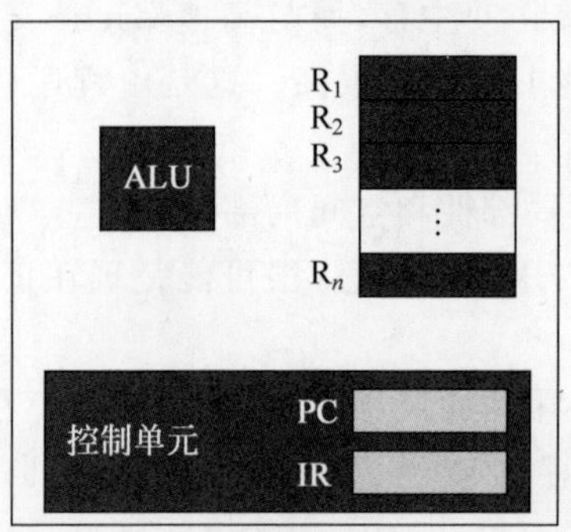

图 2.6 中央处理单元

2.4.1 算术逻辑单元

计算机最终的运算，都在算术逻辑单元(ALU)中完成。ALU 支持对数据的算术运算、逻辑运算、移位运算等。

1. 算术运算

加法运算：将操作数 A 与 B 进位相加，并在 Y 处得到三者的和。

减法运算：将操作数 A 与 B 借位相减，并在 Y 处得到三者的差，其中减去一个数，等于加上这个数的补码。因此，最终在 ALU 中实现的是加法操作。

乘法运算：计算机中的乘法是通过移位与相加操作来完成的。

除法运算：计算机中的除法是通过移位与相减操作来完成的。

2. 逻辑运算

按位与(AND)：将 A 和 B 按位进行“与”运算。按位“与”的运算符号为“&”，按位与运算规则如下：

1&1=1；1&0=0；0&1=0；0&0=0。

说明：两个1位的二进制数进行按位与，如果两个数全部为1，结果为1；如果有一个为0，结果为0。

举例：按位与。

11101010　　A
00011110　　B

00001010　　Y

按位或(OR)：将A和B按位进行“或”运算。按位“或”的运算符号为“|”，按位或运算规则如下：

1|1=1；1|0=1；0|1=1；0|0=0。

说明：两个1位的二进制数进行按位或，只要有一个数为1，结果就为1；如果两个数全部是0，结果为0。

举例：按位或。

11101010　　A
00011110　　B

11111110　　Y

按位异或(XOR)：将A和B按位进行“异或”运算。按位“异或”的运算符号为“^”，按位异或运算规则如下：

1^1=0；1^0=1；0^1=1；0^0=0

说明：两个1位的二进制数进行按位异或，只要有两个数不同，结果就为1；如果两个数相同，结果为0。

举例：按位异或。

11101010　　A
00011110　　B

11110100　　Y

3. 移位运算

算术移位：算术移位是对有符号数进行的，符号位不变，对数值位进行移动。对于不同编码方式，空出来的位，即空缺位需要添加的数字也不同。算术移位规则如表2.1所示。

表2.1　算术移位规则

真　值	码　制	空缺补的值
正数	原码，反码，补码	左移和右移都加0
负数	原码	左移和右移都加0
负数	补码	左移加0
负数	补码	右移加1
负数	反码	左移和右移都加1

算术移位举例如下。

正数 0,0110(+6),

左移 1 位：0,1100；

左移 2 位：0,1000；

右移 1 位：0,0011；

右移 2 位：0,0001。

说明：0,0110 中逗号前面的 0 代表的是符号位,逗号后面的 0110 代表的是数值。

负数 1,0110(-6 原码),

左移 1 位：1,1100；

左移 2 位：1,1000；

右移 1 位：1,0011；

右移 2 位：1,0001。

负数 1,1010(-6 补码),

左移 1 位：1,0100；

左移 2 位：1,1000；

右移 1 位：1,1101；

右移 2 位：1,1110。

负数 1,1001(-6 反码),

左移 1 位：1,0011；

左移 2 位：1,0111；

右移 1 位：1,1100；

右移 2 位：1,1110。

逻辑移位：对于逻辑移位,就是不考虑符号位,移位的结果只是数据所有的位数进行移位。移出去的位丢弃,空缺位用 0 填充。

逻辑移位举例如下。

原数据：0101,

左移 1 位：1010；

右移 1 位：0010。

2.4.2 控制单元

控制单元(CU),是 CPU 的一部分,用于控制对计算机指令的执行。控制单元用来协调与控制程序和数据的输入、程序的执行以及运算结果处理。

正如工厂的物流分配部门,控制单元是整个 CPU 的指挥控制中心,由指令寄存器(Instruction Register,IR)、指令解码器(Instruction Decoder,ID)和操作控制器(Operation Controller,OC)三个部件组成,对协调整个计算机有序工作极为重要。

控制单元根据用户预先编好的程序,依次从存储器中取出各条指令,放在指令寄存器 IR 中,通过指令译码 ID(分析)确定应该进行什么操作,然后通过操作控制器 OC,按确定的时序,向相应的部件发出微操作控制信号。

2.4.3 寄存器

寄存器(Register),是用来存放临时数据的高速独立的存储单元。CPU的运算离不开大量寄存器的使用。CPU中一些常用的寄存器包括如下六个。

1. 程序计数器

程序计数器(Program Counter,PC)用于记录下一条要执行的指令的地址。它在CPU中起到指示下一条指令位置的作用。PC存储的是指令的内存地址,指示了当前正在执行的指令的位置。当CPU执行一条指令后,PC会自动递增,指向下一条要执行的指令的地址,从而使程序按照预定顺序依次执行指令。当遇到程序需要跳转、循环、条件执行等复杂的程序控制流程而需要转移时,下一条指令的地址将由转移指令的地址码字段来指定,而不是像通常的那样通过顺序递增PC的内容来取得。

2. 指令寄存器

指令寄存器(Instruction Register,IR)用于存储当前正在执行的指令。当执行一条指令时,首先把该指令从主存读取到数据寄存器中,然后再传送至指令寄存器。

3. 地址寄存器

地址寄存器(Address Register,AR)用来保存CPU当前所访问的主存单元的地址。

4. 数据寄存器

数据寄存器(Data Register,DR)又称数据缓冲寄存器,其主要功能是作为CPU和主存、外设之间信息传输的中转站,用以弥补CPU和主存、外设之间操作速度上的差异。数据寄存器用来暂时存放由主存储器读出的一条指令或一个数据字;反之,当向主存存入一条指令或一个数据字时,也将它们暂时存放在数据寄存器中。

5. 累加寄存器

在执行算术运算、逻辑运算或其他数据操作时,累加寄存器(Accumulator,AC)可以用来存储中间结果或最终结果,是运算器中必不可少的一个寄存器。

6. 程序状态字寄存器

程序状态字寄存器(Program Status Word,PSW)用来表征当前运算的状态及程序的工作方式。程序状态字寄存器用来保存由算术/逻辑指令运行或测试的结果所建立起来的各种条件码内容,如运算结果进/借位标志(C)、运算结果溢出标志(O)、运算结果为零标志(Z)、运算结果为负标志(N)、运算结果符号标志(S)等,这些标志位中每个标志位通常用1位触发器来保存。

2.4.4 主流CPU品牌

1. 英特尔

英特尔(Intel)是全球知名的半导体制造公司,其CPU具有以下特点:

1) 可靠性

具有高度的可靠性,能够长时间稳定运行。

2）高性能

高性能是英特尔 CPU 的一个显著特点。英特尔不断进行技术创新，不断提升其 CPU 的处理能力。英特尔 CPU 使用高级微架构和多核技术，能够提供卓越的计算性能和多任务处理能力。

3）兼容性

英特尔 CPU 具有很强的兼容性，能够与各种操作系统、软件和硬件兼容。这使得英特尔 CPU 在各个领域和应用中具有广泛的适用性。

4）可扩展性

英特尔的 CPU 产品线具有丰富的选择，从入门级到高端服务器级别，包括多核、超线程和高速缓存等特性，可以根据需求选择适合的型号和规格。

5）节能性

英特尔注重节能性能，通过优化设计和制造工艺提供高性能的同时降低功耗。英特尔 CPU 带有智能节能功能，根据负载情况动态调整功耗，以提高能效。

6）安全性

英特尔 CPU 集成了硬件级别的安全功能，如硬件加密、内存保护和安全启动。这些安全功能帮助保护系统免受恶意软件攻击和数据泄露。

总体来说，英特尔 CPU 具有可靠性、高性能、兼容性、可扩展性、节能性和安全性等特点，使其成为计算机和服务器领域的主要选择之一。

2. AMD

AMD(Advanced Micro Devices)CPU 具有以下特点：

1）性价比

AMD CPU 在性能和价格方面提供了更好的性价比。AMD 一直以来致力于在相同价格范围内提供更高的性能，使得用户能够获得更高的计算能力而不必支付过高的成本。

2）高核心数

AMD CPU 提供了较高的核心数，特别是在其 Ryzen 系列中。多核处理技术使得 AMD CPU 能够同时处理多个任务，提供更好的多任务处理性能。

3）高性能计算

AMD CPU 在处理器设计上注重高性能计算需求。采用先进的架构和技术，如 Zen 架构，使得 AMD CPU 在计算密集型任务中表现出很高的性能。

4）技术创新

AMD 在技术创新方面不断取得突破。例如，引入了 Infinity Fabric 技术，提高了处理器内部组件之间的通信效率。此外，AMD 还推出了 SmartShift 技术，实现了动态分配电力和性能，提供更好的游戏性能。

5）兼容性

AMD CPU 具有良好的兼容性，可以与各种操作系统、软件和硬件兼容。这使得用户能够灵活地在他们的系统中选择和使用 AMD CPU。

6）节能性

AMD CPU 引入了一系列的节能技术，以提高能效。能够在保持高性能的同时降低功耗，减少电能消耗。

总体来说，AMD CPU 在性价比、高核心数、高性能计算、技术创新、兼容性和节能性等方面具有突出的特点。在市场上，AMD CPU 提供了与竞争对手相比的竞争优势，并吸引了众多用户的青睐。

3. 龙芯

龙芯(Loongson)CPU 是中国研发和生产的一系列微处理器，具有以下特点：

1) 国产设计

龙芯 CPU 是中国自主设计和生产的处理器，标志着中国在微处理器领域取得重要突破。它代表了中国自主创新和自主控制核心技术

2) MIPS 架构

龙芯 CPU 采用的是 MIPS 架构，这是一种精简指令集计算机(Reduced Instruction Set Computer，RISC)架构。MIPS 架构具有高效、简洁的特点，能够提供较高的性能和能效比。

3) 多核处理

龙芯 CPU 具备多核处理能力，支持多个内核的同时计算。多核技术能够提高处理器的并行计算能力，提高整体性能和系统的响应速度。

4) 低功耗设计

龙芯 CPU 采用了低功耗设计，注重提高能效。低功耗设计使得龙芯 CPU 在移动设备和嵌入式系统中具有较好的应用潜力，节约能源，并延长电池寿命。

5) 安全性

龙芯 CPU 对安全性有着重要关注，采用了安全增强技术来保护系统免受恶意攻击和数据泄露的威胁。这些安全增强技术包括硬件加密、隔离和安全启动等。

6) 兼容性

龙芯 CPU 与现有的软件和硬件具有一定的兼容性，支持主流操作系统和应用程序。另外，龙芯 CPU 也提供了兼容 x86 架构的模拟器，使得用户可以运行 x86 架构的软件。

总体来说，龙芯 CPU 作为中国自主研发的微处理器，具有国产设计、MIPS 架构、多核处理、低功耗设计、安全性和一定的兼容性等特点。龙芯 CPU 在国内应用于计算机集群、超级计算机、服务器、智能终端等领域，推动了中国在信息技术领域的自主创新和发展。

4. 鲲鹏

鲲鹏(Kunpeng)CPU 是华为自主研发的一系列高性能服务器处理器，具有以下特点：

1) ARM 架构

鲲鹏 CPU 采用 ARM 架构，这是一种低功耗、高性能的指令集架构。通过 ARM 架构，鲲鹏 CPU 能够提供高效的能源利用和较低的功耗，适用于大规模服务器和云计算环境。

2) 高性能计算

鲲鹏 CPU 在设计上注重高性能计算需求。它采用了先进的微架构和多核处理技术，可以同时处理多个线程，提供卓越的计算能力和并行处理能力。

3) 多核处理

鲲鹏 CPU 拥有多个物理核心和逻辑线程，支持同时处理多个任务。多核处理技术可以提高服务器的并发性能和横向扩展能力，适应高负载的数据中心环境。

4）高安全性

鲲鹏 CPU 注重安全性，并集成了硬件级别的安全功能。它支持硬件加密和安全加速，可以有效保护数据的安全性，并提供更高的安全性能。

5）能耗效率

鲲鹏 CPU 在设计上注重节能性能。它采用了先进的制程工艺和动态能耗管理技术，可以在提供高性能的同时降低功耗，降低数据中心的能源消耗。

6）兼容性

鲲鹏 CPU 与主流操作系统和应用程序具有较好的兼容性。它支持多种开源操作系统和云计算平台，用户可以灵活地选择和配置鲲鹏 CPU 的软件和硬件环境。

总体来说，鲲鹏 CPU 作为华为自主研发的高性能服务器处理器，具有 ARM 架构、高性能计算、多核处理、高安全性、能耗效率和兼容性等特点。它广泛应用于云计算、大数据处理和企业级服务器等领域，为用户提供强大的计算能力和可靠的性能。

5. 飞腾

飞腾(FeiTeng)CPU 是中国自主研发的一系列微处理器，具有以下特点：

1）国产设计

飞腾 CPU 是中国自主研发的处理器，标志着中国在微处理器领域取得了重要突破。它代表了中国自主创新和自主控制核心技术的努力。

2）性能优化

飞腾 CPU 在架构和设计上进行了优化，以提供更高的性能。飞腾 CPU 采用了硬件并行处理、指令级并行处理和多核技术，能够提供卓越的计算能力和处理速度。

3）高可靠性

飞腾 CPU 经过充分的测试和验证，具有高度的可靠性。它采用了错误检测和纠正机制，能够在处理器内部发生错误时自动进行修复，提高系统的可靠性和稳定性。

4）低功耗设计

飞腾 CPU 注重节能性能，采用了低功耗设计。通过优化电源管理和电路布局，飞腾 CPU 能够在提供高性能的同时降低功耗，减少能源消耗。

5）安全性

飞腾 CPU 集成了硬件级别的安全功能，以保护系统免受恶意攻击和数据泄露的威胁。它提供了硬件加密、安全启动和内存保护等功能，提高系统的安全性。

6）兼容性

飞腾 CPU 支持主流操作系统和应用程序，并与现有的软件和硬件具有一定的兼容性。这使得用户可以无缝地将飞腾 CPU 集成到其现有的系统和环境中。

总体来说，飞腾 CPU 作为中国自主研发的微处理器，具有国产设计、性能优化、高可靠性、低功耗设计、安全性和一定的兼容性等特点。飞腾 CPU 在国内应用于高性能计算、超级计算机、服务器和其他领域，推动了中国在信息技术领域的自主创新和发展，表 2.2 列出了不同 CPU 品牌的对比。

表 2.2　不同 CPU 品牌的对比

品牌	品牌源地	代表产品	产 品 特 点	适 用 范 围
英特尔	美国	13 代 i9	高性能、速度快	多用于个体用户
AMD	美国	锐龙 5 代	功耗低、发热量低	多用于游戏渲染
龙芯	中国	龙芯派 2 代 2K	低功耗、性能稳定、安全	政府、金融、军事等安防重点场所
鲲鹏	中国	鲲鹏 920	节能、高安全性、兼容性强	大数据分析、人工智能、金融、政务、电商
飞腾	中国	飞腾 FT2000	谱系全、性能高、生态完善	气象预报、地震模拟、生命科学

2.5　输入/输出系统

计算机的输入/输出(I/O)系统是指计算机与外部设备进行信息交互的一组组件、接口和协议。它负责管理计算机与外部设备之间的数据传输和控制，是计算机系统的重要组成部分。

2.5.1　输入/输出(I/O)设备

输入/输出(I/O)设备包括输入设备、输出设备。

1. 输入设备

输入设备(Input Devices)是用于将外部信息输入计算机系统中的硬件设备。它们允许用户通过与计算机进行交互，向计算机提供输入数据和指令。

计算机能够接收各种各样的数据，既可以是数值型的数据，也可以是各种非数值型的数据，如图形、图像、声音等都可以通过不同类型的输入设备输入计算机中，进行存储、处理和输出。

常见的输入设备有键盘、鼠标、触摸屏、数字笔、扫描仪、摄像头等。

2. 输出设备

输出设备(Output Devices)是计算机系统用来向用户显示或呈现结果、信息或数据的硬件设备。它们将计算机系统处理的数据、图像、声音等以可感知的形式输出给用户。

常见的输出设备有显示器、打印机、音频设备、投影仪、绘图仪、振动反馈设备等。

2.5.2　I/O 接口

I/O 接口(Interface)用于连接计算机和外部设备的物理接口。它包括各种类型的接口标准和接口电路，以便实现数据的传输和控制。常见的接口包括通用串行总线(Universal Serial Bus，USB)、高清多媒体接口(High Definition Multimedia Interface，HDMI)、以太网(Ethernet)，串行接口(Serial)等。外部设备与计算机不能直接相连，必须通过接口作为桥梁，以实现与计算机的数据交互。

2.5.3　I/O 设备与主机信息传送的控制方式

计算机需要通过命令把数据从 I/O 设备传输到 CPU 和内存。因为输入/输出设备的运行速度比 CPU 要慢得多，因此 CPU 的操作在某种程度上必须和输入/输出设备同步。有三种主要方法用于外设与主机信息传送控制方式，分别为程序查询方式、程序中断方式和直接存储器访问(Direct Memory Access，DMA)方式。

1. 程序查询方式

程序查询方式是早期计算机中使用的一种方式。数据在 CPU 和外围设备之间的传送完全靠计算机程序控制。一旦某一外设被选中并启动后，主机将不断查询这个外设的状态位，看其是否准备就绪。若外设未准备就绪，主机将再次查询；若外设已准备就绪，则执行一次 I/O 操作，程序查询方式如图 2.7 所示。

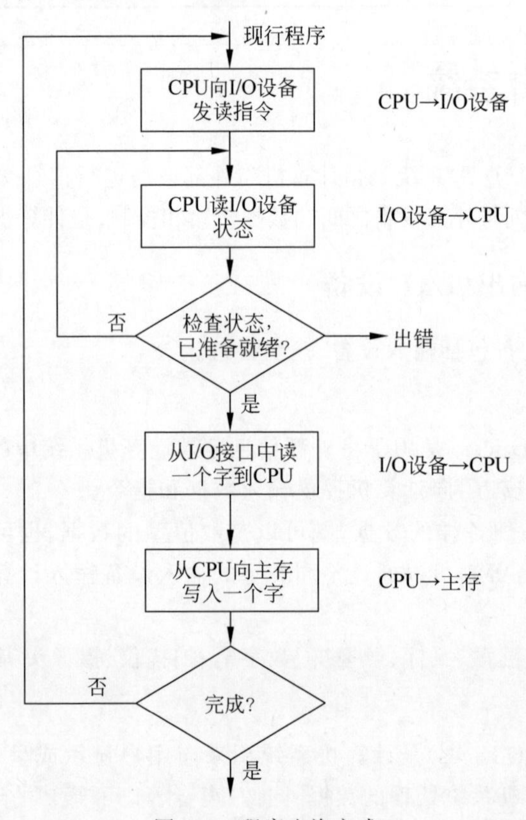

图 2.7 程序查询方式

这种方式硬件结构与控制都比较简单。缺点是外设和主机不能同时工作，当外设工作时，CPU 此时只能等待，不能处理其他业务，CPU 宝贵资源的浪费也是可观的。各外设之间也不能同时工作，系统效率很低。因此，仅适用于外设的数目不多，对 I/O 处理的实时要求不那么高，CPU 的操作任务比较单一，并不很忙的情况。

当前除单片机外，很少使用程序查询方式。因此，在当代计算机系统中，通常采用其他更高效、并行的 I/O 控制方式，如程序中断方式、直接存储器访问方式等，来充分利用 CPU 和外设的并行处理能力，提高系统的效率和实时性。

2. 程序中断方式

程序中断是指计算机执行现行程序的过程中，出现某些急需处理的异常情况和特殊请求，CPU 暂时终止现行程序，而转去对随机发生的更紧迫的事件进行处理，在处理完毕后，

CPU 将自动返回原来的程序继续执行，如图 2.8 所示。

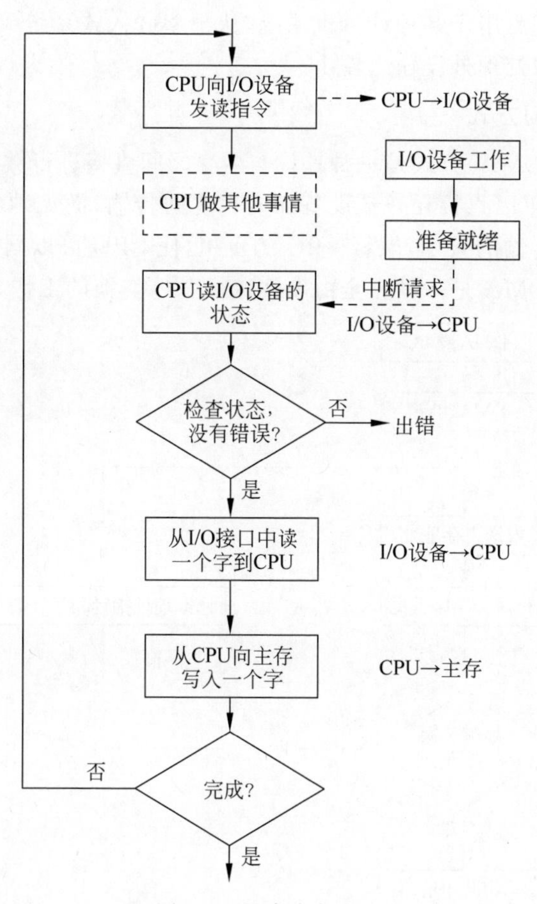

图 2.8　程序中断方式

程序中断方式的一般工作流程如下：

中断请求：外设产生一个中断请求信号，表示需要 CPU 的处理。中断请求可以是硬件中断，如设备完成一个操作，或者是软件中断，如程序中执行了一个特定的中断指令。

中断响应：当 CPU 接收到中断请求时，它会在执行完当前指令后，转去执行中断服务程序。

中断处理程序：中断处理程序是预先定义好的一段代码，用于处理特定的中断事件。在 CPU 转去执行中断服务之前，会进行现场保护，包括保护程序断点、通用寄存器和状态寄存器的内容。当 CPU 转移到中断处理程序时，它会执行与中断事件相关的操作。这可能涉及读取外设传输的数据、更新系统状态、响应用户输入等。

中断处理完成后返回：当中断处理程序完成任务后，CPU 会从中断处理程序返回到主程序中继续执行。在返回时，CPU 会恢复被中断的任务的状态，返回断点处继续执行指令。

中断优先级和中断屏蔽：在计算机系统中，可能会有多个外设同时产生中断请求。为了确定应该优先处理哪个中断请求，中断通常被赋予优先级。CPU 会按照优先级顺序处理中断请求。此外，CPU 还可以通过中断屏蔽机制来禁止或允许特定中断的响应。

通过程序中断方式，CPU 能够及时响应外设的事件，实现了外设与 CPU 的并行执行，节省了 CPU 等待时间。这使得计算机可以并行处理多个任务,并实现更高的效率和实时性。程序中断方式被广泛用于各种计算机系统,从小型嵌入式系统到大型服务器和操作系统都采用了这种方式来处理外设输入输出。

3. 直接存储器访问方式

直接存储器访问(DMA)方式是一种外设与内存之间直接进行数据传输的方式,通过使用 DMA 控制器,数据可以直接在外部设备和内存之间传输,而无须经过 CPU 的干预。这种方式可以提高数据传输的效率,减轻 CPU 的负担,使 CPU 可以同时处理其他任务,例如 CPU 内部的运算等。DMA 是一种完全由硬件执行 I/O 交换的工作方式,如图 2.9 所示。

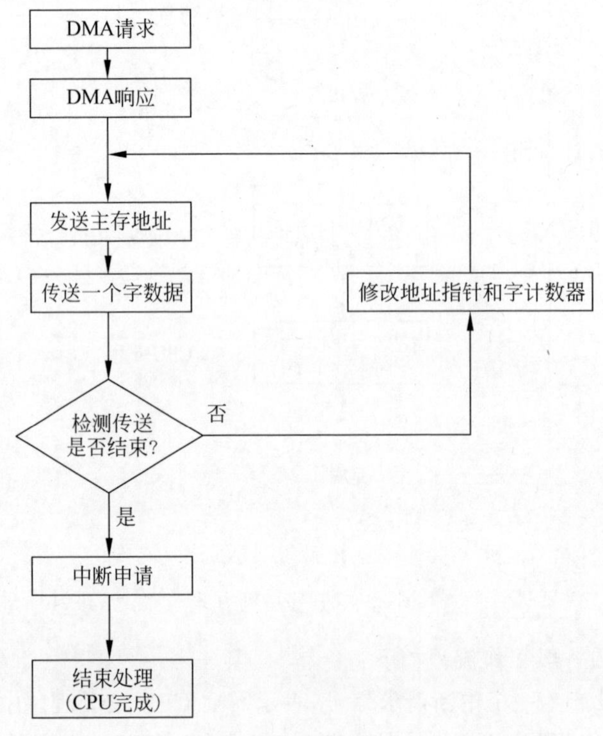

图 2.9 DMA 方式

在传统的输入输出操作中,CPU 通常需要通过程序查询或程序中断的方式对外部设备进行读取或写入,这会占用 CPU 的时间和资源。而使用 DMA 方式,外部设备可以直接访问内存,数据可以被高速地传输到目标位置,而不需要 CPU 的直接干预。

DMA 方式的工作流程如下:

(1) 配置 DMA 控制器:首先,需要设置 DMA 控制器的参数,包括数据传输的起始地址、目标地址、数据长度和传输方向等。

(2) 启动 DMA 传输:一旦 DMA 控制器被配置好,可以通过发送控制信号来启动数据传输。DMA 控制器开始从外部设备中读取或写入数据。

(3) 直接数据传输:在数据传输过程中,DMA 控制器负责将数据从外部设备读取到内存,或将数据从内存写入外部设备中,而无须 CPU 的直接干预。

(4) 传输完成后的中断处理:一旦数据传输完成,DMA 控制器可以触发一个中断信号,通知 CPU 去执行中断以后的操作,包括校验对送入主存的数据是否正确;时序继续使用DMA传输其他数据块；测试在传输过程中是否出错等。

使用DMA的优点包括：

(1) 减轻CPU负担：CPU无须处理每个数据传输操作的细节，可以减轻CPU的负担，提高系统的响应速度。

(2) 高速数据传输：DMA控制器通常使用高速的总线和专门的硬件，可以实现高速数据传输，提高数据传输的效率。

使用DMA方式进行传输的常见的应用场景包括磁盘控制器、网络接口卡、音频设备和图形设备等。

2.6 CPU、内存与输入/输出系统的互联

计算机中的五大部件：运算器、控制器、存储器、输入设备和输出设备，它们之间的互联是通过总线(Bus)连接在一起的。

总线是计算机各种功能部件之间传送信息的公共通信线路，它是由导线组成的传输线束。按照在总线上传输信息的种类不同，计算机的总线可以划分为数据总线、地址总线和控制总线，称为计算机的三总线，分别用来传输数据、数据地址和控制信号。计算机内的各个硬件通过总线实现了信息的互通传输，如图2.10所示。

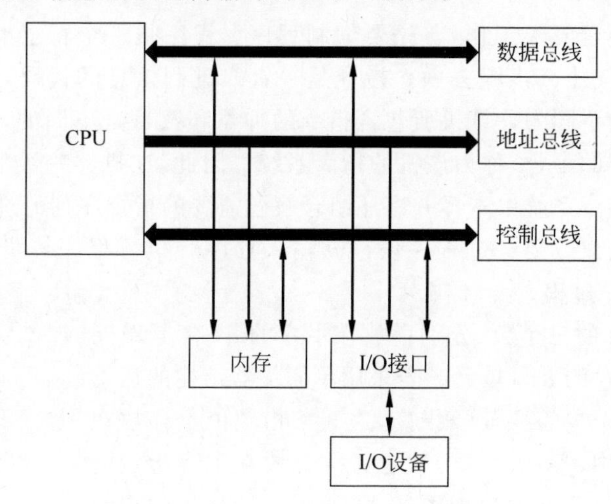

图2.10　三总线与系统互联

1. 数据总线

数据总线(Data Bus，DB)用于传输各功能部件之间的数据信息，是双向传输总线。数据总线中的每根线路代表一个二进制位，多条线路并行组成数据总线，可以传输更多的二进制数据。

数据总线的宽度决定了一次可以传输的二进制位数。例如，一个16位的数据总线可以一次传输16个二进制位，而一个32位的数据总线可以一次传输32个二进制位。

2. 地址总线

地址总线(Address Bus，AB)用于传输CPU生成的内存地址信号。它连接了CPU和

主存储器，使CPU能够将生成的内存地址发送到内存中，去选中存储单元，以读取或写入数据。地址总线是单向的，即只能由CPU向主存储器传输地址信息。

地址总线的位数决定了CPU可直接寻址的内存空间大小，假设一个内存单元存放的数据是8位，也就是1字节。例如地址总线为16位，则其最大可寻址空间为$2^{16}=64K$，能使用到的内存大小为64KB；地址总线为20位，其可寻址空间为$2^{20}=1M$，能使用到的内存大小为1MB。一般来说，若地址总线为n位，则可寻址空间为2^n，能使用到的内存大小为2^nB。

3. 控制总线

控制总线(Control Bus，CB)用于传送控制信号和时序信号。控制信号中，有的是CPU送往存储器和I/O接口电路的，如读/写信号，片选信号、中断响应信号等；也有的是其他部件反馈给CPU的，例如中断申请信号、复位信号、总线请求信号、设备就绪信号等。因此，控制总线的传送方向由具体控制信号而定，(信息)一般是双向的，控制总线的位数要根据系统的实际控制需要而定。

2.7 程序执行

2.7.1 计算机的解题过程

要使计算机按预定要求工作，首先要编制程序。程序是一个特定的指令序列，它告诉计算机要做哪些事，按什么步骤去做。指令是一组二进制信息的代码，用来表示计算机所能完成的基本操作。不同的计算机所包含指令的种类和数目是不同的，通常把一台计算机所能执行的各类指令的集合，称为该机的指令系统。因此，在机器一级的程序设计，就是按照解题要求在机器指令系统中选择并有序组合解题需要的指令序列的过程。

使用计算机解题大致要经过程序设计→输入程序→执行程序等步骤。现以计算$a+b-c$为例来说明这一过程。

设a、b、c为已知的三个数，分别存放在主存的5～7号单元中，结果将存放在主存的8号单元。若采用单累加器结构的运算器，要完成上述计算至少需要5条指令，这5条指令依次存放在主存的0～4号单元中，参加运算的数也必须存放在主存指定的单元中，主存中有关单元的内容如图2.11所示。计算机的控制器将控制指令的逐条、依次执行，最终得到正确的结果。具体步骤如下：

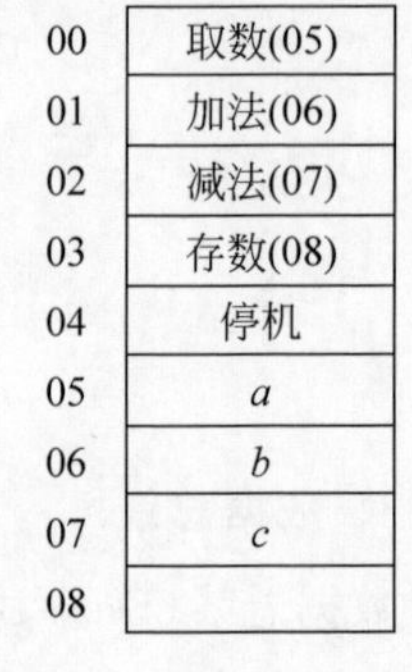

图2.11 主存中有关单元的内容

(1) 执行取数指令，从主存5号单元取出数a，送入累加器中。

(2) 执行加法指令，将累加器中的内容a与从主存6号单元取出的数b一起送到算术逻辑部件ALU中相加，结果$a+b$保留在累加器中。

(3) 执行减法指令，将累加器中的内容$a+b$与从主存7号单元取出的数c一起送到算术逻辑部件ALU中相减，结果$a+b-c$保留在累加器中。

(4) 执行存数指令,把累加器中的内容 $a+b-c$ 存至主存 8 号单元。

(5) 执行停机指令,计算机停止工作。

2.7.2　多级时序控制

要使计算机有条不紊地工作,对各种操作信号的产生时间、稳定时间、撤销时间及相互之间的关系都有严格的要求。对操作信号施加时间上的控制,称为时序控制。只有严格的时序控制,才能保证各功能部件组合有机的计算机系统。

1. 指令周期

指令周期(Instruction Cycle)是计算机处理器执行单条指令所经历的一系列步骤和时钟周期,如图 2.12 所示。

指令周期由取指令、指令译码、执行指令和访存/写回阶段组成。其中各个阶段如下:

(1) 取指令(Fetch):CPU 从主存储器中读取一条指令,将其放到指令寄存器中。

(2) 指令译码(Decode):指令被送至指令译码器,分析指令的操作码以及操作数的地址等信息。

(3) 执行指令(Execute):根据译码得到的信息,处理器执行指令所需的算术运算、逻辑运算、数据传输等操作。

(4) 访存/写回(Memory Access/Write Back):如果指令需要访问内存或写回结果,此阶段处理器会根据指令的需求读取或写入数据到内存或寄存器。

每个阶段通常会占用一个或多个机器周期。在一个机器周期内,CPU 完成一个阶段的操作。

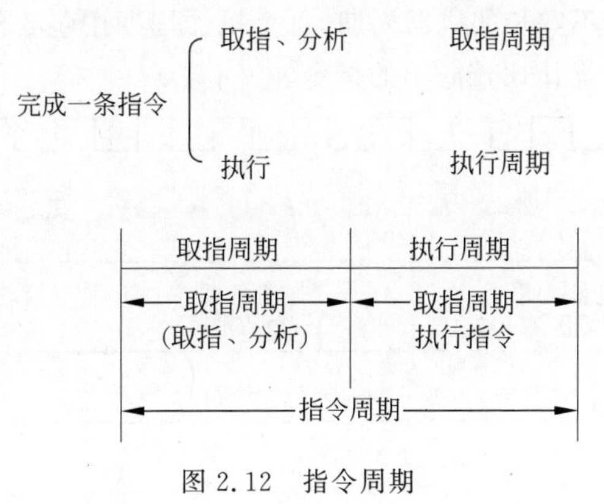

图 2.12　指令周期

2. 机器周期

在计算机中,为了便于管理,常把一条指令的执行过程划分为若干阶段(如取指、译码、执行等),每一阶段完成一个基本操作。完成一个基本操作所需要的时间称为机器周期(Machine Cycle)。通常安排机器周期长度=主存周期。

3. 时钟周期(节拍、状态)

时钟周期也称为振荡周期,定义为时钟频率的倒数。时钟周期是计算机中最基本的、最小的时间单位。在一个时钟周期内,CPU 仅完成一个最基本的动作。时钟周期是一个时间的量。更小的时钟周期就意味着更高的工作频率。

用时钟信号控制节拍发生器，就可产生节拍。每个节拍的宽度正好对应一个时钟周期。在每个节拍内机器可以完成一个或几个需同时执行的操作。图2.13反映了机器周期、时钟周期和节拍的关系，其中一个机器周期内有4个节拍 T_0、T_1、T_2、T_3。

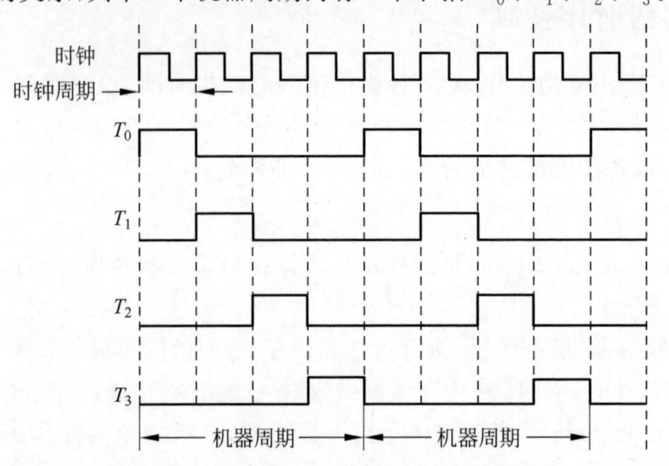

图2.13 机器周期、时钟周期和节拍的关系

4. 多级时序控制

图2.14反映了指令周期、机器周期、节拍和时钟周期的关系。可见，一个指令周期包含若干机器周期，一个机器周期又包含了若干时钟周期（节拍）。指令周期、机器周期、时钟周期构成了计算机的多级时序控制。每个指令周期内的机器周期数可以不等，每个机器周期内的节拍数也可以不等。其中，图2.14(a)为定长的机器周期，每个机器周期包含4个节拍（4个 T）；图2.14(b)为不定长的机器周期，每个机器周期中包含的节拍数可以为4个，也可以为3个，后者适用于操作比较简单的指令。

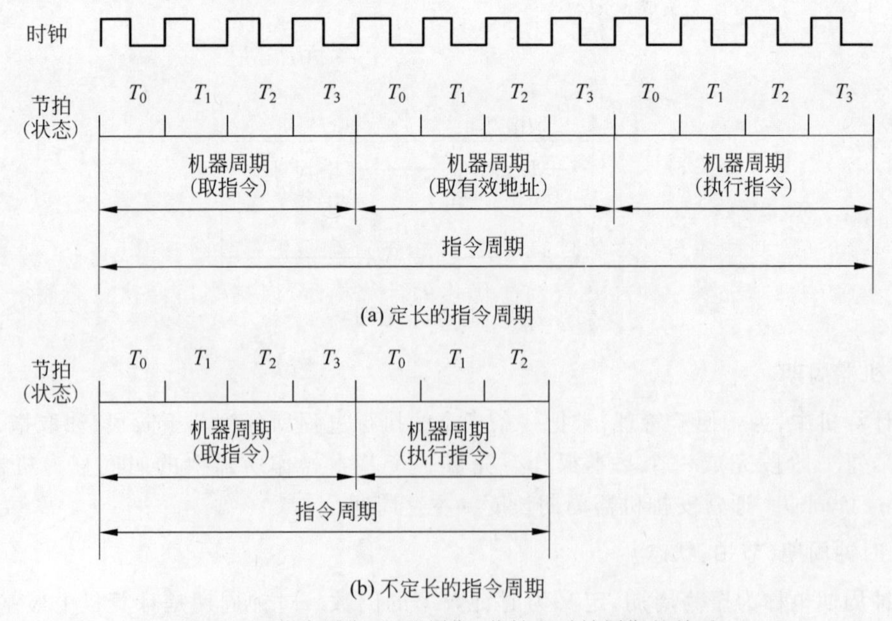

图2.14 指令周期、机器周期、节拍和时钟周期的关系

2.8 不同的体系结构

2.8.1 CISC

复杂指令集(Complex Instruction Set Computer,CISC)是一种计算机体系结构设计,其特点是指令集非常复杂和多样化。

在CISC架构中,计算机的指令集非常丰富,每个指令可以完成复杂的操作,甚至可以执行类似于高级语言的功能。

CISC架构的指令通常具有可变长度,可以包含各种操作,如算术运算、逻辑运算、内存访问、字符串处理、浮点运算等。这些复杂的指令可以在单个指令中执行多个操作,从而减少了指令的数量。

CISC架构的代表性产品是x86架构,它是目前个人计算机和服务器系统中广泛使用的体系结构。x86架构的指令集非常复杂,具有大量的指令和地址模式,支持广泛的操作和功能,使得编程非常灵活。然而,由于指令集的复杂性,CISC架构的处理器往往需要较长的指令周期,并且更容易出现指令冗余和冲突,导致性能相对较低。

随着计算机体系结构的发展,精简指令集计算机(Reduced Instruction Set Computer,RISC)架构逐渐得到关注,并在一些领域取得优势。与CISC架构相比,RISC架构的指令集更加简化和规范,每个指令只能执行一种简单的操作。这样可以使处理器的设计更简单、更高效,并且具有更好的流水线和缓存性能。

尽管RISC架构在某些方面具有优势,但CISC架构仍然被广泛用于许多领域,特别是在x86兼容的计算机上。虽然CISC架构的指令集较为复杂,但它仍然能够通过微架构优化和高级编译器技术来提供良好的性能和兼容性。

2.8.2 RISC

RISC是一种计算机体系结构设计,其特点是指令集简化且操作更加规范。

在RISC架构中,指令集的设计更为简单,指令的种类和功能较少。每个指令完成的操作较为简单,通常只能执行基本的算术运算、逻辑运算和数据传输等操作。RISC架构以简化指令为目标,力求提供一种高效且易于优化的计算模型,以提高指令执行的速度和处理器的性能。

RISC架构的指令通常具有固定长度,且保持相对简单和规范的格式。这使得指令的执行时间可以更加可预测,方便进行流水线操作和指令优化。此外,RISC架构还强调使用寄存器来存储数据,以减少对内存的访问次数,提高执行效率。

RISC架构的代表性产品包括ARM和MIPS,它们在诸多移动设备、嵌入式系统和嵌入式处理器上得到了广泛应用。这些RISC架构的处理器通常具有高性能、低功耗和较小的芯片面积等优势,适用于资源受限或功耗敏感的场景。

然而,随着技术的不断发展,现代的RISC处理器也逐渐增加了一些复杂的指令和特性,以提高功能和性能。因此,现代的RISC处理器已经不再是完全精简的指令集,而是在一定程度上综合了 CISC 架构的某些特性，形成了一种折中的设计。

总而言之，RISC 架构通过简化和规范指令集，以及提供更高效的流水线和缓存设计，旨在提供高性能、低成本和低功耗的计算方案。随着技术的发展，RISC 架构仍然在许多领域中发挥着重要作用，并且不断与 CISC 架构进行取长补短，提升计算机系统的性能和效率。

2.8.3 RISC 和 CISC 的区别

RISC 和 CISC 是两种不同的计算机体系结构设计，它们在指令集复杂性、指令执行原则、硬件复杂性和性能优化等方面存在区别。

1. 指令集复杂性

RISC：RISC 架构的指令集较为简化和规范，每个指令的功能较为单一和基本，实现更少的指令操作。

CISC：CISC 架构的指令集较为复杂和多样化，每个指令可以实现更为复杂和高级的操作，包括内存访问、字符串处理、条件分支等。

2. 指令执行原则

RISC：RISC 架构的指令通常具有固定长度，执行时间相对较短，指令执行速度快且可预测。RISC 架构强调使用寄存器进行操作，减少对内存的访问次数。

CISC：CISC 架构的指令长度和执行时间可以不固定，指令执行速度相对较慢且难以预测。CISC 架构采用的是灵活的寻址模式，指令集中具有更复杂的操作。

3. 硬件复杂性

RISC：RISC 架构的处理器通常较为简单，指令的执行和流水线操作较容易实现，芯片面积相对较小。

CISC：CISC 架构的处理器通常较为复杂，指令的执行和流水线操作较复杂，需要更多的逻辑和控制电路，芯片面积相对较大。

4. 性能优化

RISC：RISC 架构通过简化指令集和提供简单的指令格式，容易进行流水线优化和指令级并行处理，提高处理器的性能。

CISC：CISC 架构的处理器通过复杂的指令集和多样化的操作，可以在一条指令内完成多个操作，但也容易出现指令冗余和冲突，需要更复杂的硬件优化和编译器支持。

总之，RISC 和 CISC 是两种不同的计算机体系结构设计，各自具有不同的优势和适用场景。RISC 注重简化和规范的指令集，强调性能优化和流水线操作；而 CISC 则更注重丰富和复杂的指令集，强调灵活性和功能性。在现代计算机系统中，两者已经融合和演变，采用混合架构来提供更好的性能和灵活性。

2.8.4 流水线

在计算机中，为提高处理器执行指令的效率，把一条指令的操作分成多个细小的步骤（阶段），每个阶段由不同的部件完成，而这些部件可以同时并行工作，即指令的操作步骤可以重叠执行，这就是流水线技术，通过这种方式可以在不增加硬件或者只增加少量硬件的前提下使处理机运算速度得到数倍提升。

下面举例说明。为简单起见，把指令的执行过程分为取指令与执行指令两个阶段。在不采用流水线技术的计算机中，取指令与执行指令是周而复始地重复出现，各条指令按顺序串行执行，前面一条指令执行完毕，后面的指令才能执行，如图 2.15 所示。

取指令1	执行指令1	取指令2	执行指令2	取指令3	执行指令3

图 2.15　指令的串行执行

图 2.15 中取指令的操作可以由指令部件完成，执行指令的操作可由执行部件完成。分析上述串行执行，可以看出各部件的利用率不高，例如取指令部件工作时，执行指令部件空闲，而执行指令部件工作时，取指令部件空闲。假如我们把两条指令或若干条指令在时间上重叠起来执行，将大幅度程序的执行速度，如图 2.16 所示。图 2.16 中，因为是每条指令分为两个步骤执行，所以形成了指令的二级流水。

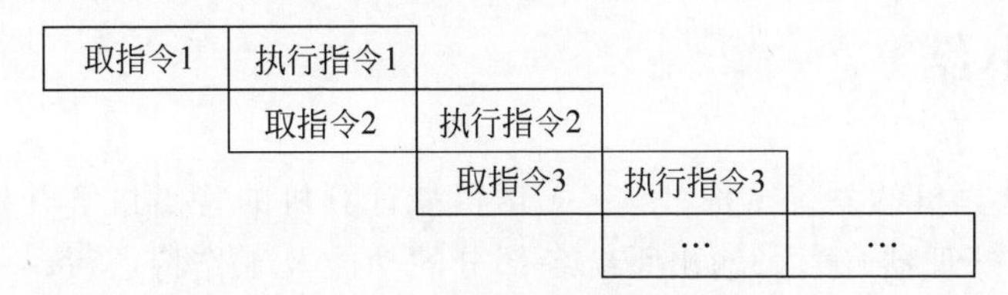

图 2.16　指令的二级流水

流水线是如何提高运算速度的呢？假设每条指令执行需要两个阶段，在指令的每个阶段的使用的时间相同为 t，则串行执行的话，执行 10 条指令花费的时间为 $10*2*t$；采用指令的二级流水，需要 $2*t+(10-1)*t$，速度提高了 20/11－1。

我们也可以把指令的执行阶段再细化一下，划分为多个阶段执行，可以进一步提高执行速度。当然，流水线并不像这样简单。当遇到转移指令或者是数据相关等阻碍流水线形成的因素出现时，流水线的效率就会受到影响。但是，目前的 CPU 的设计采用了各种措施克服了大部分的缺点，提出了流水线的多发技术，进一步提高了 CPU 的执行速度。

2.8.5　并行处理

传统的计算机系统上有单个控制单元、单个算术逻辑单元、单个内存单元。随着计算机硬件成本的下降，如今可以拥有具有多个控制单元、多个算术逻辑单元和多个内存单元的计算机。这种思想称为并行处理。像流水线技术一样，并行处理可以提高系统的执行速度。并行处理计算机可以分为以下四类：单指令单数据流（Single Instruction Single Data stream，SISD）、单指令多数据流（Single Instruction Multiple Data stream，SIMD）、多指令单数据流（Multiple Instruction Single Data stream，MISD）、多指令多数据流（Multiple Instruction Multiple Data stream，MIMD）。

1. 单指令单数据流

SISD 只拥有一个处理器，单一的指令流，数据存储在单一内存中。虽然只有一个处理器，但是可以使用流水线技术来提高并发程度。

2. 单指令多数据流

在 SIMD 计算机系统中，单一指令可以同步控制多个处理部件，每个处理部件都有一个相关的数据存储器，所以一条指令可以在不同的数据组上完成相同的操作。

3. 多指令单数据流

MISD 计算机系统可以实现对顺序数据进行多个处理器的操作。每个处理器执行不同的指令序列。在实际系统中还没有完全的 MISD 计算机出现。

4. 多指令多数据流

MIMD 是一种并行计算架构，其中多个处理器同时并行执行不同的指令并操作各自的数据。MIMD 计算机实际上就是多处理器并行系统。在 MIMD 的组织下，各个处理器是通用的，每个处理器都能处理所有数据并完成相应数据运算的指令。MIMD 体系结构被广泛应用于高性能计算领域，旨在加快任务的处理速度和提高系统的整体性能。

2.9 本章小结

本章介绍了计算机的系统结构。从冯・诺伊曼计算机的特点讲解开始，介绍了计算机的存储系统、中央处理器、输入/输出系统各部分的功能及工作特点，每一部分以总线方式连接。接着以计算机的解题过程为基础，描述了计算机程序的执行过程。最后分析了计算机不同的体系结构。

习题答案

习题 2

简答题

1. 计算机系统是由硬件和软件组成的，什么是硬件？什么是软件？两者之间有什么关系？

2. 计算机由哪五大部件组成？冯・诺伊曼计算机的特点是什么？

3. 衡量一台计算机性能优劣的指标有哪些？

4. 存储器的多级层次结构是为了解决什么问题而提出来的？存储器的多级层次结构是什么？

5. 在高速缓冲存储器(Cache)存在的情况下，CPU 从主存中存取一个字的步骤是什么？

6. I/O 设备与主机信息传送的控制方式有哪几种？简述每一种方式的工作特点。

7. 计算机的三总线是什么？

8. 计算机的多级时序包括哪几种周期？

第3章

操作系统

了解我国自主研发的操作系统的整体情况，激发学生投身国产操作系统研发的爱国情怀，培养学生大国工匠精神以及为国奉献的优良品质。

(1) 掌握操作系统的概念与主要功能；

(2) 理解操作系统的目标和管理资源的方法；

(3) 了解操作系统的形成和发展，分时系统和实时系统的特点，以及操作系统的安全和维护等。

操作系统(Operating System，OS)是配置在计算机硬件上的第一层软件，只在核心态下运行，受硬件保护，并密切地依赖于计算机硬件。它是整个计算机系统的控制管理中心，对内界面是管理和控制硬件资源(包括 CPU、内存和外设)，对外界面是为用户提供方便服务的一组软件程序集合，在用户和计算机之间起着接口作用。计算机科学与技术发展到今天，所有计算机，从个人计算机到巨型计算机，乃至超级计算机，都无一例外地配置了一种或多种操作系统。那什么是操作系统？操作系统经历了怎样的发展历程？操作系统的功能、管理资源的方法等，将在本章进行简要叙述。

3.1 操作系统的定义和目标

计算机系统是一个复杂的系统，由硬件(子)系统和软件(子)系统两部分组成。其中，硬件系统是整个计算机系统的物质基础，而软件系统则是计算机系统的灵魂。通常，把没有配置软件系统的计算机称为裸机，而配置了软件的计算机则称为虚拟计算机。

正如人不能没有大脑一样，操作系统是现代计算机系统中不可缺少的关键部分，其他的诸如编译软件、数据库管理软件等系统软件以及大量的应用软件，都直接依赖于操作系统的支持，并取得它所提供的服务。因此，操作系统已成为现代计算机系统、多处理机系统、以及计算机网络等都必须配置的系统软件。

3.1.1 操作系统的定义

对于操作系统，至今尚无严格的定义，人们可以从不同的角度来看待它。

从功能角度，即从操作系统所具有的功能来看，操作系统是一个计算机资源管理系统，负责对计算机的全部资源(包括硬件资源和软件资源)进行分配、控制、调度和回收。

从资源管理角度,即从机器管理控制来看,操作系统是计算机工作流程的自动而高效的组织者,计算机软硬件资源合理而协调的管理者。利用操作系统,可减少人工干预,提高计算机的利用率。

从用户角度,即从用户使用来看,操作系统是一台比裸机功能更强、服务质量更高,用户使用更方便、更灵活的虚拟机,即操作系统是用户和计算机之间的接口(或界面)。

从软件角度,即从软件范围静态地看,操作系统是一种系统软件,是由控制和管理系统运转的程序和数据结构等内容构成。

综上,这里给出操作系统的一个定义:操作系统是一组能有效地组织和管理计算机的硬件和软件资源,合理地组织计算机工作流程,控制程序的执行,以及方便用户使用的程序的集合。

其中:

"有效"主要指操作系统在资源管理方面要考虑到资源的利用率和系统运行效率,要尽可能提高处理机的利用率,让其尽可能少地空转,而其他的资源,如内存、硬盘等,则应该在保证访问效能的前提下尽可能减少空间的浪费。

"合理"主要指操作系统对于不同用户程序要"公平",以保证系统不发生"死锁"或"饥饿"的现象。

"方便"主要指人机界面方面,包括用户使用界面和程序设计接口两方面的易用性、易学性和易维护性。

3.1.2 操作系统的目标

目前,存在多种类型的操作系统,不同类型的操作系统的目标侧重点不同。在计算机系统上配置的操作系统,其主要目标有以下几点:

(1) 方便性:配置了操作系统的计算机系统,能够给用户提供一个清晰、简洁、易于使用的用户界面,从而使计算机更易于使用。

(2) 有效性:有效性的第一层含义是提高系统资源的利用率。在未配置操作系统的计算机系统中,诸如处理机、I/O设备等各类资源经常会处于空闲状态而得不到充分利用;内存及外存中存放的数据由于无序而浪费了存储空间。因此,提高系统资源利用率是当时操作系统设计的一个主要目标。有效性的第二层含义是提高系统的吞吐量。操作系统可以通过合理组织计算机工作流程,加速程序的运行,缩短程序的运行周期来提高系统的吞吐量。

(3) 可扩充性:随着超大规模集成(Very Large Scale Integration,VLSI)电路技术和计算机技术的迅速发展,计算机硬件和体系结构也随之得到快速发展,也因此对操作系统提出了更高的功能和性能要求。为适应计算机硬件、体系结构以及应用发展的要求,操作系统必须具有良好的可扩充性。可扩充性与操作系统的结构有着十分紧密的联系,由此推动了操作系统结构的不断发展。

(4) 开放性:20世纪80年代和90年代陆续出现了各种类型的计算机硬件系统。尤其是近年来,随着互联网的快速发展,计算机操作系统的应用环境也由单机环境转向了网络环境。为了使出自不同厂家的计算机及其设备通过网络加以集成化并能正确、有效地协同工作,实现应用程序的可移植性和互操作性,就要求系统具有统一、开放的环境,其中首先要求操作系统具有开放性。

在上述的四个目标中，方便性和有效性是操作系统设计时最重要的两个目标。在过去很长的一段时间内，由于计算机十分昂贵，有效性显得非常重要。近十几年来，随着硬件越来越便宜，在设计配置在微机上的操作系统时，如何提高用户使用计算机的方便性则更加被重视。

3.2　操作系统的发展

了解操作系统的发展历史，有助于理解操作系统的关键性设计需求，也有助于理解现代操作系统基本特征的含义。

3.2.1　操作系统的形成与发展

在20世纪50年代中期，出现了第一个简单的批处理操作系统；20世纪60年代中期开发出多道程序批处理系统；不久又推出分时系统；与此同时，用于工业和武器控制的实时操作系统也相继问世。20世纪70年代到90年代，是超大规模集成电路和计算机体系结构大发展的年代，导致了微型机、多处理机和计算机网络的诞生和发展，与此相应地，也相继开发出了微机操作系统、多处理机操作系统和网络操作系统，并得到极为迅猛地发展。

可见，操作系统的发展演变是伴随计算机技术的进步而不断发展变化的，它的发展变化与计算机组成和体系结构密切相关。

1. 无操作系统的计算机系统

1）人工操作方式

从1946年诞生的第一台计算机，到20世纪50年代中期的计算机，都属于第一代计算机。这时还未出现操作系统，对计算机的全部操作都是由用户（即程序员）采取人工操作方式进行。即由程序员将事先已穿孔（对应于程序和数据）的纸带（或卡片）装入纸带输入机（或卡片输入机），通过纸带输入机将程序和数据输入计算机，然后启动计算机运行。当程序运行完毕并取走计算结果后，才让下一个用户上机。这种人工操作方式存在以下两个缺点：

(1) 用户独占全机。一台计算机的全部资源只能由一个用户独占。

(2) CPU等待人工操作。当用户进行装带（卡）、卸带（卡）等人工操作时，CPU和内存等资源是空闲的。

人工操作方式严重降低了计算机资源的利用率，即所谓的人机矛盾。随着处理机速度的提高、系统规模的扩大，人机矛盾也就变得日趋严重。与此同时，CPU和I/O设备之间速度不匹配的矛盾（I/O设备的速度提高缓慢）也更加突出。为此，先后出现了通道技术、缓冲技术，但都未很好地解决上述矛盾，直到后来引入了脱机I/O技术，才获得了相对满意的结果。

2）脱机I/O方式

如上所述，为了解决人机矛盾以及快速CPU和慢速I/O设备之间的速度不匹配矛盾，20世纪50年代末出现了脱机I/O技术。该技术是指事先将装有用户程序和数据的纸带

(或卡片)装入纸带(或卡片)输入机,然后在一台外围机的控制下把纸带(或卡片)上的数据(程序)输入磁带(盘)上;当 CPU 需要这些程序和数据时再从磁带(盘)上高速地调入内存。类似地,当 CPU 需要输出时,可先由 CPU 直接高速地把数据从内存送到磁带(盘)上,然后在另一台外围机的控制下,将磁带(盘)上的结果通过相应的输出设备输出。

图 3.1 给出了脱机 I/O 过程。由于程序和数据的输入和输出都是在外围机的控制下进行,或者说它们是在脱离主机的情况下进行的,故称为脱机 I/O 方式。反之,在主机直接控制下进行的 I/O 方式则称为联机 I/O 方式。

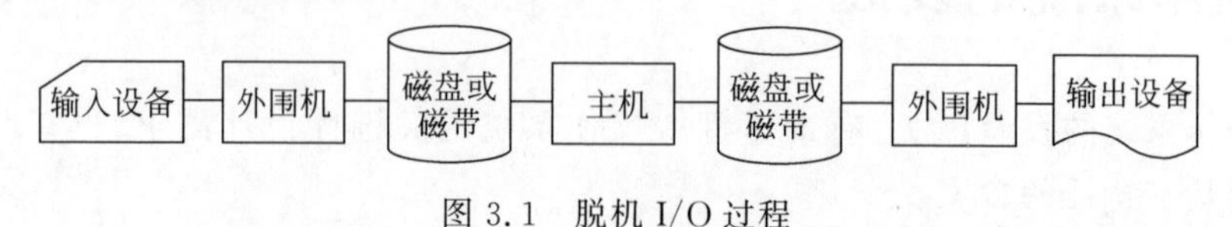

图 3.1 脱机 I/O 过程

这种脱机 I/O 方式的优点主要体现在以下两方面:

(1) 减少了 CPU 的空闲时间。装带(卡)、卸带(卡)以及将数据从低速 I/O 设备送到高速的磁(盘)带上(或相反)的操作,都是在脱机情况下进行的,它们不占用主机时间,从而有效地减少了 CPU 的空闲时间,缓和了人机矛盾。

(2) 提高了 I/O 速度。当 CPU 在运行中需要数据时,是直接从高速的磁(盘)带上将数据输入内存的,从而大大缓和了 CPU 和 I/O 设备速率不匹配的矛盾,并进一步减少了 CPU 的空闲时间。

2. 单道批处理系统

20 世纪 50 年代末期出现了第二代晶体管计算机,此时计算机虽有推广应用价值,但计算机系统仍非常昂贵。为了充分利用计算机系统,就应尽可能保持系统的连续运行,即在处理完一道作业后,紧接着处理下一道作业,以减少机器的空闲等待时间,以此便形成了早期的单道批处理系统。

1) 单道批处理系统的处理过程

为实现对作业的连续处理,需要先把一批作业以脱机方式输入磁带(盘)上,同时在系统中配置监督程序(Monitor),并在它的控制下,使这批作业一道接一道地连续处理。其处理过程如下:首先由监督程序将磁带(盘)上的第一道作业装入内存,并把运行控制权交给该作业;当该作业处理完成时,又把控制权交还给监督程序,再由监督程序把磁带(盘)上的第二道作业装入内存,以此类推。计算机系统就是这样自动地一道作业接一道作业地进行处理,直到磁带(盘)上的作业全部完成。

由于系统对作业的处理都是成批进行的,且在内存中任意时刻始终只保持一道作业,故称单道批处理系统。

2) 单道批处理系统的特征

单道批处理系统是最早出现的一种操作系统。但从严格意义上来讲,它只能算作操作系统的前身而并非现在人们所理解的操作系统。尽管如此,与人工操作方式相比该系统已是很大的进步。其主要特征包括:

(1) 自动性。顺利的情况下,磁带(盘)上的一批作业能自动地逐个依次运行,而无须人工干预。

（2）顺序性。磁带（盘）上的作业按序进入内存，正常情况下各道作业完成的顺序与它们进入内存的顺序完全相同，即先进入内存的作业先运行。

（3）单道性。任意时刻内存中仅有一道作业并使之运行。

可见，单道批处理系统是在解决人机矛盾和CPU与I/O设备速度不匹配矛盾的过程中形成的，即旨在提高系统资源的利用率和系统的吞吐量。但单道批处理系统仍没有很好地利用系统资源。主要原因在于CPU和I/O设备是串行运行的，即在程序进行I/O时，CPU只能等待。也就是说，一个程序在进行I/O时，CPU需要不断地探询I/O是否完成，因而不能执行其他程序，这是很大的浪费。一种有效的方法就是将CPU和I/O设备进行并发，即一个程序在I/O时，让另一个程序继续运行。换言之，将CPU运行和I/O设备的运行重叠起来以改善整个系统的效率。

3．多道批处理系统

20世纪60年代中期，IBM公司生产了第一台小规模集成电路计算机IBM 360（第三代计算机系统）。由于它较之晶体管计算机无论在体积、功耗、速度和可靠性上都有了显著改善，因而获得了极大的成功。此时，为了进一步提高系统资源的利用率和系统吞吐量，引入了多道程序设计技术，即同时将几道作业放入内存，并使几道作业同时运行，且共享系统中的资源，由此形成了多道批处理系统。

1）多道批处理系统的处理过程

在多道批处理系统中，用户（程序员）所提交的作业先存放在外存上，并排成一队列，称为“后备队列”。然后由作业调度程序按照一定的算法，从后备队列中选择若干作业调入内存，使它们共享CPU和系统中的各种资源，以达到提高资源利用率和系统吞吐量的目的。

2）多道批处理系统的特征

（1）多道性。在内存中可同时驻留多道程序，并允许它们并发执行，有效地提高了资源利用率，增加了系统吞吐量。

（2）无序性。多道作业完成的先后顺序与它们进入内存的顺序之间并无严格的对应关系，即先进入内存的作业可能较后甚至最后完成，而后进入内存的作业可能先完成。

（3）调度性。作业从提交给系统开始直至完成，需要经过作业调度和进程调度两级调度。

3）多道批处理系统的优缺点

（1）资源利用率高。由于内存中装入了多道程序，它们共享系统资源，从而使资源能保持处于忙碌状态，最终使各种资源得以充分利用。

（2）系统吞吐量大。系统吞吐量是指系统在单位时间内所完成的任务总量。系统吞吐量大的原因可归结为两方面：一方面，CPU和其他资源保持“忙碌”状态；另一方面，仅当作业完成或运行不下去时才进行CPU切换，系统开销小。

（3）平均周转时间长。作业的周转时间是指从作业进入系统（外存）开始，直至作业完成并退出系统所经历的时间。在多道批处理系统中，由于作业要排队依次进行处理，因而作业的平均周转时间较长，通常需要几十小时甚至几天。

（4）无交互能力。从用户把作业提交给系统直至作业完成，用户都不能与自己的作业进行交互，这对修改和调试程序极不方便。

在多道批处理系统时代，由于多道作业同时运行，系统不仅需要在多道作业之间进行切换，并且还要保护一道作业不被另一道作业所干扰，同时还要管理多个I/O设备。显然，与单道批处理系统相比，多道批处理系统是一种十分有效但又非常复杂的系统，它既要管理作业，又要管理内存和I/O设备，还要管理CPU的调度，同时还应提供用户和操作系统的接口，以方便用户使用操作系统。

为此，应在计算机系统中增加一组软件以对上述问题进行妥善、有效地处理。这样的一组软件应包括：能有效地组织和管理四大资源的软件、合理地对各类作业进行调度并控制它们运行的软件，以及能方便用户使用计算机的软件。正是这样一组软件构成了操作系统，故多道批处理操作系统才是真正意义上的操作系统。

4. 分时系统

1）分时系统的引入

如果说推动多道批处理系统形成和发展的主要动力是提高资源利用率和系统吞吐量，那么，推动分时系统形成和发展的主要动力则是满足用户的需求。具体地说，用户的需求主要表现在以下几方面。

(1) 人-机交互。对程序员来说，每当编写好一个程序时，都需要上机进行调试。由于新编写的程序难免存在一些错误或不当之处需要进行修改完善，因而用户希望能像早期使用计算机一样，独占全机并对它进行直接控制，以便能方便地修改错误，即用户(程序员)希望能进行人-机交互。

(2) 共享主机。20世纪60年代，计算机仍然昂贵，一台计算机要同时供很多用户共享使用。用户在使用计算机时希望能够像自己独占计算机一样，不仅可以随时与计算机交互，而且还感觉不到其他用户的存在。

(3) 便于上机。用户希望能通过自己的终端直接将作业传送到计算机上进行处理，并能对自己的作业进行控制。

分时系统正是为了满足用户的上述需求而形成的一种新型操作系统。它是指在一台主机上连接了多个终端，每个联机用户通过自己的终端以交互的方式控制程序的运行，共享主机中的资源。此时，系统把CPU时间轮流分配给各联机作业，每个作业只运行极短的一个时间片，而每个用户都有一种“独占计算机”的感觉。

2）分时系统的特征

(1) 多路性。又称同时性。允许在一台主机上同时连接多个终端，系统按分时的原则为每个用户服务。

(2) 独立性。每个用户在各自的终端上进行操作，彼此之间互不干扰。因此，用户会有一种一人独占主机的感觉。

(3) 及时性。用户的请求能在很短时间内获得响应。此时间间隔通常以人们所能接受的等待时间来确定，一般为2～3秒。

(4) 交互性。用户可通过终端与系统进行广泛的人机对话。其广泛性表现在：用户可以请求系统提供各方面的服务，如文件编辑、数据处理、请求打印服务等。

5. 实时系统

1）实时系统的引入

虽然多道批处理系统和分时系统已经获得了令人较为满意的资源利用率、系统吞吐量,以及较好的人机交互,但随着计算机应用范围的扩大,它们已不能满足以下两个领域的需要。

(1) 实时过程控制领域。实时过程控制又可分为两类:一类是以计算机为控制中枢的生产过程自动化系统,如冶金、发电、化工、机械加工等自动控制。在这类系统中,要求计算机能及时采集现场数据,并对所采集的数据进行及时处理,进而自动地控制相应的执行装置,使得某些参数,如温度、压力、液位等能按一定规律变化,从而达到生产过程自动化的目的。另一类是飞行物体的自动控制,如飞机、导弹、人造卫星的制导等。这类系统要求反应速度快、可靠性高,通常要求系统的响应时间在毫秒甚至微秒级内。

(2) 实时信息处理领域。通常把要求对信息进行实时处理的系统称为实时信息处理系统。该系统由一台或多台主机通过通信线路连接成百上千个远程终端,主机接收从远程终端发来的服务请求,并根据用户提出的问题对信息进行检索和处理,同时在很短的时间内为用户做出正确的回答。典型的实时信息处理系统有订票系统、情报检索系统、银行业务等。

可见,上述两个领域对计算机响应时间有着严格的要求。通常把对计算机响应时间有要求的系统称为临界系统或临界应用。为了满足这些应用对响应时间的要求,人们就开发了实时操作系统。所谓“实时”是表示“及时”“即时”。实时操作系统是指能及时响应外部事件的请求,在规定的时间内完成对该事件的处理,并控制所有实时任务协调一致运行的操作系统,即必须满足时序可预测性(Timing Predictability)。

实时系统需要保证响应时间的可预测性和稳定性,通常又分为软实时系统和硬实时系统。软实时系统要求任务在规定的时间内尽快完成,但可以容忍一定的延迟,即在规定时间内得不到响应所产生的后果是可以承受的。例如机械加工的流水装配线,即使流水线瘫痪,也仅是产生经济损失。而硬实时系统要求任务必须在规定的时间内完成,否则可能产生不能承受的灾难。如导弹防御系统,如果反应迟缓,导致的后果可能是以生命为代价。

需要注意的是,实时系统并不是反应很快的系统,而是反应具有时序可预测性的系统。当然,在实际中,实时系统通常是反应很快的系统,但这是实时系统的一个结果,而不是其定义。

2) 实时系统的特点

(1) 对外部进入系统的信号或信息能做到及时响应。

(2) 实时系统较一般的通用系统有规律,许多操作具有一定的可预计性。

(3) 实时系统的终端一般作为执行和询问使用,不具有分时系统的较强会话能力。

(4) 实时系统对可靠性和安全性要求较高,常采用双工工作方式。

可见,实时操作系统的最重要部分就是进程或工作调度。只有精确、合理和及时的进程调度才能保证响应时间。当然,对资源的有效管理也非常重要,没有精确复杂的资源管理,确保进程按时完成就成为一句空话。另外,基于其应用环境,实时操作系统对可靠性和可用性要求也非常高。如果在这些方面出了问题,时序可预测性将无法达到。

3) 实时系统与分时系统的比较

(1) 多路性。实时系统和分时系统一样具有多路性。对实时系统而言,多路性主要表现在周期性地对多路的现场信息进行采集以及对多个对象或多个执行机构进行控制。

(2) 独立性。实时系统和分时系统一样具有独立性。每个终端用户在向实时系统提出服务请求时，彼此独立操作，互不干扰；同样在实时系统中信息的采集和对对象的控制，也都是彼此互不干扰。

(3) 及时性。分时系统的及时性通常以人们能接受的等待时间来确定，单位通常为秒；实时系统的及时性则是以控制对象所要求的开始截止时间或完成截止时间来确定，一般为百毫秒级、毫秒级，甚至为百微秒级。

(4) 交互性。实时系统虽然也具有交互性，但这里所指的人与系统的交互并不像分时系统那样能向终端用户提供数据处理、资源共享服务，而是仅限于访问系统中某些特定的专用服务程序，或由用户发送某些特定的命令，如开始、停止等，然后由系统立即响应。

(5) 可靠性。分时系统虽然也要求系统可靠，但相比之下，实时系统则要求系统高度可靠。因为任何差错都可能带来巨大的经济损失，甚至无法预料的灾难性后果。故实时系统一般都采用了多级容错技术，以保证系统的安全和数据的安全。

在操作系统发展过程中，多道批处理系统、分时系统和实时系统是操作系统的三种基本类型。但一个实际系统往往兼有它们三者或其中两者的功能，这就出现了通用操作系统。例如，批处理系统与分时系统相结合，当系统有分时用户时，系统及时响应他们的请求，而当系统没有分时用户或分时用户较少时，系统处理不太紧急的批处理作业，以便提高系统资源的利用率。在这种系统中，把分时作业称为前台作业，批处理作业称为后台作业。类似地，批处理系统和实时系统相结合，有实时请求则及时进行处理，无实时请求则进行批处理。运行时把实时作业称为前台作业，批处理作业则称为后台作业。

6. 现代操作系统

在20世纪80年代后期，计算机工业取得了井喷式发展，各种新型计算机和新型操作系统不断出现和发展，计算机和计算机操作系统领域均进入了一个百花齐放、百家争鸣的时代。

随着VLSI和计算机体系结构的发展，以及应用需求的不断扩大，操作系统仍在继续发展，先后形成了微机操作系统、多处理机操作系统、网络操作系统、分布式操作系统以及嵌入式操作系统。

微机操作系统可按微机的字长分成8位、16位和32位的微机操作系统，也可按运行方式分为单用户单任务操作系统、单用户多任务操作系统和多用户多任务操作系统。单用户单任务操作系统的含义是，只允许一个用户上机且只允许用户程序作为一个任务运行。这是一种最简单的微机操作系统，主要配置在8位微机和16位微机上。最具代表性的单用户单任务操作系统是CM/P和MS-DOS。单用户多任务的含义是，只允许一个用户上机，但允许将一个用户程序分成若干任务，使它们并发执行，从而有效地改善系统的性能。目前，32位微机上配置的32位微机操作系统大多数是单用户多任务操作系统，其中最有代表性的是OS/2、MS Windows和Linux。多用户多任务操作系统的含义是，允许多个用户通过各自的终端，使用同一台主机，共享主机系统中的各类资源；而每个用户程序又可进一步分成几个任务，使它们并发执行，从而可进一步提高资源利用率和增加系统吞吐量。在大、中、小型机中配置的都是多用户多任务操作系统；在32位微机上，也有不少配置的是多用户多任务操作系统。其中，最有代表性的是UNIX操作系统。

多处理机系统(Multi-processor System，MPS)是从计算机体系结构上改善系统性能。

其引入的原因有三点：一是增加系统的吞吐量；二是节省投资；三是提高系统可靠性。在多处理机系统中所配置的多处理机操作系统，可以分为非对称多处理机模式（主-从模式）和对称多处理机模式两种模式。

网络操作系统（Network Operating System，NOS）是在计算机网络环境下，对网络资源进行管理和控制，实现数据通信以及对网络资源的共享，并为用户提供与网络资源之间接口的一组软件和规程的集合。网络操作系统旨在通过提供网络服务和协议的支持来使得多台计算机能够相互通信和共享资源。它不仅提供了常见操作系统的功能，如文件系统管理、进程调度、设备驱动程序等，还增加了网络相关的功能，例如网络协议栈、路由器功能、防火墙等。一般而言，网络操作系统具有硬件独立性、接口一致性、资源透明性、系统可靠性和执行并行性5个特征。

分布式操作系统（Distributed Operating System，DOS）是配置在分布式系统上的公用操作系统。它以全局的方式对分布式系统中的所有资源进行统一管理，可以直接对系统中地理位置分散的各种物理和逻辑资源进行动态地分配和调度，有效地协调和控制各个任务的并行执行，协调和保持系统内的各计算机间的信息传输及协作运行，并向用户提供一个统一、方便、透明的使用系统的界面和标准接口。一个典型的例子就是万维网，在万维网中，所有操作只通过一种界面（即网页）进行。与网络操作系统不同，分布式操作系统用户在使用系统内的资源时，不需要了解诸如网络中各计算机的功能与配置、操作系统的差异、软件资源、网络文件的结构、网络设备的地址、远程访问的方式等等情况，对用户屏蔽了系统内部实现的细节。分布式操作系统保持了网络操作系统所拥有的全部功能，同时又具有透明性、可扩展性、容错性以及并发性等特点。常见的分布式操作系统包括Google的分布式操作系统GFS（Google File System）、Apache的分布式文件系统Hadoop、微软的Azure Service Fabric等。我国华为公司所研发的鸿蒙系统（HarmonyOS）是一个面向未来、面向全场景（包括移动办公、社交通信、媒体娱乐等）的分布式操作系统。

嵌入式操作系统（Embedded Operating System，EOS）是用于嵌入式系统的系统软件，负责嵌入系统的全部软硬件资源的分配、任务的调度工作、控制和协调并发活动。它必须体现其所在系统的特征，能够通过装卸某些模块来达到系统所要求的功能，在系统实时高效性、硬件的相关依赖性、软件固化性以及应用的专业性等方面具有较为突出的特点。EOS过去主要应用于工业控制领域和国防系统领域，随着Internet技术的发展、信息家电的普及，以及EOS的微型化和专业化，EOS开始从单一的弱功能向高专业化的强功能方向发展。嵌入式操作系统除了具备一般操作系统最基本的功能，如任务调度、同步机制、中断处理、文件等功能外，还具有可装卸性、强实时性、统一的接口、提供强大的网络功能、强稳定性、弱交互性、固化代码、良好的移植性以及操作方便、简单等特点。

3.2.2　我国操作系统的发展

国内操作系统的发展要追溯到2001年，彼时国家力量联合产业界与学界（国防科大、中软、联想、浪潮、民族恒星）共同推出了最早的商业闭源操作系统——麒麟操作系统（Kylin OS），打响了国产操作系统的第一枪。

此后，在开放平台生态不断成熟的背景下，国产操作系统凭借着开放平台生态和国家支持的东风，快速崛起。发展到今天，国内有基于Linux开源做的操作系统，如中科方德、优麒麟、银河麒麟、中兴新支点、统信 UOS、Deepin(原名 Linux Deepin,中文通称深度操作系统)、一铭 Linux、思普等操作系统,以及基于微内核的华为鸿蒙操作系统(Harmony OS)。

深度操作系统由武汉深之度公司研发,是基于 Linux 内核,以桌面应用为主的开源操作系统,支持笔记本、台式机和一体机。它是中国第一个具备国际影响力的 Linux 发行版本,也是在全球开源操作系统排行榜上排名最高的中国操作系统产品。Deepin 注重桌面环境的美观和易用性,以提供直观、舒适和流畅的用户体验为目标,广受用户欢迎。它采用了自主开发的深度桌面环境(Deepin Desktop Environment),具有独特的设计风格和功能特点;适用于个人用户、学生、开发者以及对桌面环境有高要求的用户群体。同时,Deepin 也积极参与开源社区,与其他 Linux 发行版进行合作和贡献,推动了开源软件的发展。

统信 UOS 是由统信软件开发的一款操作系统,支持龙芯、飞腾、兆芯、海光、鲲鹏等国产芯片平台的笔记本、台式机、一体机、工作站、服务器,以桌面应用场景为主,包含自主研发的桌面环境、多款原创应用,以及丰富的应用商店和互联网软件仓库,可满足用户的日常办公和娱乐需求。

华为鸿蒙操作系统是第一款基于微内核的全场景分布式 OS,由华为自主研发,是目前国内用户量最大,业内关注度最高的物联网操作系统。鸿蒙有三层架构,第一层是内核,第二层是基础服务,第三层是程序框架。作为面向全场景的物联网 OS,它拥有低延时、可扩展性强和安全性高的优点,可适配不同的硬件终端,打通了 PC、手机、物联网等之间的壁垒。

国产基于 Linux 开源的操作系统虽是基于 Linux 内核进行的二次开发,但在功能上却做了很多改进。目前,国产操作系统已经实现了从基础软件到应用软件的全链条覆盖,包括桌面操作系统、服务器操作系统、移动操作系统等各类操作系统。其中,麒麟操作系统、红旗操作系统、深度操作系统等国产操作系统已经在国内市场得到广泛应用。另外,随着人工智能和大数据等技术的发展,我国国产操作系统也在这些领域加速布局,如麒麟 OS 和昇腾 OS 等面向 AI 领域的操作系统。

国家安全是民族复兴的根基,网络安全是国家安全的重要组成部分,操作系统作为信息系统的基石,掌握着网络安全牢固的“开关键”。因此,我们应该不忘初心、牢记使命,以党的二十大精神为指引,奋力为国产操作系统事业贡献力量。坚信随着国家对于信息技术产业的重视和支持,我国国产操作系统的发展前景将十分广阔。

3.2.3 推动操作系统发展的主要动力

自 20 世纪 50 年代操作系统诞生以来,其经历了由简单到复杂、由低级到高级的发展。在这个发展历程中,操作系统在各方面都有了长足的进步,不仅能很好地适应计算机硬件和体系结构的快速发展,并且也能满足不断变化的应用需求。操作系统之所以能在短短的几十年中取得如此巨大的发展,其主要推动力可归纳为以下几方面。

1. 不断提高计算机系统资源的利用率

在计算机发展的初期,计算机系统非常昂贵,人们必须千方百计地提高计算机系统中各种资源的利用率,这就成为推动操作系统发展的最初动力。由此形成了能自动对一批作业进行处理的批处理系统,其通过减少计算机的空闲时间提高了系统中央处理器(Central

Processing Unit,CPU)和I/O设备的利用率。

20世纪60年代,出现了可以支持多个用户使用同一台计算机的分时系统,使系统资源率得到了极大的提高,并推动了计算机的第一次大普及。与此同时,还推出了能改善I/O设备和CPU利用率的假脱机系统。

20世纪70年代,提出了能够有效提高存储器系统利用率并能从逻辑上扩大内存的虚拟存储器技术。此后在网络环境下,通过在服务器上配置网络文件系统和数据库系统,将资源提供给全网用户使用,又进一步提高了资源的利用率。

2. 方便用户

当资源利用率不高的问题得到基本解决之后,用户(主要是程序员)在上机、调试程序时的不方便性便成为主要矛盾。于是人们又想方设法改善用户上机、调试程序的条件,这成为推动操作系统继续发展的主要因素,随之便形成了允许人机交互的分时系统,或称为多用户系统。分时系统的出现,不仅提高了系统资源的利用率,还能使用户像早期使用计算机时一样,感觉自己独占全机资源,可以对其进行直接操控,同时也极大地方便了程序员对程序进行调试。20世纪90年代初,图形用户界面的出现进一步方便了用户对计算机的使用,从而受到用户的广泛欢迎,这无疑又推动了计算机的迅速普及和广泛应用。

3. 器件的不断更新换代

信息技术(Information Technology,IT)的迅猛发展,计算机器件在不断地更新换代,由第一代的电子管发展到第二代的晶体管、第三代的集成电路,再到第四代的大规模和超大规模集成电路,使得计算机的性能不断提高,规模也在急剧扩大,从而推动着操作系统的功能和性能的不断发展。例如,当微机芯片由8位发展到16位,进而发展到32位甚至64位,相应的微机操作系统也就由8位发展到16位、32位进而发展到64位,此时操作系统的功能和性能都有了显著的提高和增强。

与此同时,外部设备也在迅速发展,操作系统所能支持的外部设备的种类也越来越多。如现在的微机操作系统除了能支持传统外设外,还可以支持移动硬盘、闪存、数码相机、扫描仪等。

4. 计算机体系结构的不断发展

计算机体系结构的不断发展也是推动操作系统发展的一个因素,并催生了新的操作系统类型。例如,当计算机由单处理机系统发展为多处理机系统时,相应地,操作系统也就由单处理机操作系统发展为多处理机操作系统。又如,当出现了计算机网络之后,配置在计算机网络上的网络操作系统也就应运而生,其不仅可以有效管理网络中的共享资源,还能向用户提供很多网络服务。

5. 不断提出新的应用需求

操作系统能如此迅速发展的另一个重要因素是,人们不断提出新的应用需求。例如,为了提高产品的数量和质量,需要将计算机应用到工业控制中,此时在计算机上就需要配置能进行实时控制的操作系统,由此产生了实时系统。再如,为了满足用户在计算机上播放视频、听音乐、玩游戏,以及从网络下载电影资源等需求,在操作系统中增加了多媒体功能。又如,超大规模集成电路的发展,CPU体积越来越小,价格越来越便宜,大量智能设备

(特别是智能手机)应运而生,此时,嵌入式操作系统的产生和发展就成为必然。

另外,随着计算机技术应用的普及以及与信息技术的不断结合和发展,越来越多的重要信息都需要经过计算机系统进行加工、处理并存储,因此确保系统的安全性也就成为操作系统必须具备的功能。除此以外,操作系统本身的设计还应该遵循安全系统设计原则,从而提高整个计算机系统的安全性。

3.2.4 主流操作系统简介

1. Windows 操作系统

Microsoft Windows 是美国微软公司研发的一系列商业操作系统,用于支持台式机、笔记本电脑、平板电脑和服务器等设备。它采用了图形化用户界面,相比于 DOS 的字符界面更为人性化,是当今全球最广泛使用的个人计算机操作系统之一。

Windows 操作系统问世于 1985 年,随着计算机硬件和软件的不断升级,Windows 也在不断升级,从架构的 16 位、32 位再到 64 位,系统版本从最初的 Windows 1.0 到大家熟知的 Windows 95、Windows 98、Windows 2000、Windows XP、Windows 7、Windows 8、Windows 10。目前,Windows 操作系统的最新版本是 Windows 11。除了桌面版 Windows 之外,微软还开发了适用于服务器环境的 Windows Server 操作系统以及移动设备的 Windows 10 Mobile 操作系统(已停止更新)。

2. UNIX 操作系统

UNIX 操作系统最早是由肯·汤普森(Ken Thompson)和丹尼斯·里奇(Dennis Ritchie)于 1969 年在贝尔实验室开发。因其具有适应性和可变性,多年来 UNIX 不断发展,并伴随不同的需求以及新的计算机环境的变化而变化。它是一种通用、多用户、分时操作系统,可以出色地完成一般单用户多任务操作系统所能实现的功能,为用户提供较好的应用界面和软件开发环境。UNIX 是最早产生并商用化的操作系统之一,被认为是现代计算机操作系统的鼻祖,为后来的许多操作系统提供了基础和灵感。

UNIX 操作系统不需要和某一类型的计算机捆绑在一起,其可以轻松地适应各种类型的硬件而不损失标准特性。对工作站、微型计算机、大型机、甚至超级计算机等各种不同类型的计算机来讲是一种标准的操作系统,目前主要用于工程应用和科学计算等领域。

UNIX 操作系统诞生至今已经衍生出了许多不同的变种和分支,如 BSD、Linux 和 MacOS 等。这些变种继承了 UNIX 的设计原则和哲学,但也在特性和实现上有所差异。UNIX 的两个主流版本分别是著名的 System Ⅴ和 BSD UNIX。System Ⅴ是由 AT&T 贝尔实验室开发,而 BSD UNIX 是由加州伯克利分校研制。这两个版本的 UNIX 经过集成成为现在的系统Ⅴ第四版,简称 SVR 4。

3. Linux 操作系统

Linux,全称 GNU/Linux,是一种自由和开源的操作系统内核,最早由芬兰计算机科学家林纳斯·托瓦兹(Linus Torvalds)于 1991 年开发。它是类 UNIX 操作系统的一个分支,由于其源码开放,在加入 FSF(the Free Software Foundation,自由软件基金会)后,经过互联网上所有开发人员的共同努力,已经成为能够支持各种体系结构、世界上使用最多的一种 UNIX 类操作系统。

Linux操作系统的诞生、发展和成长过程始终依赖于5个重要支柱：UNIX操作系统、MINIX操作系统、GUN计划、POSIX标准和Internet网络。它不仅在高端工作站、服务器上表现出色，在网络环境下更具有优势。此外，它也同样适合作为桌面操作系统，有着良好的图形用户界面。

Linux操作系统有多个发行版(Distribution)，如Ubuntu、Debian、Fedora、CentOS等，每个发行版都有自己的特点和目标用户群。

4. MacOS操作系统

MacOS是苹果公司为Mac系列产品开发的专属操作系统，是首个在商用领域成功的图形用户界面操作系统。MacOS是全世界第一个基于FreeBSD系统采用"面向对象操作系统"的全面的操作系统，"面向对象操作系统"是史蒂夫·乔布斯于1985年被迫离开苹果公司后成立的NeXT公司所开发的。后来，苹果公司收购了NeXT公司，史蒂夫·乔布斯重新担任苹果公司CEO，Mac开始使用的MacOS系统得以整合到NeXT公司开发的OpenStep系统上。Mac OS以简单易用和稳定可靠著称，全屏幕窗口是其最为重要的功能，一切应用程序均可以在全屏模式下运行。

5. Android操作系统

Android由Google开发的基于Linux内核的开源操作系统，主要用于移动设备，如智能手机、平板电脑和智能电视等。除了移动设备，Android操作系统还扩展到了其他领域，如智能手表、智能家居和汽车娱乐系统等，已成为全球最广泛使用的移动操作系统之一。

Android是一个开源项目，允许开发者自由地访问、修改和定制其代码；支持多任务处理，允许用户同时运行多个应用程序，并在屏幕上进行切换；拥有庞大的应用商店(Google Play Store)，其中包含数以百万计的应用程序，涵盖了各种类别，如社交媒体、游戏、办公工具和娱乐等。此外，Android操作系统能在不同制造商的设备上运行，并具有广泛的硬件兼容性。

3.3 操作系统的功能和启动

3.3.1 操作系统的功能

操作系统是计算机系统软件的核心，它在计算机系统中担负着管理系统资源、控制输入输出处理，以及实现用户和计算机系统间通信的重要任务。若从资源管理和人机交互的角度来理解操作系统的功能，可把操作系统的功能分为资源管理功能和扩展的虚拟机功能。

1. 资源管理功能

操作系统的资源管理功能在计算机系统中扮演着非常重要的角色，其资源管理功能的实现使得整个计算机系统变得轻便简洁。计算机系统的资源包括硬件资源和软件资源。其中，硬件资源包括处理机、存储器、输入/输出设备等；软件资源则是指以文件形式存放在计算机中的信息，包括存放在内存的表、数据结构和系统例程等。系统的硬件资源和软件资源都由操作系统根据用户需求按一定的策略分配和调度。故从资源管理的角度来看，操作系统的功能主要包括以下 4 方面。

1）处理机管理

处理机管理主要是组织和协调用户对处理机的使用，管理和控制用户任务，并以最大限度提高处理机的利用率。在单道作业或单用户的环境下，处理机被一道作业或一个用户所独占，对处理机的管理十分简单。但在多道程序或多用户环境下，系统内通常会有多个任务竞争使用处理机，这就需要系统对处理机进行调度。

处理机作为计算机系统的关键资源，其管理策略和调度算法会直接影响整个系统的运行效率。在传统的多道程序环境下，处理机的分配和运行都是以进程为基本单位，因此对处理机的管理可归纳为对进程的管理。主要包括以下几方面。

(1) 进程控制。进程控制的主要任务是为作业创建进程，撤销已结束的进程以及控制进程在运行过程中的状态转换。

(2) 进程调度。其任务是从进程的就绪队列中，按照一定的算法选择一个进程，把处理机分配给它，并为它设置运行现场，使之投入运行。

(3) 进程同步。为使多个进程能有条不紊地运行，系统必须设置相应的进程同步机制，以协调系统中各进程的运行。常用的协调方式有进程互斥方式和进程同步方式。

(4) 进程通信。系统中的各进程之间有时需要合作，往往要交换信息，为此需要进行通信。

2）存储管理

存储管理主要指主存管理，其主要任务是为多道程序的运行提供良好的环境，方便用户使用存储器，并提高主存的利用率。因此，存储管理不仅要为在系统运行的每个任务分配内存，还要完成内存回收、地址映射、内存保护，以及存储扩充的功能。存储管理方案的主要目的是解决多个用户使用主存的问题，其存储管理方案包括分区存储管理、分页存储管理、分段存储管理、段页式存储管理以及虚拟存储管理。

3）设备管理

这里的设备是指除了 CPU 和内存以外的各种设备，如打印机、磁带、磁盘、终端等。这些设备种类繁多，物理性能各不相同，如有些设备可以共享，而有些设备则只能独占。因此，在多用户多任务环境下，为了提高这些设备的利用率，实现资源的有效共享，操作系统的设备管理往往很复杂。

设备管理的主要任务包括：①完成用户进程提出的 I/O 请求，为用户进程分配所需的 I/O 设备，并完成指定的 I/O 操作；②提高 CPU 和 I/O 设备的利用率，提高 I/O 速度，方便用户使用 I/O 设备。

为实现上述任务，设备管理应具有设备分配、设备处理、缓冲管理以及虚拟设备等功能。其中，缓冲管理是为了缓和 CPU 和 I/O 设备的速度差，提高 CPU 的利用率，进而提高系统吞吐量。在现代操作系统中，无一例外地在设备管理中建立 I/O 缓冲区，而且还可以通过增加缓冲区容量的方法来改善系统的性能。不同的系统可以采用不同的缓冲区机制。虚拟设备的功能是将低速的独占设备改造成高速的共享设备。

4）文件管理

在计算机系统中，系统本身有很多程序，用户又有很多程序和数据，它们都以文件的形式进行组织，且大部分的文件平常都存放在外存上。

操作系统的文件管理功能主要是对文件进行逻辑组织，安排文件在外存的物理存储，并对外存空间进行管理。由于文件是用户频繁使用的信息，故文件管理还应解决用户操作文件的一系列问题，如文件的创建、文件打开、文件关闭、文件的读写操作等。当系统中文件数目较多时，文件管理还应该能按一定的方式将文件组织起来，如采用树形目录结构，并提供文件的高效存取访问功能。为了方便用户使用文件和有利于用户间的数据共享，文件管理系统一般都支持按名访问方式，用户无须了解文件的物理结构和确切的物理位置。

2. 扩展的虚拟机功能

操作系统作为虚拟机，屏蔽了计算机系统的硬件，隐藏了计算机硬件的操作细节，提供给用户简单使用系统或请求系统服务的接口。换言之，操作系统为用户提供了友好的人机交互以及程序级接口，用户通过使用这些接口达到了方便使用计算机的目的，而计算机看上去则像是一台功能得到了扩展的机器。

操作系统为用户提供的接口通常可分为如下两大类。

1）命令接口

为了便于用户直接或间接地控制自己的作业，操作系统向用户提供了命令接口。用户可以通过该接口向作业发出命令以控制作业的运行。该接口又进一步分为联机用户接口、脱机用户接口和图形用户接口三种。

其中，联机用户接口是为联机用户提供的，由一组键盘操作命令及命令解释程序组成。脱机用户接口是为批处理作业的用户提供的。图形用户接口采用了图形化的操作界面，用非常容易识别的各种图标将系统的各项功能、各种应用程序和文件直观地表示出来，用户可以通过鼠标、菜单和对话框来完成各种应用程序和文件的操作。

2）程序接口

程序接口是为用户程序在执行中访问系统资源而设置的，是用户程序取得操作系统服务的唯一途径。它由一组系统调用组成，每个系统调用都是一个能完成特定功能的子程序。

早期的系统调用都是用汇编语言编写的，只有在用汇编语言书写的程序中才能直接使用系统调用。但在C语言等高级语言中，往往提供了与各系统调用一一对应的库函数，这样，应用程序便可通过调用相应的库函数使用系统调用。近几年提供的操作系统中，如UNIX、OS/2版本中，其系统调用本身就是用C语言编写的，并以函数形式提供，故在C语言编制的程序中，可直接使用系统调用。

随着计算机技术的进步和网络的普及，对于操作系统也提出了更多的功能要求，如要求操作系统要有面向安全、面向网络和面向多媒体等功能。因此，现代操作系统在传统操作系统功能基础上均增加了保障系统安全、支持用户通过联网获取服务和可处理多媒体信息等功能。

3.3.2 操作系统的启动

操作系统的启动是由引导程序来完成的。这个引导程序就是通常我们所说的BIOS（Basic Input Output System，基本输入/输出系统）。它是计算机启动后第一个执行的程序，被固化在ROM中，可以在每次机器加电后自动执行，主要完成上电自检、硬件初始化以及引导操作系统。

当系统开机时，CPU直接跳转到ROM的固定地址执行系统引导程序，引导程序主要负责自检，并从硬盘、软盘或光盘中预先确定的位置将分区引导块读入内存，由引导块对操作系统进行引导；引导块将操作系统引导进入系统内存后，就跳转到操作系统中运行，由此将系统的控制权交给操作系统，接下来由操作系统控制机器的所有活动。

3.4 操作系统管理资源的方法

3.4.1 资源复用

由于计算机系统的物理资源是宝贵和稀有的，为解决物理资源数量不足的问题，操作系统让众多进程共享物理资源，这种资源共享称为资源复用。物理资源的复用共享有两种基本方法：时分复用共享和空分复用共享。

1. 时分复用共享

时分复用共享是指把资源的使用时间分割成更小的单位，并把时间片分给各进程，大家轮用使用。CPU是时分复用的典型例子。

时分复用技术能提高资源利用率的根本原因在于，它利用某设备为一用户服务的空闲时间，又转去为其他用户服务，使设备得到最充分的利用。

2. 空分复用共享

顾名思义，空分就是按照空间进行划分。即将资源从“空间”上分割成更小的单位，把这些不同单位同时分给不同的进程使用。内存和外存就是空分复用的典型例子。

如果说多道程序技术(时分复用技术)是通过利用处理机的空闲时间运行其他程序，提高了处理机的利用率，那么，空分复用技术则是利用存储器的空闲空间分区域存放和运行其他的多道程序，以此来提高内存的利用率。

但是，单纯的空分复用存储器只能提高内存的利用率，并不能实现在逻辑上扩大存储器容量的功能，还必须引入虚拟存储技术才能达到此目的。虚拟存储技术在本质上是实现内存的分时复用，即它可以通过分时复用内存的方式，使一道程序能在远小于它的内存空间中运行。

3.4.2 资源虚化

虚化又称虚拟。虚化是一种资源管理技术，是指操作系统中实现对计算机软硬件资源进行有效管理的技术和手段，能进一步提高操作系统为用户服务的能力和水平。

虚化的本质是将计算机的各种实体资源，如CPU、内存、磁盘空间、网络适配器等，予以抽象、转化、模拟和整合，把一个物理资源转变为多个逻辑上的对应物，也可以把多个物理资源变成单个逻辑上的对应物，也就是创建无须共享的多个独占资源的假象，或创建易用且多于实际物理资源数量的虚拟资源假象，以达到多用户共享一套计算机物理资源的目的。

通俗地说，所谓虚化，就是创造出一种虚拟的资源，然后将若干这种虚拟资源，对应于一种实际的物理资源，进程需要使用物理资源时，只需要使用这种虚拟资源即可，由操作系统来负责协调各个虚拟资源同时对物理资源的访问，进程无须关心竞争问题。

复用和虚化两者相比较，“复用”所分割的是实际存在的物理计算机资源，而“虚化”则实现假想的虚拟同类资源。采用虚化技术不仅可以解决物理资源数量不足的问题，而且能够为应用程序提供易于使用的虚拟资源并创建更好的运行环境。

虚化技术可以用于外部设备、存储资源以及文件系统等。

3.4.3　资源抽象

复用和虚化的主要目标是解决物理资源数量不足的问题，抽象则用于处理系统的复杂性，重点解决资源的易用性。

资源抽象是指通过创建软件来屏蔽硬件资源的物理特性和实现细节，简化对硬件资源的操作、控制和使用的一类技术。即对内封装实现细节，对外提供应用接口。

操作系统中有以下三种基础的抽象。

(1) 进程抽象：对于运行的程序在 CPU 上状态的一种抽象，包括处理器状态(程序计数器、通用寄存器、堆栈指针寄存器等)和内存状态。

(2) 虚存抽象：物理内存被抽象成一种数组形式的虚拟主存，给进程造成独占整个主存的假象，由操作系统负责管理虚拟主存到真实物理内存的对应。

(3) 文件抽象：将磁盘、光盘等存储介质设备上存放的信息抽象为一个逻辑字节流，称为“文件”，用户通过创建、打开、读写、关闭等操作来控制文件，或者控制磁盘等的运行。

抽象技术也可以用于定义和构造多层软件抽象，每层软件都隐藏下一层的实现细节，从而形成多级资源抽象，数据 I/O 也依赖于多层抽象。

良好的抽象不但屏蔽使用上的复杂性，使用户容易理解和使用；还能防止程序员有意或无意地对资源的滥用；此外还能够为使用低层软件提供强有力的支持。

3.5　操作系统的安全和维护

3.5.1　操作系统的安全

在开放的网络环境中，操作系统安全在计算机系统整体安全中至关重要。操作系统的安全性可能会受到多种因素的影响，主要包括以下 6 种。

(1) 软件漏洞：操作系统中的软件漏洞是一个主要的安全威胁。这些漏洞可能包括缓冲区溢出、输入验证错误和错误的权限控制等问题，黑客可以利用这些漏洞来执行恶意代码、获取系统权限或篡改数据。

(2) 弱密码和身份验证机制：使用弱密码和不安全的身份验证机制，都会增加操作系统受到未经授权访问的风险。例如，管理员账户使用默认密码或共享密码，或者没有实施多因素身份验证。

(3) 不适当的权限管理：操作系统中不正确的权限分配和管理可能导致未经授权的访问或误用系统资源。例如，将过多的权限授予普通用户。

(4) 恶意软件和病毒感染：恶意软件(如病毒、间谍软件和勒索软件)可以破坏系统、窃取敏感信息或使系统无法正常工作。如果操作系统缺乏有效的防病毒和反恶意软件保护机制，就容易受到恶意软件的侵害。

(5) 未及时更新和补丁：操作系统厂商会定期发布安全更新和补丁，以修复已知漏洞和增强系统安全性。如果系统没有及时安装这些更新和补丁,就会给攻击者留下可利用的漏洞。

(6) 不安全的网络连接：操作系统通过网络进行通信和数据传输。如果网络连接不安全,例如缺乏加密、未经身份验证的访问和不安全的协议使用,攻击者就可以窃听通信、篡改数据或进行中间人攻击。

实现操作系统安全的主要目标有四个：识别操作系统中的用户、依据系统设置的安全策略对用户的操作行为进行相应的访问控制、保证操作系统自身的安全性和可用性、监督并审计操作系统运行的安全性。常见的操作系统安全机制和方法主要包括：

(1) 访问控制：通过实施强密码策略、用户账户管理和访问权限控制,限制对系统资源和敏感数据的访问。包括使用多因素身份验证、账户锁定和权限分级等。

(2) 用户权限管理：操作系统通过用户权限机制,将特权分配给不同级别的用户,并限制用户在系统中的行为。这包括管理员特权、用户组管理和最小权限原则的应用。

(3) 文件系统权限：操作系统通过文件系统权限设置,控制对文件和目录的读、写和执行权,以确保用户只能访问其需要的文件,并防止未经授权的修改或删除。

(4) 加密和数据保护：使用加密算法和协议对敏感数据进行加密,以保护数据在存储和传输过程中的机密性和完整性。

(5) 更新和补丁：及时安装操作系统厂商提供的安全更新、补丁和漏洞修复程序,以修复已知的安全漏洞并防止潜在的攻击。

(6) 防火墙：配置和管理防火墙,以监控和控制进出系统的网络流量,并根据规则和策略阻止未经授权的访问和恶意行为。

(7) 定期备份和灾难恢复：制订定期备份策略和灾难恢复计划,确保操作系统和关键数据的备份,并测试恢复过程的可行性和有效性。

(8) 安全审计和日志管理：记录和监视系统活动,并定期审查系统日志,以便发现异常行为、入侵尝试和潜在的安全漏洞。

(9) 持续监测和漏洞管理：定期进行系统漏洞扫描和安全评估,及时修复发现的漏洞,并持续监测和评估系统的安全状况。

将以上安全机制和方法结合起来,可以有效提高操作系统的安全性,并保护系统免受各种威胁和攻击。然而,操作系统的安全是一个持续过程,需要不断更新和改进,以适应新型威胁和攻击技术的出现。

3.5.2 操作系统的维护

操作系统的维护是确保操作系统持续正常运行和保持良好性能的一系列活动。常见的操作系统维护任务包括：

(1) 更新和修补：及时安装操作系统厂商提供的更新、补丁和安全漏洞修复程序,以确保操作系统的安全和稳定性。

(2) 硬件驱动程序更新：根据硬件制造商发布的最新驱动程序,更新或升级操作系统中的硬件驱动程序,以提高设备的兼容性和性能。

(3) 安全管理：配置和管理操作系统的安全设置,包括访问控制、用户权限和防火墙等,以保护系统免受恶意攻击和未授权访问。

（4）定期备份：制定和执行定期备份策略，确保操作系统和用户数据的备份，并验证备份的可用性和完整性。

（5）监测和优化性能：使用系统监控工具来监视操作系统的性能指标，如CPU利用率、内存使用情况和网络流量等，并根据需要采取必要的优化措施。

（6）日志管理：监视和管理操作系统生成的日志文件，以便追踪系统活动、故障排查和安全审计等。

（7）定期更新系统文档：维护和更新有关操作系统的文档和记录，包括配置文件、安装说明和用户手册等，以便于管理员和用户参考和使用。

（8）磁盘管理：定期进行磁盘清理和碎片整理，以释放磁盘空间并优化文件存储的连续性，从而提升系统响应速度和效率。

3.6 本章小结

操作系统是配置在计算机硬件上的第一层软件，是对硬件系统的首次扩充。操作系统用于管理计算机系统中的各种资源（包括硬件资源和软件资源），并为用户和应用程序提供一个良好的接口。故操作系统追求的目标主要有两点：一是提高资源的利用率，尽可能地使计算机系统中的各类资源得到充分利用；二是为用户提供良好的界面，一个好的操作系统应该给用户提供一个简单、清晰、用于使用的用户界面。操作系统性能的高低决定了计算机的潜在硬件性能能否得到发挥。

计算机中任何的一个概念，都是用户在解决某个具体问题的过程中逐渐形成的，操作系统这个概念也不例外。在软硬件技术的发展和应用需求的共同推动下，操作系统经历了从无到有、从简单到复杂的发展历程。目前存在着多种类型的操作系统，不同类型的操作系统，其目标各有所侧重。通常在计算机硬件上配置的操作系统都具备方便性、有效性、可扩充性和开放性。

操作系统具备5个功能，分别是处理机管理、存储管理、设备管理、文件管理以及用户接口。操作系统进行资源管理主要用到三大技术，分别是资源复用、资源虚化和资源抽象技术。

操作系统安全是网络安全的基石。操作系统的安全性是确保操作系统及其相关组件免受恶意攻击、未经授权访问和数据泄露等威胁的能力。操作系统的安全性会受到多种因素的影响，在维护和使用操作系统时，应重视这些因素并采取相应的安全措施提高操作系统的安全性，并保护系统免受各种威胁和攻击。

习题3

习题答案

简答题

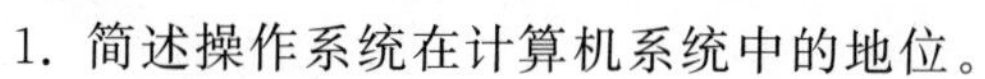
1. 简述操作系统在计算机系统中的地位。
2. 什么是操作系统？其追求的主要目标是什么？
3. 何为脱机I/O和联机I/O？

4. 什么是多道程序设计技术？其特征是什么？
5. 试说明推动多道批处理系统形成和发展的主要动力是什么？
6. 试说明推动分时系统和实时系统形成和发展的主要动力是什么？
7. 简述分时系统和实时系统的主要差别。
8. 简述操作系统的功能。
9. 什么是时分复用技术？举例说明其能提高资源利用率的根本原因。
10. 为什么说操作系统实现了资源的抽象？

第4章

计算机程序设计语言

(1) 锻炼独立思考的辩证思维能力,激发对程序设计的学习兴趣和钻研精神;

(2) 将计算思维应用于解决实际问题,提升信息素养和实践创新能力;

(3) 了解程序设计规范的重要性,培养版权意识、职业道德和工匠精神。

(1) 理解程序设计语言的相关概念;

(2) 了解程序设计语言的发展过程及分类;

(3) 掌握程序设计的基本方法,高级语言的共性特点、编译原理和执行过程。

如何把需要计算机完成的工作告诉计算机呢?这就需要运用程序设计语言来编写程序,让计算机去执行,从而实现相应的功能。因此,程序设计语言是人与计算机交互的编程工具,只有很好地掌握程序设计语言,才能编写出高效的程序,更好地运用计算机并提升其性能。

4.1 基本概念

计算机程序是能够实现特定功能的、一系列指令的有序集合。计算机程序设计语言是为了编写计算机程序而设计的语言。编写计算机程序的人员,被称为程序员。程序员按照程序设计语言的语法规则编写指令代码,指示计算机完成特定功能的过程,称为程序设计。其中,编写的指令代码集合称为源程序或源代码。

4.2 程序设计语言的发展

程序设计语言使得人们能够与计算机进行交互,经历了从低级语言到高级语言的发展历程,其种类繁多。

4.2.1 低级语言

1. 机器语言

在计算机发展的早期1952年以前,机器语言是唯一的程序设计语言。指令都是用0、1

构成的二进制位串来表示的，被称为机器指令或机器码。用机器指令编写的程序称为机器语言程序或目标程序，是计算机能够直接执行的程序。因此，机器语言程序的运算效率是所有语言中最高的。

但是，不同型号的计算机，其指令系统各不相同，在一台计算机上执行的机器语言程序，并不适用于另一型号的计算机。因此，机器语言程序的通用性和移植性较差。

2. 汇编语言

虽然用机器语言编写的目标程序计算机能够直接执行，但是二进制位串构成的机器指令，不便于记忆、理解和使用。1952 年，采用字母、数字和符号等"助记符"代替机器指令的符号语言（后又被称为汇编语言）得到了推广和应用。例如，在汇编语言中，用 ADD 表示加法操作码、SUB 表示减法操作码等。

使用汇编语言编写的程序，称为汇编语言程序，需要经过汇编系统翻译成机器语言程序才能执行。通常情况下，一条汇编指令直接对应一条机器指令，本质上和机器语言是相同的，仍然是面向机器的低级语言。可直接针对特定的计算机硬件编程，可执行代码精炼且执行效率高，但可移植性较差，不便于维护和更新。

4.2.2 高级语言

为了解决程序的"可移植性"问题，人们期望能有不依赖于计算机硬件，在所有机器上通用，且接近于数学语言或人的自然语言的高级语言出现。所谓"高级"是指区别于与计算机硬件系统紧密相关的低级语言，使程序员只需使用简单的英文单词、熟悉的数学表达式以及规定的语句格式，就可以方便地编写程序，而无须了解计算机的机器指令系统。

1954 年，第一个完全脱离计算机硬件的高级语言——Fortran 语言正式对外发布，其开创性在社会上引起了极大反响。数年来，人们开发了多种类型、与人的自然语言相近的高级语言。常见高级语言的发展历程及其主要特点如表 4.1 所示。

表 4.1 常见高级语言的发展历程及其主要特点

时间（年）	语言名称	特点
1954	Fortran	第一个广泛应用于科学和工程计算的高级语言
1964	Basic	为初学者设计的小型高级语言，被称为"大众语言"
1970	Pascal	第一个系统地体现结构化程序设计概念的高级语言
1972	C	面向过程的结构化的通用程序设计语言，兼具高级语言和汇编语言特性，是最为流行的编程基础语言之一
1983	C++	语法上与 C 兼容，增加了类机制，是面向对象的程序设计语言
1991	Python	解释型、面向对象、动态数据类型的程序设计语言，适用于大规模网络编程，是目前最受欢迎的编程语言之一
1995	Java	具有跨平台、面向对象、泛型编程的特性，广泛应用于企业级 Web 应用开发和移动应用开发
1995	PHP	在服务器端执行的嵌入 HTML 文档的脚本语言。语法吸收了 C、Java 等语言的特点，适用于 Web 开发领域
2000	C#	由 C 和 C++ 衍生出来的面向对象的，专门为 .NET 的应用而开发的语言

4.3　程序设计方法

著名的瑞士计算机科学家尼古拉斯·沃斯(Nicklaus Wirth)提出了一个公式"算法+数据结构=程序",并以此作为书名出版了专著。沃斯也因此在 1984 年被授予了计算机界最高奖项——图灵奖。那么,如何理解"算法+数据结构=程序"这一公式的含义呢?

实际上,程序设计就是运用计算机语言对所要解决问题中的数据以及处理问题的方法和步骤所做的完整而准确的描述过程。因此,一个程序通常包含两方面信息:

(1) 对数据的描述。是指程序中用到的数据及这些数据的类型和组织形式,就是数据结构。

(2) 对操作的描述。是指为解决一个问题而采取的方法和步骤,就是算法。

程序设计也是从确定任务到得出结果、写出文档的全过程。从确定问题到完成任务一般要经历以下几个阶段:

(1) 问题分析。在解决问题之前,通过分析,充分理解问题,明确原始数据、解题要求、需要输出的数据及形式等。

(2) 设计算法。找出解决问题的规律,选择解题的方法,设计出详细步骤。

(3) 编写程序。选择一种程序设计语言,描述数据结构并实现算法。

(4) 调试并测试程序。调试程序包括编译和连接等操作。程序员还要对程序执行的过程和结果进行测试与分析,只有能够得到正确结果的程序才是所需的程序。

(5) 编写程序文档、整理资料,交付使用。文档内容包括程序名称、功能、运行环境、程序启动、使用注意事项等。

高质量的程序设计需要综合考虑程序的运行效率、结构化程度、可读性、可靠性、可扩充性和可重用性等多方面因素。

4.3.1　结构化程序设计

荷兰计算机科学家艾兹格·W.迪杰斯特拉,1972 年图灵奖的获得者,在 1965 年提出了结构化的程序设计概念,是软件发展的一个重要的里程碑。结构化程序设计是遵循以模块功能和处理过程设计为主的详细设计的基本原则,采用自顶向下、逐步细化及模块化的设计思想,符合人们解决复杂问题的普遍规律;使用顺序、选择、循环三种基本控制结构构造程序,使程序易阅读、易理解、易测试、易修改。

1. 自顶向下、逐步细化

程序设计时,先考虑总体,后考虑细节;先考虑全局目标,后考虑局部目标。不要一开始就过多追求众多的细节,先从最上层总目标开始设计,逐步使问题具体化。采用"自顶向下、逐步细化"的方法解决问题的思路如图 4.1 所示。

2. 模块化方法

模块化是一种"分而治之"的思想。在采用"自顶向下、逐步细化"的思路,将一个复杂问题,分解为若干子问题后,再把每一个子问题设计为功能独立的模块。各模块可以独立地进行开发、测试和修改。模块之间定义相应的接口,各模块组合起来可以进行整体测试,

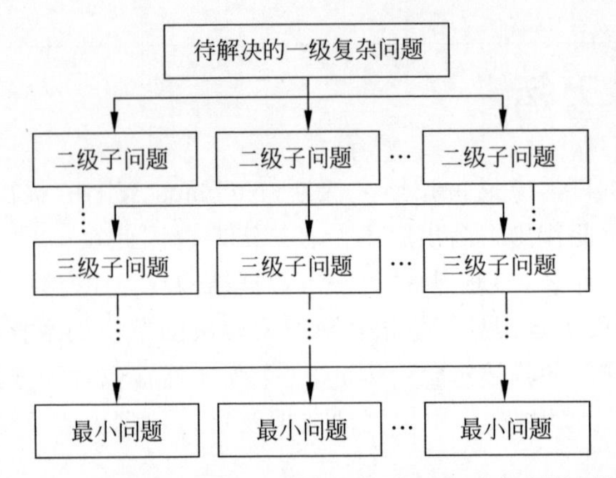

图 4.1 采用“自顶向下、逐步细化”方法解决问题的思路

从而完成解决复杂问题的开发任务。模块化有利于问题的分析和解决，便于软件开发与程序设计过程中的组织与合作。

3. 结构化编码

在结构化程序设计中，任何程序段的编写都基于三种基本控制结构：顺序、选择和循环。理论上已证明，采用这三种基本结构，可以描述任何可计算问题的逻辑处理流程。三种基本控制结构如图 4.2 所示。

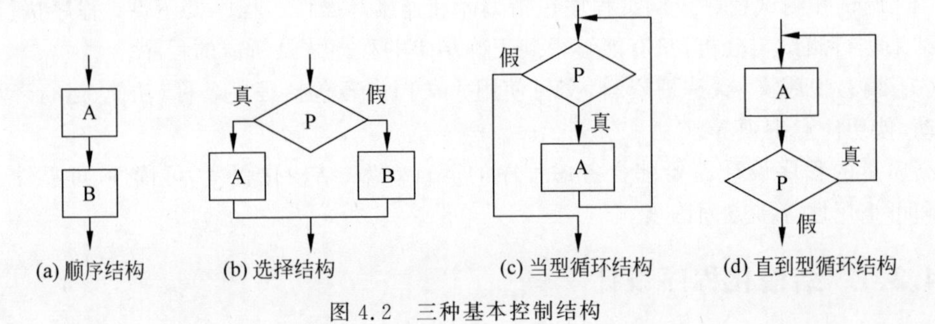

图 4.2 三种基本控制结构

(1) 顺序结构：程序逻辑简单，各操作按照出现的先后顺序执行，只依赖于计算机能够顺序执行指令(语句)的特点，只要语句安排的顺序正确即可。因此，顺序结构的程序又称为简单程序。

(2) 选择结构：程序的处理过程中存在分支，需要根据某一特定条件选择其中某一分支执行。选择结构有单选择、双选择和多选择三种形式。

(3) 循环结构：程序反复执行某个或某些操作，直到某一特定条件为假(或为真)时才终止循环。循环结构有当型循环和直到型循环两种基本形式。

① 当型循环：先判断条件，当满足给定条件时，执行循环体，并且在循环终端处流程自动返回到循环入口；如果条件不满足，则退出循环体直接到达流程出口处。因为是“当条件满足时，执行循环”，即先判断后执行，所以称为当型循环。

② 直到型循环：从结构入口处直接执行循环体，在循环终端处判断条件，如果满足条件，返回入口处继续执行循环体，直到条件为假时再退出循环到达流程出口处。因为是“直到条件为假时，终止循环”，即先执行后判断，所以称为直到型循环。

结构化程序的逻辑简单清晰，模块化强，描述方式符合人们习惯的推理式思维，程序易于理解、修改和维护，在科学与工程运算软件的开发中发挥了重要作用。即使在目前流行的面向对象软件开发中也不能完全脱离结构化程序设计，仍有许多应用程序的开发采用结构化程序设计方法和技术。

4.3.2　面向对象程序设计

结构化程序设计是一种面向过程的程序设计方法，解决问题的重点在于如何实现过程的细节上。早期的高级语言，如Fortran、Pascal、C语言等都属于面向过程的结构化语言，适用于编写规模较小的程序。但随着软件的规模越来越庞大，结构化语言的弊端逐渐显露，程序开发的效率难以提升。人们开始将面向对象(Object Oriented，OO)的编程思想引入程序设计中。

美国计算机科学家艾伦·凯(Alan Curtis Kay)，2003年图灵奖的获得者，在面向对象编程和窗口式图形用户界面方面做出了先驱性贡献，使得面向对象的程序设计方法，成为20世纪90年代以后软件开发的主流。在处理规模较大的问题时，人们开始使用面向对象的程序设计语言，如C++、Java、C#等支持面向对象程序设计方法的高级语言。

面向对象的思想，尽可能地模拟了人类的思维方式，使得软件开发的方法和过程，尽可能地接近人类认识世界、解决现实问题的方法和过程。面向对象的程序设计，把现实世界中的客观事物看作具有属性和行为的对象，将同一类对象的共同属性(静态特征)和行为(动态特征)抽象成相应的数据和方法，封装形成类。在计算机中用类来描述现实世界中的问题。因此，类是对现实世界的抽象。

面向对象的方法，是以对象为核心，认为对象是组成程序的基本模块。对象是现实世界事物存在的实体，是类的实例化。现实世界中，任何类的对象都具有一定的属性和行为，即能用数据结构和算法合二为一来描述。因此，对象又可以看作数据结构与算法的整体，是一个个的程序实体。对象间通过消息传递相互通信，来模拟现实世界中不同实体间的联系。面向对象的程序设计，具有封装、继承和多态三大基本特征。

1. 封装

将对象的属性和行为封装起来，是面向对象编程的核心思想。类是将对象的属性和行为封装起来的载体，能够对外隐藏对象中的某些数据与操作代码。这种属性与行为的有机结合就是封装，也称为信息隐蔽。在使用一个对象的时候，只需要知道它向外界提供的接口形式(函数名＋参数)，而无须知道它的内部数据结构和实现操作的算法。由此可以将整个程序中不同部分的相互影响减少到最低限度，从而提高程序的可维护性。

2. 继承

在程序编写过程中，可能会对问题产生新的理解和认识，那么可以在相应的类中加入新的属性和行为，或者由原来的类派生出一个新类。也就是在定义一个新类时，可以将一个已经存在的类作为基础，把这个类包含的数据和方法作为自身的一部分继承过来，然后再加入新的属性和方法以区别原来的类。原有的类称为基类或父类，产生的新类称为派生类或子类。这种类的继承和派生机制，反映了人们对问题的认识程度不断深入的发展过程。继承是面向对象技术能够提高软件开发效率及可扩展性的重要原因之一，也是面向对象程序设计语言区别于面向过程程序设计语言的最显著特点。

3. 多态

多态，是指由继承而产生的相关的不同的类，其对象对同一消息会做出不同的响应。在使用多态时，用户可以发送一个通用的消息，实现的细节由接收对象自行决定，即同一消息可以调用不同的方法。面向对象的程序设计中引入多态性，是为了实现代码重用，避免代码冗余，提高代码的可扩充性。

4.3.3 事件驱动程序设计

事件，也称为消息，含义较为广泛，常见的事件有鼠标、键盘等操控动作。应用程序的运行经过必要的初始化后，将进入等待事件发生的等待状态。一旦事件出现，程序就被激活并进行相应的处理。

事件驱动程序设计(Event-Driven Programming)是一种程序设计模型，是在交互程序的情况下孕育而生的。这种模型的程序执行流程是由用户的动作(如鼠标或键盘的按键操作)或者是由其他程序的消息来决定的。需要对消息做出反应的对象应提供消息处理函数，通过这个消息处理函数实现对象的一种功能或行为。因此，编写事件驱动程序的主要工作是为各个对象(类)添加各种消息处理函数。一个对象既可以是消息的接收者，也可能是消息的发送者，发送与接收的消息也可以是相同的。但有些消息的发出时间是无法预知的(例如关于键盘的消息)，因此应用程序的执行顺序是无法预知的。图形用户界面这类程序就是典型的事件驱动设计方式，而计算机操作系统是事件驱动程序的典型范例。

4.4 高级语言程序设计

高级语言相较于机器相关的低级语言，它具有良好的可移植性，更易于学习和使用，便于程序编写和维护，有助于提高程序员的开发效率，是目前应用最为广泛的程序设计语言。高级语言种类繁多，运用高级语言进行程序设计，依赖于各自特定的语句和语法。其中，语句是构成源程序的基本单位；语法是管理语言结构和语句的一组规则。程序员必须严格按照语法规则构造语句。

4.4.1 高级语言的特性

1. 基本字符集

字符是高级程序设计语言的基本符号，高级语言的语法成分是由基本符号组成的。高级语言中通常包含以下基本符号。

(1) 字母：大小写英文字母 A～Z，a～z，共 52 个符号。

(2) 数字：0～9，共 10 个数字符号。

(3) 特殊字符：包括运算符号、标点符号、空白符等。例如：

! " ' : ; , . # & ? \ |

+ − * / % = ^ ~ < >

( ) [ ] _ { }

2. 标识符

高级语言都具有标识符，就是用于标识系统对象（包括变量名、函数名、数组名、自定义数据类型名、文件名等）的有效字符序列。简言之，标识符就是一个名字，分为系统定义标识符和用户自定义标识符。标识符虽然可由程序员遵照命名规则随意定义，但标识符是用于标识某个量的符号，因此，命名时应尽量具有相关的含义，便于程序的阅读和理解，做到“见名知义”。

3. 数据类型

数据是程序加工处理的对象，是计算机程序的重要组成部分，它是实际问题属性在计算机中的某种抽象表示。为了解决多种多样的实际应用问题，计算机必须能存储和处理多种不同类型的数据。对于任何一种数据类型，在计算机中都严格规定该类数据的存储结构、取值范围以及能对其进行的操作。只有这样，才能利用计算机程序对各类数据进行正确的处理，最终得到预期的结果。

1）基本数据类型

每种高级语言都会定义一些基本的数据类型，包括整型、实型和字符型等。在高级语言中，使用变量前，必须为每个变量分配所需大小的内存单元空间。因此，几乎每种高级语言都要求变量先定义后使用。

2）复合数据类型

复合数据类型又称为结构数据类型，是在基本数据类型的基础上构造出来的数据类型。数组和结构体是大多数高级语言都支持的两种最基本的复合数据类型。其中，数组是若干相同类型数据的有序集合；结构体是描述同一事物的多个不同类型数据的集合。

4. 运算符与表达式

高级语言的表达式由基本符号和各种数据通过运算符连接而成。其中，运算符通常包含表4.2中的几类。

表4.2　高级语言中的通用运算符

类　　别	运　算　符
算术运算	加、减、乘、除、取模等
赋值运算	简单赋值符、复合赋值运算符
关系运算	大于、大于或等于、小于、小于或等于、等于、不等于等
逻辑运算	与、或、非、异或等

通过各种运算符将运算对象连接起来得到相应的表达式，如算术表达式、关系运算表达式和逻辑运算表达式等。

5. 语句

高级语言程序中的每一条语句，可被直接翻译成一条或多条计算机可执行的指令。例如，赋值语句用来给变量赋值；复合语句使得一组语句成为一个整体；控制语句可以实现分支和循环的控制结构。程序员利用这些语句的组合，能够编写出功能强大的程序。

6. 函数

几乎所有高级语言都为程序员提供了丰富的库函数，用以实现某些特定功能。包括数学函数、字符处理函数等,可供程序员直接调用,而无须自己编写。同时,在源程序中,用户也可以自定义函数,以便后续调用。函数的使用,可避免重复编写代码,为模块化程序设计提供了一种简便方法。

7. 注释

注释是对程序功能或某行代码的标注与解释,不参与程序运行,也不会影响运行结果。高级程序设计语言普遍强调注释的重要性。添加必要的注释,解释代码的功能和方法等,是一种良好的编程习惯,有助于程序员阅读并理解程序,便于代码的维护和程序功能的扩充。

8. 格式

运用高级语言编写程序,编码格式和编码约定在整个程序中应保持一致。例如对变量、函数等标识符命名时,采用"见名知义"的命名方法;每行应只写一条语句,便于阅读和注释;非顺序结构的程序段应采用缩进格式,使程序的逻辑层次结构更加清晰;程序应包含必要的注释,以增强程序的可读性等。

4.4.2 高级语言程序的运行

使用高级语言编写程序的一般过程如下:

(1) 在高级语言开发环境的文本编辑界面,逐条编写源程序的语句。保存源程序文件时,该文件后缀名与所用的高级语言有关。例如,C 语言源程序文件后缀名为. c,Java 语言源程序文件后缀名为. java,Python 语言源程序文件后缀名为. py 等。

(2) 将高级语言编写的源程序翻译为机器语言程序,有解释和编译两种方式。

解释程序在处理源程序时,类似于日常生活中的"同声翻译",解释一句、执行一句,立即产生运行结果。不产生目标代码,不能脱离解释器独立执行。Python 语言就属于解释型语言。

编译程序是把源程序作为一个整体来处理,首先将源代码"翻译"成机器语言目标代码,生成目标文件,文件后缀名通常为. obj。编译后与系统提供的代码库链接,生成可执行文件,文件后缀名通常为. exe。可执行程序可以脱离编译环境独立执行,使用方便、效率较高。大多数高级语言,如 C、C++、Java 等,均属于编译型语言。

4.5 编译过程

如前所述,高级语言编写的源程序要想在计算机上运行,需要将其翻译成计算机所识别的机器语言程序。如何实现这种计算机程序的翻译,整个翻译过程需要经过哪些步骤,本节将详细介绍这部分内容。

4.5.1 编译程序概述

1. 翻译程序

用高级程序设计语言(简称高级语言)编写程序方便,编程效率高。但计算机不能直接执行用高级语言编写的程序，只能执行机器语言程序。这就需要将高级语言编写的程序翻译成机器语言程序以便计算机来执行。翻译程序就是这样一种计算机程序，它可以将一个源程序（用某种语言编写的程序）转换成某种等价的目标程序（用目标语言编写的程序）。翻译程序有两种方式，一种是编译方式，另一种是解释方式。下面分别对这两种方式进行说明。

对一个翻译程序而言，若源程序是用某种高级程序语言编写，而目标程序是用某种汇编语言或机器语言程序编写，则这个翻译程序就被称为编译程序。当然，在编译方式中，如果目标程序是用汇编语言编写的程序，那么还需要另一个称为汇编程序的翻译程序将它进一步翻译成机器语言程序。编译型高级语言的完整执行过程在第 1 章已给出，如图 1.17 所示。

对于高级语言而言，其编译程序就是这个高级语言的翻译程序。编译程序的存在可使得多数编程人员不必考虑与机器有关的具体细节，而把机器有关的问题交给编译程序去处理。

我们知道，自然语言的翻译需要知道句子的基本结构和含义，对计算机程序的翻译也是如此。我们需要分析源程序，弄清楚它的基本含义和结构，然后在此基础上进行一次或多次转换，最终构造出相应的目标程序。在编译方式中，首先源程序编译成目标程序，然后由连接装配程序将目标程序和系统子程序等连接成一个可直接被计算机执行的可执行程序。很多高级语言，如 PASCAL、C、C++ 等，均采用编译方式。

和编译方式不同，解释方式并不产生目标程序，而是对源程序边翻译边执行。当翻译程序以解释方式进行翻译时，这种翻译程序称为解释程序。解释方式的主要优点是便于对源程序进行调试，其缺点是加工处理的过程较慢。例如，BASIC 是一种交互性语言，因此 BASIC 程序宜采用解释方式。

2. 为什么需要编译程序

计算机能够执行的都是二进制代码，如果编程人员能够迅速准确地将任务的需要描述转换成二进制数列，那么就不需要任何的程序语言和编译程序了。对编程人员来讲，要做到这一点非常困难，但用高级语言来编写程序解决问题或描述任务要比用一串长长的二进制数来简单得多。这就需要将程序转换成二进制数串，计算机做这种转换工作既快速又准确。因此，计算机（编译程序、解释程序）就可以辅助我们进行程序设计。

编译程序还可以根据不同的用途进一步分类。如针对编程人员在进行程序设计时容易出错的情况，有了专门用于帮助程序开发和调试的诊断编译程序。有的编译程序还可以生成不同于运行编译程序的计算机的机器代码，这样的编译程序称为交叉编译程序。当然，用高级语言编写的程序和用汇编语言编写的程序相比，执行效率一般要低得多。

3. 编译程序的工作过程

编译程序完成从源程序到目标程序的翻译是一个复杂的过程。一般来说，一个编译过程可以划分成若干阶段来进行，每个阶段将源程序的一种表示形式等价地转换成另一种表示形式，各个阶段进行的操作在逻辑上是紧密连接在一起的，甚至有的阶段是组合在一起的，例如中间代码的表示形式就可以不用构造出来。

通常将编译的整个过程划分成词法分析、语法分析、语义分析、中间代码生成、中间代码优化和目标代码生成共 6 个阶段，同时表格管理和出错处理与 6 个阶段都有联系。编译过程中源程序的各种信息被保留在各种不同的表格里，编译各阶段的工作都可能涉及构造、查找或更新有关表格，因此需要有表格管理的工作；如果编译过程中发现源程序有错误，编译程序应报告错误的性质和错误发生的地点，并将错误所造成的影响限制在尽可能小的范围内，使得源程序的其余部分能继续被编译下去，有些编译程序还能自动校正错误，这些工作称为出错处理。编译程序的工作过程如图 4.3 所示。

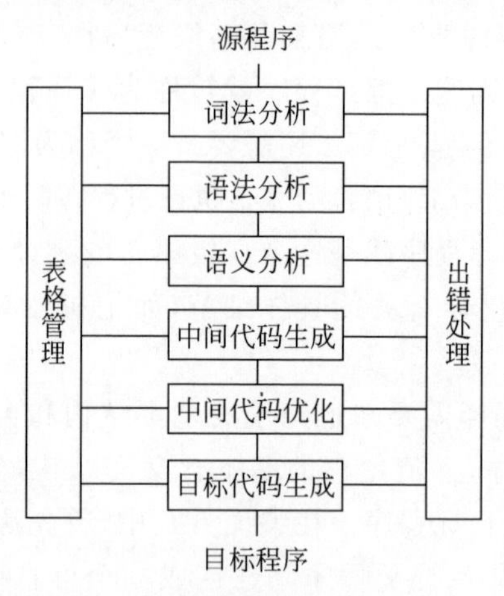

图 4.3 编译程序的工作过程

4.5.2 编译过程实例

1. 词法分析

词法分析是编译过程的第一个阶段，也是编译过程的基础。它的任务是对源程序进行扫描，然后根据语言的词法规则分解和识别出每个单词。与自然语言类似，单词是语言中最小的语义单位，指逻辑上紧密相连的一组字符，这些字符只有集体含义。例如，标识符一般指字母开头，后跟字母数字的字符序列组成的一种单词。除了从源程序中识别单词，词法分析还包括其他一些任务，如发现词法分析错误后指出错误的位置并给出错误信息，剔除掉源程序中的空白符、回车符、跳格符和注释等。

高级语言中的单词包括语言中的关键字(保留字或基本字)、标识符、常数、运算符和界符。

对一个 C 语言程序语句 object＝start＋offset＊30 进行词法分析后，可以返回的结果如下：

单词类型	单词值
标识符 1(id1)	object
运算符(赋值)	＝
标识符 2(id2)	start
运算符(加)	＋
标识符 3(id3)	offset
运算符(＊)	＊
常数	30

2. 语法分析

编译过程的第二个阶段是语法分析，其任务是检查单词符号串是否合乎语言的语法规则。如果不合乎语法规则就进行相应的出错处理，如显示出错类型、出错位置等；若合乎语法规则，则结合上下文，将单词符号串组合成更大的语法单位，如将单词组合成语句，将语句组合成程序等。

例如，根据上一节的结果，对语句 object＝start＋offset＊30 进行语法分析时，若有语法规则：

<赋值语句>→ <标识符>"＝"<表达式>

<表达式>→<表达式>"＋"<表达式>

<表达式>→<表达式>"＊"<表达式>

<表达式>→<表达式>"－"<表达式>

<表达式>→<表达式>"/"<表达式>

<表达式>→"("<表达式>")"

<表达式>→<标识符>

<表达式>→<整数>

<表达式>→<实数>

根据以上语法规则把源程序的单词序列组成语法单位(表示成语法树的形式)，如图 4.4 和图 4.5 所示。

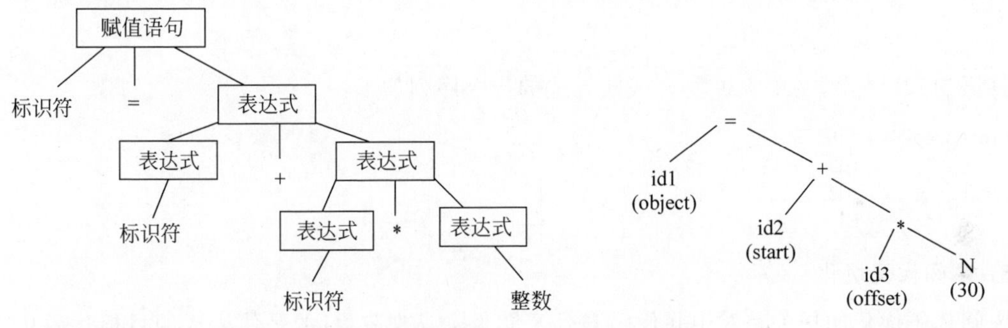

图 4.4　object＝start＋offset＊30 的语法树(1)　　图 4.5　object＝start＋offset＊30 的语法树(2)

3. 语义分析

通过词法分析和语法分析程序对源程序的语法结构进行分析之后，一般要由语法分析程序调用相应的语义子程序进行语义处理。

编译过程中的语义处理指审查每个语法结构的静态语义检查，即验证语法结构合法的程序是否真正有意义。如果静态语义正确，则语义处理要执行真正的翻译，生成程序的一种中间表示形式(中间代码)，或生成实际的目标代码。

静态语义检查通常包括类型检查、控制流检查、一致性检查、相关名字检查等。下面以类型检查为例来进行说明。类型检查用来审查每个运算符是否具有语言规范允许的运算对象。例如有的编译程序不允许用实数用作为数组的下标；某些语言规定运算对象可以被强制转换，如当对整数和实数进行二元运算时，编译程序应将整形转换成实型而不能认为源程序有误。

假定 offset 是一个实型变量，在语法分析的基础上，对 object＝start＋offset＊30 进行语义分析，可得到如图 4.6 所示的语义分析树。此处，将 30 由整形转换成实型，再进行乘法运算。

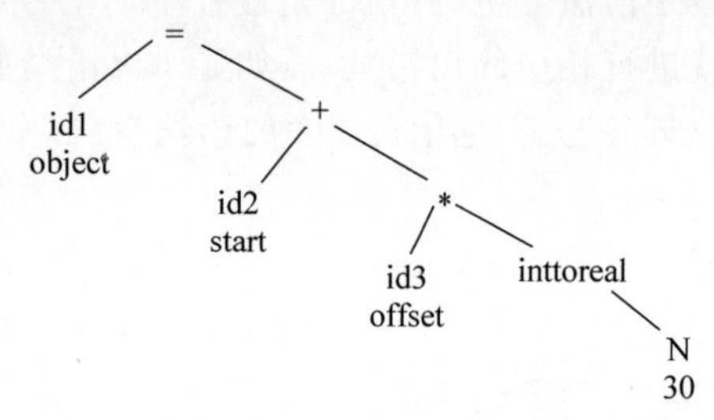

图 4.6 object＝start＋offset＊30 的语义分析树

4. 中间代码产生

中间代码也称中间语言，是复杂性介于源程序语言和机器语言之间的一种表示形式。通常情况下，快速编译程序可直接生成目标代码，不需要再将中间代码翻译成目标代码。但是许多编译程序采用了中间代码，其好处是：可以使编译程序的结构在逻辑上更加简单明确，也可以在中间代码这一级进行优化工作，使得代码优化比较容易。

常用的中间代码形式有逆波兰式、三元式、四元式、间接三元式和抽象语法树等。逆波兰式也称后缀式，指将运算对象写在前面，运算符写在后面。编译程序通常采用“四元式”来表示中间代码，这种四元式的形式为(运算符，运算对象 1，运算对象 2，结果)。如采用四元式表示 y＝ b＊x，会得到以下的结果：

```
(*     b    x    y)
```

将语句 id1＝id2＋id3＊30 翻译成四元式的指令序列如下：

```
(inttoreal    30      -      t1)
(   *        id3     t1      t2)
(   +        id2     t2      t3)
(   =        t3      -       id1)
```

5. 中间代码优化

中间代码优化的任务是对中间代码进行等价变换或改造，目的是使生成的目标代码更为高效，即节省时间和空间。

中间代码优化实际上是对中间代码进行等价变换，使得变换后代码的运行结果与变换前代码的运行结果相同，而效率有所提高(运行速度提高或存储空间减少)。常用的优化技术有删除无用赋值、删除公共子表达式、合并已知量、复写传播和强度削弱等。

将已有的中间代码进行优化，可得到优化后的中间代码：

```
(* id3  30.0  t2)
(+ id2  t2      id1)
```

6. 目标代码生成

目标代码生成是编译过程的最后一个阶段。目标代码生成是指经过语法分析或优化后的中间代码作为输入，将其转换成特定机器的机器语言或汇编语言作为输出。实现这一转换的程序称为代码生成器。因此，目标代码生成与硬件系统结构和指令密切有关，涉及机器指令的选择、寄存器的分配、计算顺序的选择等。

上一阶段优化后的中间代码可生成如下目标代码：

```
LD    R1, id3
MUL   R1, 30.0
LD    R2, id2
ADD   R2, R1
ST    R2, id1
```

产生的具体的目标代码和机器结构、指令系统、寄存器的个数、所用操作系统以及存储管理的方式都有密切的关系。由于一个高级语言程序的目标代码可能反复使用，因而代码生成器的设计要着重考虑目标代码的质量问题。编译过程的划分是一种典型的处理模式，事实上并非所有的编译程序都可分成这样几个阶段，有些编译程序并不需要生成中间代码，有些编译程序不进行优化，有些最简单的编译程序在语法分析的同时生成目标指令代码。不过，多数实用的编译程序都具有上述几个阶段。

4.6　本章小结

本章从程序设计相关的基本概念出发，介绍了计算机程序设计语言的相关知识和发展历程；阐述了面向过程的结构化程序设计、面向对象程序设计和事件驱动程序设计这三类典型的程序设计方法；归纳了高级语言的共性特点和运行过程；概述了从词法分析到目标代码生成的完整编译过程。

在计算机科学领域，程序设计的语言、方法和技术更新很快，为了紧跟发展趋势，需要理解和掌握程序设计的核心思想、基本方法和编译过程。本章的内容有助于读者深入地学习程序设计语言，掌握程序设计的方法和技巧，设计出具有良好特性的计算机程序。

习题4

习题答案

一、选择题

1. 程序员编写的一个计算机程序称为(　　)。
   A. 目标程序　　B. 可执行程序　　C. 源程序　　D. 应用程序
2. 编译源程序文件，生成的目标文件后缀名是(　　)。
   A. .exe　　B. .obj　　C. .txt　　D. .c
3. 目标程序是(　　)程序。
   A. 高级语言　　B. 机器语言　　C. 自然语言　　D. 汇编语言
4. 低级语言通常包括机器语言和(　　)。
   A. 汇编语言　　B. PHP语言　　C. C#语言　　D. Java语言
5. 世界上最早出现的高级语言是(　　)。
   A. C语言　　B. Basic语言　　C. Fortran语言　　D. Pascal语言
6. 程序＝算法＋(　　)。
   A. 数据类型　　B. 数据库　　C. 数据结构　　D. 数据
7. 提出结构化程序设计概念的计算机科学家是(　　)。

A. Ken Thompson B. Alan Curtis Kay

C. Nicklaus Wirth D. Edsger Wybe Dijkstra

8. 在结构化程序设计中，三种基本控制结构不包括(　　)。

A. 顺序 B. 跳转 C. 循环 D. 选择

9. 在面向对象的程序设计中，三个主要特征不包括(　　)。

A. 封装 B. 继承 C. 多态 D. 扩展

10. 使用高级语言编写程序的一般过程，可概括为编辑、(　　)、链接和运行。

A. 编译 B. 汇编 C. 注释 D. 保存

二、判断题

1. 软件由程序组成，所以软件就是程序。(　　)
2. 低级语言与计算机硬件系统紧密相关，可移植性差，执行效率也不高。(　　)
3. C、C++ 和 C# 语言都是面向对象的高级程序设计语言。(　　)
4. 程序中的注释有助于阅读和理解源程序，不影响程序的运行。(　　)
5. 结构化程序设计方法中的模块化编码可以通过函数设计来实现。(　　)
6. 编译程序的功能是将高级语言程序翻译成目标程序。(　　)

三、简答题

1. 简述程序、程序设计语言和程序设计的概念及关联。
2. 简述程序设计语言的发展及分类。
3. 简述低级语言的特点。
4. 简述高级语言的共同特性和运行过程。
5. 简述结构化程序设计方法的基本原则和思路。
6. 简述编译程序的概念和编译过程。

四、论述题

1. 计算机程序设计语言种类繁多，请列举 5 个目前最流行的计算机编程语言，并区分它们的主要特征和应用领域。

2. 程序设计的相关知识与关键技能是计算机专业学生应具备的学科基础。请结合本章的学习内容，根据自己的理解，阐述如何学好程序设计语言，锻炼并提升编程解决实际问题的能力。

第5章

数据结构与算法设计

(1) 了解队列的基本特性,树立生活中“先进先出”的秩序观念;

(2) 把控算法时空平衡观念,建立客观、理性的辨证思维,树立正确的人生观;

(3) 了解分而治之的策略,个人服从集体的集体主义观念;

(4) 了解回溯法中的剪枝策略,取其精华去其糟粕的中国特色社会主义发展道路;

(5) 了解动态规划的分阶段求解策略,我国分为若干五年计划的发展策略。

(1) 理解线性表、栈、队列、串、二叉树、图等数据结构的基本概念;

(2) 了解几种查找和排序方法;

(3) 掌握算法的基本概念和特性,了解算法时间复杂性的分析方法;

(4) 了解分治法、穷举法、贪心法、动态规划法、回溯法等算法设计策略。

计算机软件的最终成果都是以程序来呈现的,数据结构和算法设计分析的目的就是能够设计出好的程序。著名的计算机科学家沃斯(N. Wirth)专门出版了《数据结构＋算法＝程序》一书,指出程序是由算法和数据结构组成的,程序设计的本质是对要处理的问题选择好的数据结构,同时在此基础上施加一种好的算法。

本章介绍数据结构和算法设计与分析的相关内容。

5.1 数据结构

对于一个程序来说,数据是“原料”,程序所要进行的计算或处理总是以某些数据为对象的。将松散、无组织的数据按某种要求组成一种数据结构,对于设计一个简明、高效、可靠的程序是大有益处的。沃斯指出,程序就是在数据结构的某些特定的表示方法和结构的基础上对抽象算法的具体表述,所以说设计程序离不开数据结构。

早期的计算机主要应用于科学计算,随着计算机的发展和应用范围的拓宽,计算机需要处理的数据量越来越大,数据的类型越来越多,数据的结构越来越复杂,计算机处理的对象从简单的纯数值型数据发展为非数值型的和具有一定结构的数据。因此要求人们对计算机加工处理的对象进行系统的研究,即研究数据的特性、数据之间存在的关系,以及如何有效地组织、管理存储数据,从而提高计算机处理数据的效率。数据结构这门课就是在此背景上逐渐形成和发展起来的。

数据结构课程是一门研究非数值计算的程序设计问题中的操作对象以及它们之间关系和运算在计算机内如何表示和实现的学科。本节介绍数据结构的基本内容。

5.1.1 数据结构概述

用计算机解决一个实际问题时，大致需要以下几个步骤：

(1) 从具体问题抽象出一个适当的数学模型；

(2) 设计求解数学模型的算法；

(3) 编制、运行并调试程序，直到解决实际问题。

所以，建立数学模型的过程就是分析问题，并找出这些对象的关系，用数学语言来描述。

本节讨论数据结构的定义，并通过几个案例介绍几种经典的数据结构，以及数据结构中常用的存储方式。

1. 什么是数据结构

数据结构包含两方面的内容，一是构成集合的数据元素；二是数据元素之间存在的关系。

数据结构也就是带有结构的数据元素的集合，结构指的是数据元素之间的相互关系，即数据的组织形式。

下面通过几个实例来了解一下如何构造数据结构。

【例 5-1】 学生的学籍档案管理表。

假设一个学籍档案管理系统应包含如表 5.1 所示的学生信息。

表 5.1 学生学籍档案管理表

学号	姓名	性别	出生年月日	入学总分	……
20210101	王　新	男	2002 年 11 月 3 日	426	……
20210102	刘智勇	男	2002 年 1 月 24 日	451	……
20210103	赵婷婷	女	2001 年 12 月 3 日	477	……
20210104	张鹏飞	男	2002 年 6 月 18 日	439	……
……	……	……	……	……	……

我们把表 5.1 称为一个数据结构，表中的每一行是一个结点，或称为记录(Record)，它由学号、姓名、性别、出生年月日、入学总分等数据项(Item)组成。在这个表中，第一条记录没有直接前驱，称为开始结点，最后一条记录没有直接后继，称为终端结点。除了第一条记录以外，其余的记录，都有且只有一条直接前驱记录和一条直接后继记录。这些结点之间的关系是“一对一”的关系，这就是该表的逻辑结构。

【例 5-2】 井字棋人机对弈问题。

井字棋对弈过程中，任何一方只要使相同的三个棋子连成一条直线即为胜方(可以是一行、一列或一条对角线)。如果下一棋子由“×”方下，可以派生出五个子格局，如图 5.1 所示，每个子格局可以再派生出其他子格局，形成一种层次结构。

若将从对弈开始到结束的过程中所有的可能的格局画在一张图上，即形成了一棵倒挂的对弈“树”。

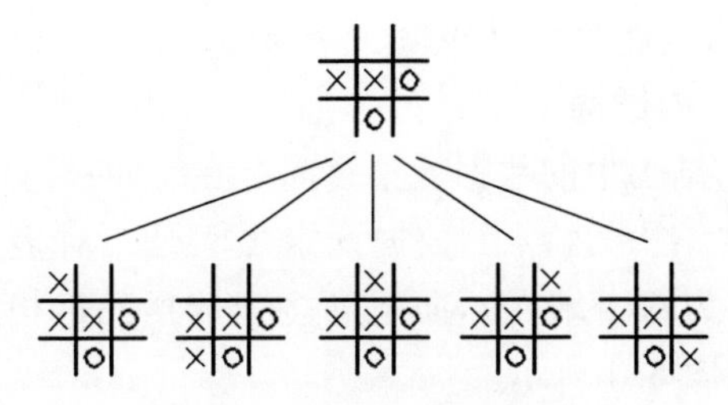

图 5.1 人机对弈层次图

“树根”是对弈开始时的第一步棋，而所有的“叶子”便是可能出现的结局。在本例中，对弈开始之前的棋盘格局没有直接前驱，称为开始结点(即根)，以后每走一步棋，都有多种对应的策略，结点之间存在着“一对多”的关系，它构成了井字棋对弈的逻辑结构。

2. 有关概念和术语

数据(Data)：指所有能输入计算机中并被计算机程序处理的符号的表示。在计算机中，所谓数据就是计算机加工处理的对象，它可以是数值数据，也可以是非数值数据。

数据元素(Data Element)：数据元素是数据的基本单位，在计算机程序中通常作为一个整体进行考虑和处理。一个数据元素可以由若干数据项组成。数据项是数据的最小单位。

数据结构(Data Structure)：按某种逻辑关系组织起来的一批数据，按一定的映像方式把它存放在计算机存储器中，并在这些数据上定义了一个运算的集合，就叫作数据结构。

数据结构一般包括以下三方面内容：

(1) 数据元素之间的逻辑关系，也称数据的逻辑结构。

(2) 数据元素及其关系在计算机存储器内的表示，称为数据的存储结构。

(3) 数据的运算，即对数据施加的操作。

3. 数据的逻辑结构

数据的逻辑结构是指数据元素之间逻辑关系描述，可以用一个二元组表示，其形式化描述为 $G=(D,R)$。

其中，D 是数据元素的有限集合，R 是 D 上关系的有限集合。数据的逻辑结构是从逻辑关系上描述数据，与数据的存储无关，是独立于计算机的。

根据数据元素之间的逻辑关系的不同特性，数据结构的四种基本逻辑结构：集合、线性结构、树结构、图结构(网状结构)。

1) 集合

集合结构中的数据元素之间除了“同属于一个集合”的关系外，无其他关系，这是一种最简单的数据结构，集合结构如图 5.2 所示。

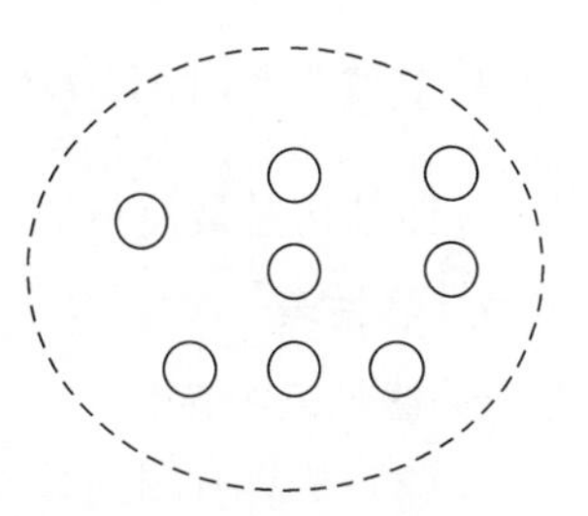

图 5.2 集合结构

2) 线性结构

线性结构中的数据元素之间存在着“一对一”的关系。

线性结构的特点：表中数据元素之间是一种先后关系，对于表中任意一个结点，与它相邻且在它前面的结点(称为直接前驱)最多只有一个；与表中任意一个结点相邻且在其后的结点(称为直接后继)也最多只有一个。我们将这种关系称为线性结构,如图 5.3 所示。

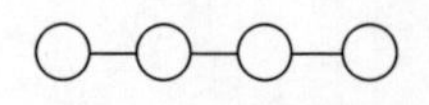
图 5.3 线性结构

3) 树结构

树结构中的数据元素之间存在着"一对多"的关系。

树结构的特点:数据元素之间是一对多关系,即一个数据元素向上和一个数据元素相连(称为双亲结点),向下和多个数据元素相连(称为孩子结点),我们将这种关系称为树结构,如图 5.4 所示。

4) 图结构

图结构中的任意数据元素之间都可以有关系,元素之间存在着"多对多"的关系。

图结构的特点:图中数据元素存在着多对多的任意关系。一个结点可能有多个直接前驱和直接后继,图结构如图 5.5 所示。

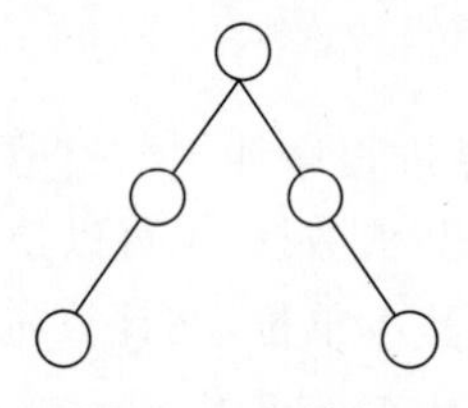
图 5.4 树结构

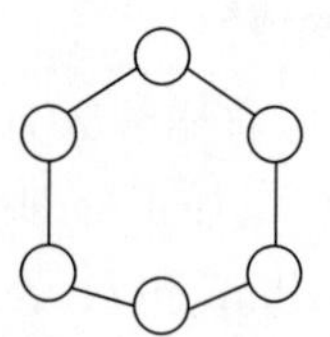
图 5.5 图结构

4. 数据的存储结构

数据在计算机中的存储表示称为数据的存储结构,也称为物理结构。下面介绍两种常用的数据存储结构。

1) 顺序存储结构

顺序存储结构:借助元素在存储器中的相对位置来表示数据元素间的逻辑关系。

顺序存储结构的主要特点:可实现对各数据元素的随机访问,只要知道存储的首地址以及每个数据元素所占的存储单元,就可以计算出各数据元素的存储地址;不利于修改,在对数据元素进行插入、删除运算时可能要移动一系列的数据元素。

2) 链式存储结构

链式存储结构:借助指示元素存储地址的指针表示数据元素间的逻辑关系。

链式存储结构的主要特点:利于修改,在对数据元素进行插入、删除运算时,仅需修改数据元素的指针字段值,而不必移动数据元素。由于逻辑上相邻的数据元素在存储位置中不一定相邻,因此,链式存储结构不能对数据元素进行随机访问。

5.1.2 线性结构

线性结构是最简单的一种数据结构,本节介绍线性结构。

1. 线性表

1) 线性表的定义

线性表是具有相同数据类型的 $n(n \geqslant 0)$ 个数据元素的有限序列,通常记为

$$(a_1, a_2, \cdots, a_{i-1}, a_i, a_{i+1}, \cdots, a_n)$$

其中,n 为表长,当 $n=0$ 时称为空表。

在线性表中相邻元素之间存在着顺序关系。如对于元 a_i 而言,a_{i-1} 称为 a_i 的直接前

驱，a_{i+1} 称为 a_i 的直接后继。

例如，26个英文字母表：(a,b,c,d,e,f,g,…,x,y,z)，又例如一周七天：(1,2,3,4,5,6,7)，是元素组成相对简单的线性表。再例如，在概述中引用的一个学生信息登记表，如表5.1所示，学生信息登记表可以是用户自定义的学生类型，是数据类型相对复杂的线性表。

2）线性表的特点

线性表有且仅有一个开始结点(a_1)，它没有直接前驱；有且仅有一个终端结点(a_n)，它没有直接后继；除了开始结点和终端结点以外，其余的结点都有且仅有一个直接前驱和一个直接后继。

3）线性表的存储

数据结构在内存中的表示通常有两种形式，即顺序存储表示和链式存储表示。

线性表的顺序存储是指用一组地址连续的存储单元依次存储线性表的数据元素，我们把用这种存储形式存储的线性表称为顺序表。顺序表的逻辑顺序和物理顺序是一致的。

假设顺序表($a_1,a_2,\cdots,a_{i-1},a_i,a_{i+1},\cdots,a_n$)，每个数据元素占用 d 字节，则元素 a_i 的存储位置为

$$\mathrm{Loc}(a_1)+(i-1)\times d \quad 1\leqslant i\leqslant n$$

其中，$\mathrm{Loc}(a_1)$是顺序表第一个元素 a_1 的存储位置，通常称为顺序表的起始地址。顺序存储结构示意如表5.2所示。

表5.2　顺序存储结构示意

存储地址	内存内容
$\mathrm{Loc}(a_1)$	a_1
$\mathrm{Loc}(a_1)+d$	a_2
……	……
$\mathrm{Loc}(a_1)+(i-1)\times d$	a_i
……	……
$\mathrm{Loc}(a_1)+(n-1)\times d$	a_n

线性表的链式存储是每个数据元素不仅要表示它的具体内容，还要附加一个表示它的直接后继元素存储位置的信息，这样构成的链表称为线性单向链接表，简称单链表，其结点结构如图5.6所示。

数据域	指针域
data	next

图5.6　单链表的结点结构

其中，data部分称为数据域，用于存储一个数据元素(结点Linknode)的信息。next部分称为指针域，用于存储其直接后继的存储地址的信息。链表通常带头结点，其next域指向链表第一个结点的存储地址。带头结点的空单链表和带头结点的非空单链表，分别如图5.7(a)和(b)所示。

4）线性表的基本操作

对于线性表，经常进行的操作主要有以下9种。

(1) InitList(&L)：初始化线性表，构造一个空的线性表 L。

(2) DestroyList(&L)：销毁线性表，释放线性表 L 占用的内存空间。

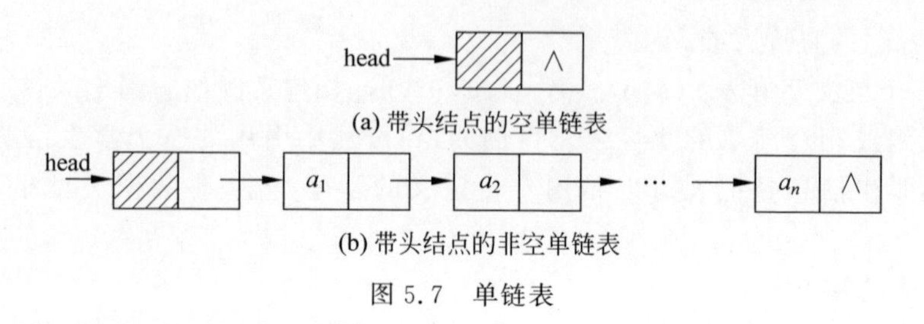

图 5.7 单链表

(3) ListEmpty(L)：判断线性表是否为空表，若 L 为空表，则返回真，否则返回假。

(4) ListLength(L)：求线性表的长度，返回 L 中元素个数。

(5) DispList(L)：输出线性表，当线性表 L 不为空时，顺序显示 L 中各结点的值域。

(6) GetElem($L,i,\&e$)：求线性表 L 中指定位置的某个数据元素，用 e 返回 L 中第 i ($1\leqslant i\leqslant$ListLength(L))个元素的值。

(7) LocateElem(L,e)：定位查找，返回 L 中第一个值域与 e 相等的逻辑位序。若这样的元素不存在，则返回值为 0。

(8) ListInsert($\&L,i,e$)：插入数据元素，在 L 的第 i($1\leqslant i\leqslant$ListLength(L)$+1$)个元素之前插入新的元素 e，L 的长度增 1。

(9) ListDelete($\&L,i,\&e$)：删除数据元素，删除 L 的第 i($1\leqslant i\leqslant$ListLength(L))个元素，并用 e 返回其值，L 的长度减 1。

2. 栈

栈是一种特殊的线性表，下面介绍栈的定义、特性、基本操作、存储及应用。

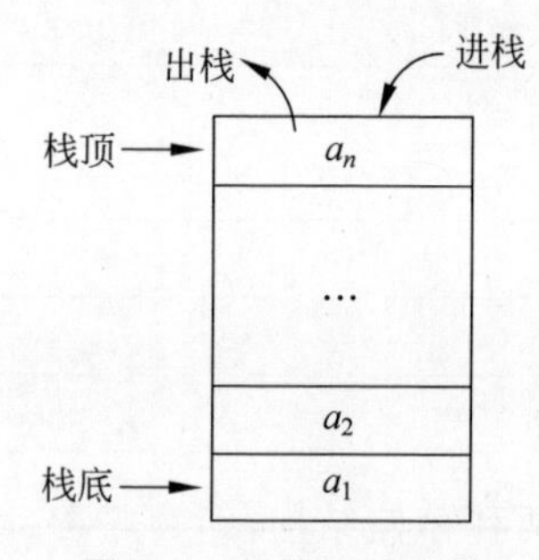

图 5.8 栈结构示意图

1）栈的定义

设有一个栈 $S=(a_1,a_2,\cdots,a_n)$，栈中元素按 $a_1,a_2,\cdots,a_n$ 的次序进栈，按 $a_n,\cdots,a_2,a_1$ 的顺序出栈。进栈的第一个元素 a_1 为栈底元素，出栈的第一个元素 a_n 为栈顶元素。这种数据元素后进先出的线性结构称为栈(Stack)。栈的操作是按照“后进先出”(Last In First Out)的原则进行的，如图 5.8 所示。

现实生活中的栈的应用，例如，在建筑工地上，使用的砖块从底往上一层一层地码放，在使用时，将从最上面一层一层地拿取。公交车上的售票员用的分币筒就是一个最典型的栈，多个分币依次进入分币筒后，只能按照后进先出的次序退出分币筒。

有关栈的相关概念如下。

进栈：插入元素又称为进栈(也叫作入栈)。

出栈：删除元素又称为出栈(也叫作弹栈)。

栈顶和栈底：允许进行插入和删除操作的一端称为栈顶(Top)，另一端称为栈底(Bottom)。

栈顶元素：处于栈顶位置的数据元素称为栈顶元素。

栈底元素：处于栈底位置的数据元素称为栈底元素。

空栈：不含任何数据元素的栈称为空栈。

2）栈的特性

栈是一种特殊的线性表。其特殊性在于限定插入和删除数据元素的操作只能在线性表的一端进行。栈又称为后进先出的线性表，简称 LIFO 表。

3）栈的基本操作

栈除了在栈顶进行进栈与出栈外，还有初始化、判空等操作，常用的基本操作主要有以下几种。

（1）初始化栈 InitStack(&S)。

初始条件：栈不存在。

操作结果：其作用是构造一个空栈 S。

（2）判断栈空 EmptyStack(S)。

初始条件：栈 S 已存在。

操作结果：其作用是判断是否为空栈，若栈 S 为空，则返回 1；否则返回 0。

（3）判断栈满 FullStack(S)。

初始条件：栈 S 已存在。

操作结果：若栈已满返回 1，否则返回 0。

（4）进栈 Push(&S,x)。

初始条件：栈 S 已存在且非满。

操作结果：其作用是将数据元素 x 插入栈 S 中，使其为栈 S 的栈顶元素。

（5）出栈 Pop(&S,&x)。

初始条件：栈 S 已存在且非空。

操作结果：其作用是将栈顶元素赋给 x，并从栈 S 中删除当前栈顶元素。

（6）取栈顶元素 GetTop(S,&x)。

初始条件：栈 S 已存在且非空。

操作结果：其作用是将栈顶元素赋给 x 并返回，操作结果只是读取栈顶元素，栈 S 不发生变化。

4）栈的存储

由于栈是操作受限制的线性表，因此与线性表类似，栈也有两种存储结构，即顺序存储结构和链式存储结构。

栈的顺序存储结构称为顺序栈。类似于顺序表的类型定义，顺序栈是用一个预设的足够长度的一维数组和一个记录栈顶元素位置的变量来实现。

用链式存储结构实现的栈称为链栈，链栈与不带头结点单链表组织形式相似，因为栈的主要操作是在栈顶进行插入与删除操作，显然将链表的第一个结点作为栈顶是最方便的，因此，没有必要如单链表那样为了操作方便附加一个头结点，通常链栈结构示意图如图 5.9 所示。

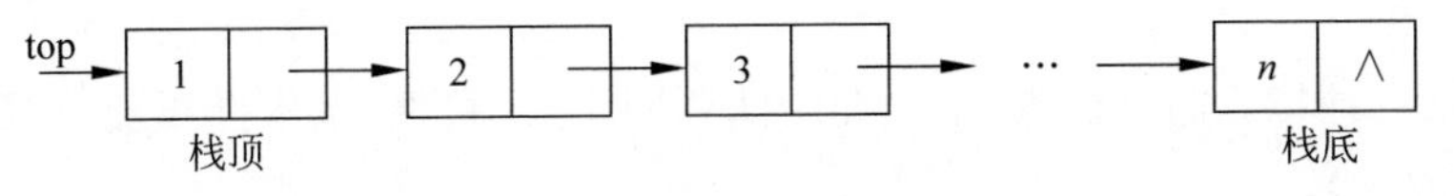

图 5.9　链栈结构示意图

5）栈的应用举例

数制转换问题。由于栈的"后进先出"的特点在数据处理中有着广泛的应用，进制转换就是利用栈做一个辅助的数据结构进行求解的典型示例。

【例 5-3】 使用辗转相除法将一个非负十进制整数值转换成二进制数值。即用该十进制数值除以 2，并保留其余数，重复此操作，直到该十进制数值为 0 为止。最后将所有的余数反向输出就是所对应的二进制数值。

如$(121)_{10}=(1111001)_2$，其辗转相除的过程如图 5.10 所示。

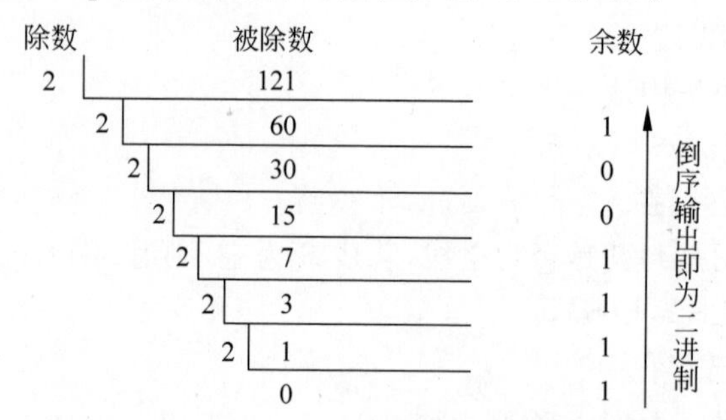

图 5.10　十进制数 121 转换为二进制数的过程

子程序调用问题。在计算机程序设计中，子程序的调用及返回地址就是利用堆栈来完成的。在 C(或 C++)语言的主函数对无参子函数的嵌套调用过程中，在调用子程序前，先将返回地址保存到堆栈中，然后才转去执行子程序。当子函数执行到 return 语句(或函数结束)时，便从栈中弹出返回地址，从该地址处继续执行程序。

例如主函数调用子函数 a 时，则在调用之前先将 a 函数返回地址压入栈中；在子函数 a 中调用子函数 b 时，又将 b 函数返回地址压入栈中；同样，在子函数 b 中调用子函数 c 时，又将 c 函数返回地址压入栈中。其调用返回地址的进栈示意图如图 5.11 所示。

返回地址栈：

c函数返回地址
b函数返回地址
a函数返回地址
……

图 5.11　无参函数嵌套调用返回地址的进栈示意图

当执行完子函数 c 以后，就从栈顶弹出 c 函数返回地址，回到子函数 b；子函数 b 执行完毕返回时，又从栈顶弹出 b 函数返回地址，回到子函数 a；子函数 a 返回时，再在栈顶弹出 a 函数返回地址，回到主函数，继续执行主函数程序。

3. 队列

队列也是一种特殊的线性表，下面介绍队列的定义、特性、基本操作及应用。

1）队列的定义

假设有一个队列 $Q=(a_1,a_2,\cdots,a_n)$，队列中元素按 $a_1,a_2,\cdots,a_n$ 的次序入队后，入队的第一个元素 a_1 为队头元素，最后一个元素 a_n 为队尾元素，队列的操作是按先进先出的原则进行的。这种先进先出(First In First Out)的规则应用在数据结构中称为队列(Queue)。其结构如图 5.12 所示。

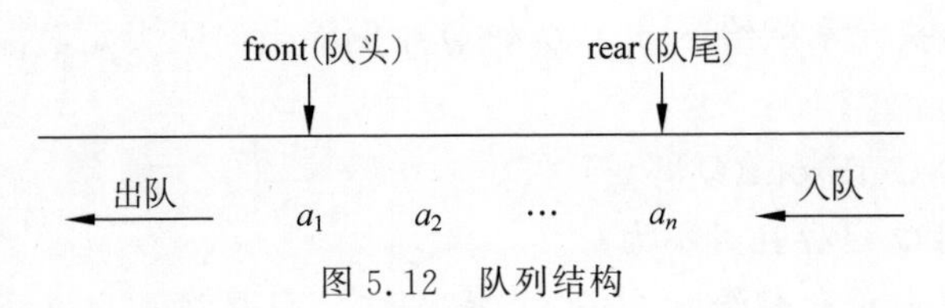

图 5.12　队列结构

对 CPU 的分配管理:一般的计算机系统只有一个 CPU,如果在系统中有多个进程都满足运行条件,这就可以用一个就绪队列来进行管理。当某个进程需要运行时,它的进程名就被插入就绪队列的尾端。如果此队列是空的,CPU 就立即执行该进程;如果此队列非空,则该进程就需要排在队列的尾端进行等待。CPU 总是首先执行排在队首的进程,一个进程分配的一段时间执行完了,又将它插入队尾等待,CPU 转而为下一个出现在队首的进程服务。如此,按"先进先出"的原则一直进行下去,直到执行完的进程从队列中逐个删除掉。

2) 队列的特性

队列是一种特殊的线性表,主要特性就是"先进先出",插入操作限定在线性表的一端进行,删除操作限定在线性表的另一端进行。队列又称为先进先出的线性表,简称 FIFO 表。

3) 几个术语

(1) 入队和出队。队列插入操作又称为入队,删除操作又称为出队。

(2) 队头和队尾。允许进行插入的一端称为队尾(rear),允许进行删除的一端称为队头(front)。

(3) 队头元素和队尾元素。处于队头位置的数据元素称为队头元素,处于队尾位置的数据元素称为队尾元素。

(4) 空队。不含任何数据元素的队列称为空队。

队列在日常生活中经常使用,如平时人们排队上公共汽车,排队的规则是不允许"插队"。后来的人需站在队尾,每次总是队头先上车。

4) 队列的基本操作

队列除了在队头进行出队和队尾进行入队外,还有初始化、判空等操作,常用的基本操作有以下 6 种。

(1) 初始化队列 InitQueue(&Q)。

初始条件:队列不存在。

操作结果:构造一个空队列 Q。

(2) 判断队列空 EmptyQueue(Q)。

初始条件:队列 Q 存在。

操作结果:判断是否是空队列,若队列 Q 为空,则返回 1;否则返回 0。

(3) 入队 EnQueue(&Q,x)。

初始条件:队列 Q 已存在且非满。

操作结果:将数据元素 x 插入队列 Q 的队尾,使其为队列 Q 的队尾元素。

(4) 出队 DeQueue(&Q,&x)。

初始条件：队列 Q 已存在且非空。

操作结果：将队头元素赋给 x,并从队列 Q 中删除当前队头元素,而其后继元素成为队头元素。

(5) 取队头元素 GetFront(Q,&x)。

初始条件：队列 Q 已存在且不为空。

操作结果：将队头元素赋给 x 并返回,操作结果只是读取队头元素,队列 Q 不发生变化。

(6) 显示队列元素 ShowQueue(Q)。

初始条件：队列 Q 已存在且不为空。

操作结果：将队列中所有元素按从队头开始依次输出。

5）队列的存储

由于队列是操作受限制的线性表,因此与线性表类似,队列也有两种存储结构,即顺序存储结构和链式存储结构。

队列的顺序存储结构称为顺序队列。类似于顺序表的类型定义,顺序队列用一个一维数组和两个分别指向队头元素与队尾元素的变量来实现。

用链式存储结构实现的队列称为链队列,一个链队列需要一个队头指针和一个队尾指针才能唯一确定。队列中元素的结构和前面单链表中的结点的结构一样。为了操作方便,在队头元素前附加一个头结点,队头指针就指向头结点。

4. 串

在汇编语言和高级语言的编译程序中,源程序和目标程序都是以字符串表示的。在事务处理程序中,如客户的姓名、地址、邮政编码、货物名称等,一般也是作为字符串数据处理的。另外,信息检索系统、文字编辑系统、语言翻译系统等,也都是以字符串数据作为处理对象的。

对照串的定义和线性表的定义可知,串是一种其数据元素固定为字符的线性表。但是,串的基本操作对象和线性表的操作对象却有很大的不同。线性表上的操作是针对其某个元素进行的,而串上的操作主要是针对串的整体或串的一部分子串进行的。这也是数据结构中把串单独作为一章的原因。

1）串的定义

串(String)是由零个或任意多个字符组成的有限序列。一般记为

$$S="a_1a_2\cdots a_n" \quad (n\geqslant 0)$$

其中,S 为串名,在本书中用双引号作为串的定界符,引号括起来的字符序列为串值,a_i($1\leqslant i\leqslant n$)可以是字母、数字或其他字符,n 为串的长度。

2）串的相关术语

空串：不含任何字符的串称为空串,即串的长度 $n=0$ 时的串为空串。

空格串：由一个或多个称为空格的特殊字符组成的串称为空格串,它的长度是串中空格字符的个数。

子串：串中任意个连续的字符组成的子序列称为该串的子串。另外,空串是任意串的

子串,任意串是自身的子串。

主串：包含子串的串称为该子串的主串。

模式匹配：子串的定位运算又称为串的模式匹配,是求子串在主串中第一次出现时第一个字符的位置。

两个串相等：两个串的长度相等且各个位置上对应的字符也都相同。

【例 5-4】 有以下 4 个串：S1="Welcome to Beijing!",S2="Welcome to",S3="Welcometo",S4="Beijing",则各串长度及其之间的关系如何?

(1) S1 的长度为 19,S2 的长度为 10,S3 的长度为 10,S4 的长度为 7。

(2) S2 和 S4 为 S1 的子串,S1 相对于 S2 和 S4 为其主串,S2 在 S1 的位置为 1,S4 在 S1 的位置为 12。

(3) S3 不是 S1 的子串,因为它不是 S1 串中的连续字符组成的子序列(在 *e* 与 *t* 字母之间缺少一个空格)。

(4) S2 与 S3 串不相等,因为虽然两串的长度相等,但各个对应的字符不相同。

3) 串的基本操作

串的基本操作有很多,下面介绍部分基本运算。

(1) 串的赋值 StrAsign(&S,chars)。

初始条件：chars 是字符串常量。

操作结果：生成一个值等于 chars 的串 S。

(2) 串的复制 StrCopy(&S,T)。

初始条件：串 T 存在。

操作结果：由串 T 复制得串 S。

(3) 求串长度 StrLength(S)。

初始条件：串 S 存在。

操作结果：返回串 S 的长度,即串 S 中的元素个数。

(4) 串的连接 StrCat(&S,T)。

初始条件：串 S 和 T 存在。

操作结果：将串 T 的值连接在串 S 的后面。

(5) 求子串 SubString(&Sub,S,pos,len)。

初始条件：串 S 存在,1≤pos≤StrLength(S)且 1≤len≤StrLength(S)−pos+1。

操作结果：用 Sub 返回串 S 的第 pos 个字符起长度为 len 的子串。

(6) 串的定位(也称模式匹配)StrIndex(S,T)。

初始条件：串 S 和 T 存在,T 是非空串。

操作结果：若串 S 中存在与串 T 相同的子串,则返回它在串 S 中第一次出现的位置;否则返回−1 或代表错误的值。

(7) 串的插入 StrInsert(&S,pos,T)。

初始条件：串 S 和 T 存在,1≤pos≤StrLength(S) +1。

操作结果：在串 S 的第 pos 个字符插入串 T。

(8) 串的删除 StrDelete(&S,pos,len)。

初始条件：串 S 存在,1≤pos≤StrLength(S)且 1≤len≤StrLength(S)−pos+1。

操作结果：从串 S 中删除第 pos 个字符起长度为 len 的子串。

(9) 串的替换 StrReplace(&S,T,V)。

初始条件：串 S,T 和 V 存在,且 T 是非空串。

操作结果：用 V 替换串 S 中出现的所有与 T 相等的不重叠子串。

(10) 串的比较 StrCompare(S,T)。

初始条件：串 S 和 T 存在。

操作结果：若 $S>T$,则返回值 >0；若 $S=T$,则返回值等于 0；若 $S<T$,则返回值 <0。

4）串的存储

和线性表一样,串也有顺序存储结构和链式存储结构,前者简称为顺序串,后者简称为链串。用一组连续的存储单元依次存储串中的字符序列,这称为顺序串,是串常用的存储方式。

5.1.3 树结构

树结构是一种非线性的数据结构,本节介绍树的定义、表示方法、存储结构等。

1. 树的定义

树(Tree)是一种重要的数据结构,其定义如下：

树是 $n(n\geqslant 0)$ 个有限数据元素的集合。当 $n=0$ 时称为空树。当 $n>0$ 时,是非空树,它满足以下两个条件：

(1) 有且仅有一个称为根的结点；

(2) 其余结点分为 $m(m\geqslant 0)$ 个互不相交的非空集合 $T_1,T_2,\cdots,T_m$,其中每个集合本身又是一棵树,称为根的子树。

在一棵树中,每个结点被定义为它的每个子树的根结点的前驱结点,而它的每个子树的根结点就成为它的后继,由此可用二元组来表示。其中,D 为结点集合,R 为边的集合。一棵树 T 如图 5.13 所示,则它的二元组表示方法为

$$T=(D,R)$$
$$D=\{A,B,C,D,E,F,G,H,I\}$$
$$R=\{\langle A,B\rangle,\langle A,C\rangle,\langle A,D\rangle,\langle B,E\rangle,\langle C,F\rangle,\langle C,G\rangle,\langle D,H\rangle,\langle F,I\rangle\}$$

2. 树的表示方法

树的逻辑结构表示主要有四种：树形表示法、嵌套集合表示法、凹入表表示法和广义表表示法等。

(1) 树形表示法。这是树的最基本的表示,使用一棵倒置的树表示树结构。图 5.13 就是采用这种方法。

(2) 嵌套集合表示法。嵌套集合表示法,也称为文氏图法,它是使用集合以及集合的包含关系描述树结构,每个圆圈表示一个集合,套起来的圆圈表示包含关系。图 5.14(a)就是图 5.13 的树的嵌套集合表示法。

(3) 凹入表表示法。使用线段的伸缩关系描述树的结构。图 5.14(b)就是图 5.13 的树的凹入表表示法。

(4) 广义表表示法。将树的根结点写在括号的左边,除根结点外的其余结点写在括号内并用逗号间隔来描述树的结构。图 5.14(c)就是图 5.13 的树的广义表表示法。

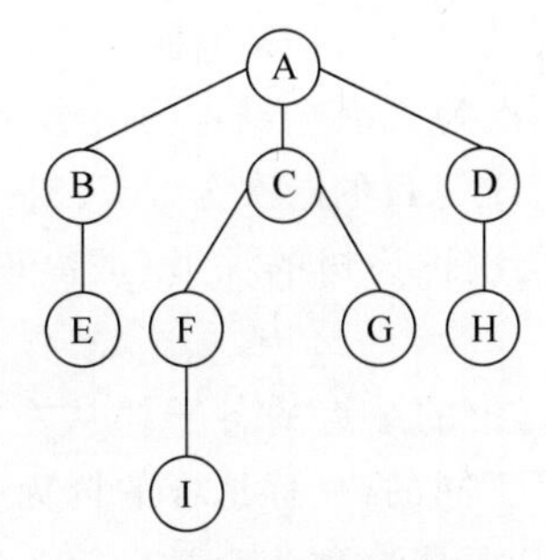

图 5.13 树的树形表示法

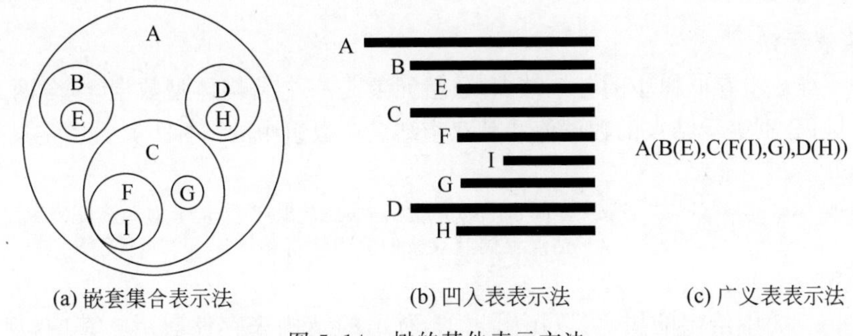

图 5.14 树的其他表示方法

3. 树的基本术语

结点：树的结点包含一个数据元素及若干指向其子树的分支。

结点的度：结点所拥有的分支数目或后继结点个数称为该结点的度(Degree)。例如图 5.13 所示的树中结点 A 的度为 3，结点 C 的度为 2，结点 E 的度为 0。

树的度：树中各结点度的最大值称为该树的度。例如图 5.13 所示的树的度为 3。

叶子(终端结点)：度为零的结点称为叶子结点。例如图 5.13 所示的树中结点 E、G、H、I 为叶子结点。

分支结点(非终端结点)：度不为零的结点称为分支结点。例如图 5.13 所示的树中的 A、B、C、D、F 都是分支结点。

孩子结点：一个结点的后继称为该结点的孩子结点。例如图 5.13 所示的树中 A 的孩子结点为 B、C、D。

双亲结点：一个结点称其为其后继结点的双亲结点。例如图 5.13 所示的树中 A 是 B、C、D 的双亲结点，C 是 F、G 的双亲结点。

兄弟结点：同一双亲结点下的孩子结点互称为兄弟结点。例如图 5.13 所示的树中 B、C、D 互为兄弟结点，F、G 互为兄弟结点，但不同双亲的两个同层结点不互为兄弟结点，如 G 和 H 不互为兄弟结点。

堂兄弟：双亲互为兄弟的两个结点互称为堂兄弟。例如图 5.13 所示的树中 G 和 H 就互为堂兄弟。

子孙结点：一个结点的所有子树中的结点称为该结点的子孙结点。例如图 5.13 所示的树中 A 的子孙结点为 B、C、D、E、F、G、H、I。

祖先结点：从树根结点到达一个结点的路径上的所有结点称为该结点的祖先结点。例如图 5.13 所示的树中 E 的祖先结点为 A 和 B(包括其双亲结点 B)。

结点的层次：树的根结点的层次为 1,其余结点的层次等于它双亲结点的层次加 1。例如图 5.13 所示的树中 A 的层次为 1,B、C、D 的层次为 2,E、F、G、H 的层次为 3,I 的层次为 4。

树的深度：树中结点的最大层次称为树的深度(或高度)。例如图 5.13 所示的树中的深度为 4。

有序树和无序树：如果一棵树中的结点的各子树从左到右是有次序的,即若交换了某结点各子树的相对位置,则构成了不同的树,称这样的树为有序树；反之,则为无序树。

森林：$m(m\geqslant 0)$棵互不相交树的集合称为森林。

4. 树的存储结构

1）双亲表示法

用一个一维数组存储树中的各个结点,数组元素是一个结构体型数据,包含两个域：data 域和 parent 域,分别表示结点的数据值和其双亲结点在数组中的下标。其类型定义如下：

```
typedef  struct
{   DataType  data;          /* 结点的数据域,DataType 可以是任意类型 */
    int  parent;             /* 结点存储其双亲的数组下标值 */
} PType[MaxSize];
```

例如,图 5.13 中给出的树,可以用图 5.15 所示的结构来存储表示。其中,规定数组下标为 0 的位置存储的是根结点,设根结点的 parent 域为－1。

在双亲表示法中,因为每个结点中都有其双亲的数组下标,所以在查找每个结点的双亲和祖先是非常容易的,但找其孩子结点或兄弟结点就非常麻烦了。

2）孩子链表表示法

将每个结点的孩子结点构成一个单链表,称为孩子链表。n 个结点的树有 n 个这样的孩子链表。为了方便起见,我们将每个结点存放在一个顺序表中,顺序表的每个元素有两个域：一个是存放该结点的数据值；另一个是存放该结点的第一个孩子的地址。孩子结点也有两个域：一个域是存放该孩子结点在顺序表中的位置(数组下标),另一个域是存放下一个孩子的地址。

如图 5.16 所示是图 5.13 所示树的孩子链表表示法。其中,规定顺序表下标为 0 的位置存放根结点。

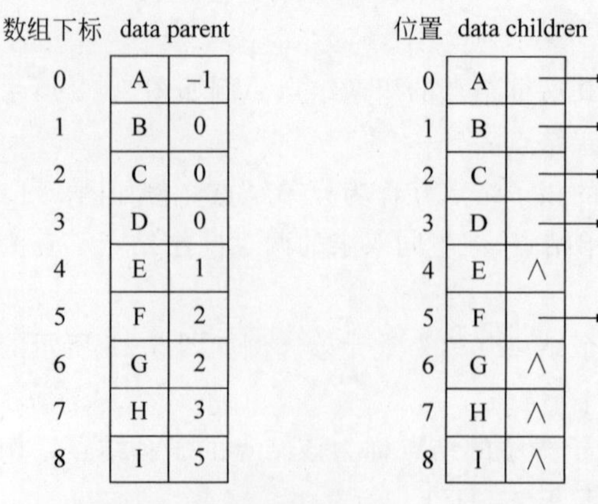

图 5.15 树的存储结构(双亲表示法)　　图 5.16 树的孩子链表表示法

3）孩子兄弟法

孩子兄弟法存储结构是一种二叉链表，链表中每个结点包括三个域：数据值和两个指针，其中一个指针指向该结点的最左边第一个孩子，而另一个指针则指向该结点的下一个兄弟。每个结点的类型定义如下：

```
typedef struct node2
{   DataType data;                    /* 数据域 */
    Struct node2 *child, *brother;    /* 其第一个孩子和其右边兄弟的地址 */
} CBNode;                             /* 孩子兄弟结点类型 */
```

如图5.17所示是图5.13所示树的孩子兄弟表示法的存储结构，其中 T 指向树的根结点。

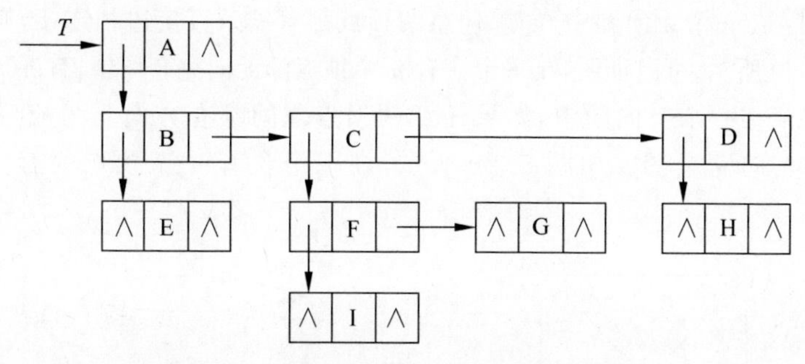

图5.17 树的孩子兄弟表示法的存储结构

5.1.4 图结构

图是一种复杂的非线性结构，元素之间是多对多的关系，图中任意两个顶点间都可能存在关系。

1. 图的定义

图(Graph)是由一个非空的顶点集合和一个描述顶点之间关系即边(Edge)的有限集合组成的一种数据结构。可以定义为一个二元组：$G=(V,E)$

其中，G 表示一个图，V 是图 G 中顶点的集合，E 是图 G 中边的集合。

按照图中的边是否有方向性，图分为有向图和无向图两类。图5.18中的图 G_1 表示的是无向图，图5.19中的图 G_2 表示的是有向图。

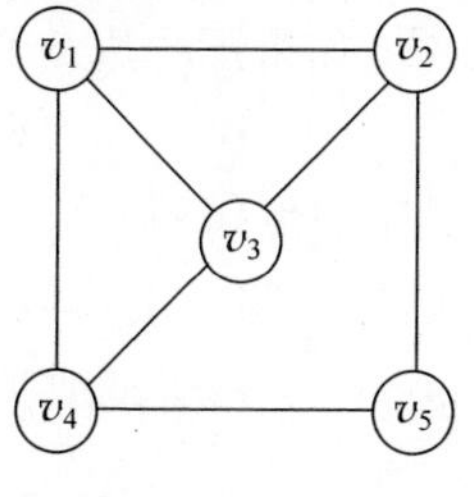

图5.18 无向图

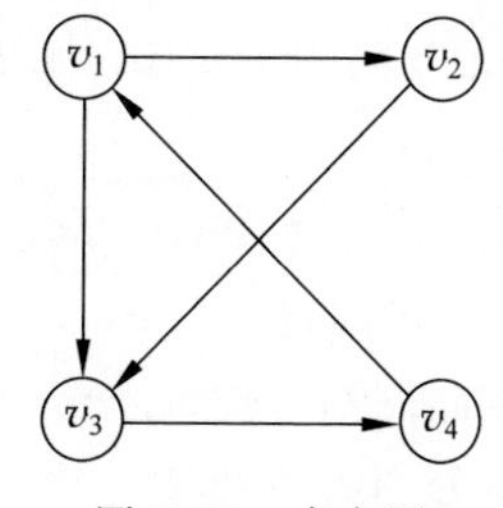

图5.19 有向图

在无向图中，用圆括号表示两个顶点之间的边。(v_i,v_j)表示顶点 v_i 和顶点 v_j 之间有一条无向直接连线，也称为边。对于图 G_1 可表示为 $G_1=(V,E)$；$V=\{v_1,v_2,v_3,v_4,v_5\}$；$E=\{(v_1,v_2),(v_1,v_3),(v_1,v_4),(v_2,v_3),(v_2,v_5),(v_3,v_4),(v_4,v_5)\}$。

若图中边有方向，则用尖括号表示两个顶点之间的首尾关系，有向边也称为弧。在有向边$\langle v_i, v_j \rangle$中，v_i 称为弧尾，v_j 称为弧头。

对于图 G_2 可表示为 $G_2=(V,E)$；$V=\{v_1,v_2,v_3,v_4\}$；$E=\{\langle v_1,v_2\rangle,\langle v_1,v_3\rangle,\langle v_2,v_3\rangle,\langle v_3,v_4\rangle,\langle v_4,v_1\rangle\}$。

2. 图的相关术语

无向图(Undigraph)：在一个图中，如果每条边都没有方向(如图 5.18 所示)，则称该图为无向图。

有向图(Digraph)：在一个图中，如果每条边都有方向(如图 5.19 所示)，则称该图为有向图。

无向完全图：在一个无向图中，如果任意两顶点都有一条直接边相连接，则称该图为无向完全图。如图 5.20 所示，可以证明，在一个含有 n 个顶点的无向完全图中，有 $n(n-1)/2$ 条边。

有向完全图：在一个有向图中，如果任意两顶点之间都有方向互为相反的两条弧相连接，则称该图为有向完全图。如图 5.21 所示，在一个含有 n 个顶点的有向完全图中，有 $n(n-1)$条弧。

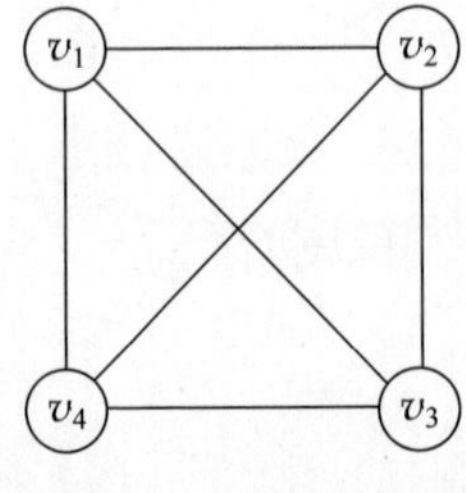

图 5.20 无向完全图

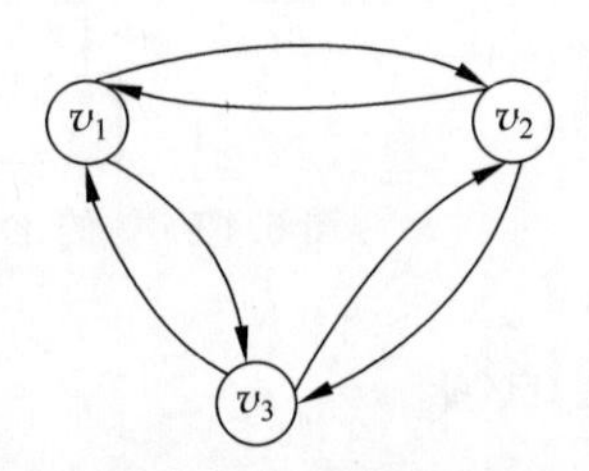

图 5.21 有向完全图

顶点的度、入度、出度：在无向图中，一个顶点拥有的边数，称为该顶点的度。在有向图中，一个顶点拥有的弧头的数目，称为该顶点的入度；一个顶点拥有的弧尾的数目，称为该顶点的出度；一个顶点的度等于顶点的入度＋出度。

权：图的边或弧有时具有与它有关的数据信息，这个数据信息就称为权(Weight)。

网(Network)：在实际应用中，有时图的边或弧往往与具有一定意义的数有关，即每一条边都有与它相关的数，称为权，这些权可以表示从一个顶点到另一个顶点的距离或耗费等信息。这种带权的图叫作网。

如果图中边是无方向的带权图，则图是一个无向网；如果图中边是有方向的带权图，则就是一个有向网。

路径、路径长度：顶点 v_i 到顶点 v_j 之间的路径是指顶点序列 $v_i, v_{k_1}, v_{k_2}, \cdots, v_{k_m}, v_j$。其中，$(v_i, v_{k_1}), (v_{k_1}, v_{k_2}), \cdots, (v_{k_m}, v_j)$分别为图中的边。路径上边或弧的数目称为路径长度。图 5.18 的无向图 G_1 中，$v_1 \to v_3 \to v_4 \to v_5$ 与 $v_1 \to v_2 \to v_5$ 是从顶点 v_1 到顶点 v_5 的两条路径，路径长度分别为 3 和 2。

回路或环：在一个路径中，若其第一个顶点和最后一个顶点是相同的，则称该路径为一个回路或环。图 5.18 中的 $v_1 \to v_2 \to v_3 \to v_1$ 就是一个环。

简单路径：若表示路径的顶点序列中的顶点各不相同，则称这样的路径为简单路径。图 5.18 中的 $v_1 \to v_3 \to v_4$ 就是一条简单路径。

简单回路：除了第一个和最后一个顶点外，其余各顶点均不重复出现的回路为简单回路。图 5.18 中的 $v_1 \rightarrow v_3 \rightarrow v_4 \rightarrow v_1$ 就是一个简单回路。

稀疏图：对于有很少条边的图($e < n\log_2 n$，e 为边数，n 为顶点数)称为稀疏图，反之称为稠密图。

子图：对于图 $G=(V,E)$，$G'=(V',E')$，若存在 V' 是 V 的子集，E' 是 E 的子集，则称图 G' 是 G 的一个子图。图 5.22 和图 5.23 各给出了图 5.18 的 G_1 和图 5.19 的 G_2 的一个子图。

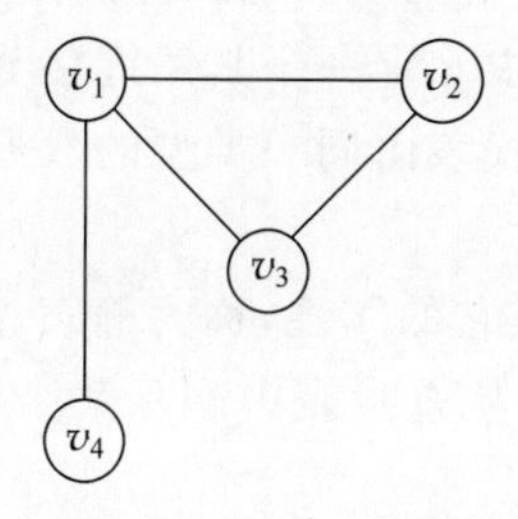

图 5.22　无向完全图

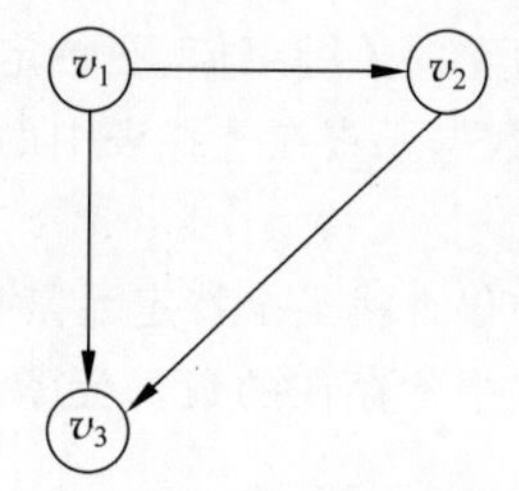

图 5.23　有向完全图

连通图、连通分量：在无向图中，如果从一个顶点 v_i 到另一个顶点 v_j ($i \neq j$)有路径，则称顶点 v_i 和 v_j 是连通的。任意两顶点都是连通的图称为连通图。无向图的极大连通子图称为连通分量。图 5.24 中有两个连通分量，如图 5.25 所示。

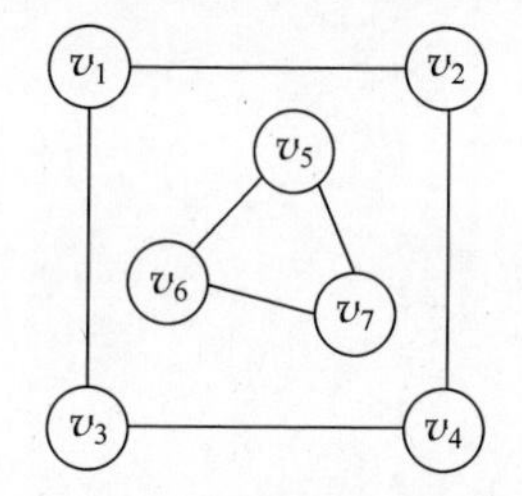

图 5.24　无向的非连通图

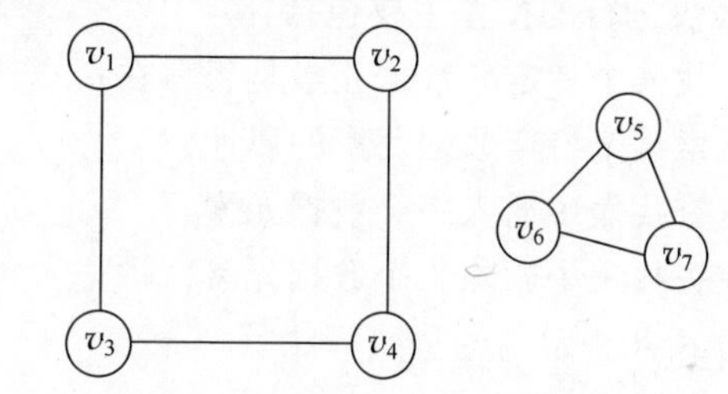

图 5.25　图 5.24 的两个连通分量

强连通图、强连通分量：对于有向图来说，若图中任意一对顶点 v_i 和 v_j ($i \neq j$)均有从一个顶点 v_i 到另一个顶点 v_j 有路径，也有从 v_j 到 v_i 的路径，则称该有向图是强连通图。有向图的极大强连通子图称为强连通分量。

图 5.23 中有两个强连通分量，分别是$\{v_1, v_3, v_4\}$和$\{v_2\}$，如图 5.26 所示。

生成树：连通图 G 的一个子图如果是一棵包含 G 的所有顶点的树，则该子图称为 G 的生成树(Spanning Tree)。在生成树中添加任意一条属于原图中的边必定会产生回路，因为新添加的边使其所依附的两个顶点之间有了第二条路径。若生成树中减少任意一条边，则必然成为非连通的。n 个顶点的生成树具有 $n-1$ 条边。

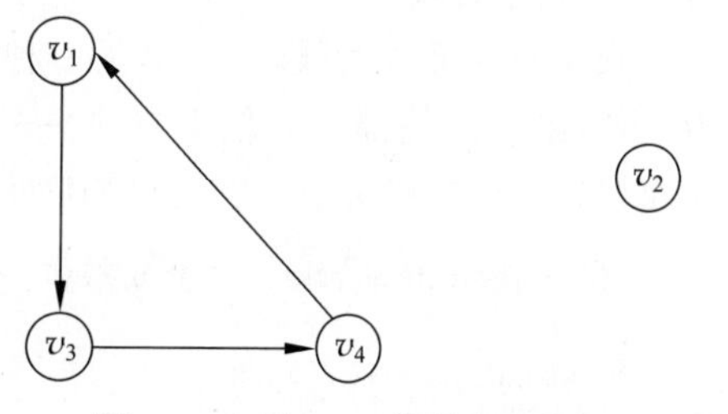

图 5.26　图 5.23 的强连通分量

3. 图的基本操作

图的基本操作如下：

(1) CreatGraph(&G)：输入图 G 的顶点和边，建立图 G 的存储。

(2) DFS(G,v)：在图 G 中，从顶点 v 出发深度优先遍历图 G。

(3) BFS(G,v)：在图 G 中，从顶点 v 出发广度优先遍历图 G。

5.1.5 查找

查找(Searching)又称为检索，是指在某个数据对象中找出满足给定条件的数据元素，若能找到满足给定条件的元素，表示查找成功，若找不到，表示查找失败。

查找是根据给定的关键字值，在特定的查找表中确定一个其关键字与给定值相同的数据元素，并返回该数据元素在查找表中的位置。查找表由同一类型的数据元素(或记录)构成的集合。

在查找过程中仅查找某个特定元素是否存在或它的属性，称为静态查找。若在查找过程中可以将查找表中不存在的数据元素插入，或者从查找表中删除某个数据元素，则称为动态查找。

关键字(Key)是数据元素的某个数据项的值，用它可以标识查找表中的一个或一组数据元素。如果一个关键字可以唯一标识查找表中的一个数据元素，则称其为主关键字。可以标识若干记录的关键字称为次关键字。例如，银行账户的账号是主关键字，姓名是次关键字。当数据元素仅有一个数据项时，数据元素的值就是关键字。

对查找表进行的操作主要包括：

(1) 查找某个特定的数据元素是否存在；

(2) 检索某个特定数据元素的属性；

(3) 在查找表中插入一个数据元素；

(4) 在查找表中删除一个数据元素。

本节介绍几种常用的查找算法。

1. 静态查找表

静态查找表最简单的实现方法是以线性表作为数据结构，然后在该结构上实现静态表的基本运算。查找的实现与数据的存储结构有关，线性表有顺序和链式两种存储结构。本节只介绍以顺序表作为存储结构时实现的查找算法。静态查找主要有顺序查找、折半查找、分块查找三种。

1) 顺序查找

顺序查找又称为线性查找，是一种最简单的查找方法，它的基本思路是：从表的一端开始，用所给定的关键字 k 依次与顺序表中各记录的关键字 key 逐个比较，若找到相同的，查找成功；否则查找失败，其算法描述如下：

```
int SeqSearch(SeqList R, int n, KeyType k)
{   int i = 0;
    while(i < n && R[i].key!= k)          //从表头往后找
        i++;
    if(i >= n) return 0;                  //未找到返回 0
    else return i + 1;                    //找到返回逻辑序号 i + 1
}
```

在顺序表 $R[0..n-1]$ 中查找关键字为 k 的元素，成功时返回找到的元素的逻辑序号，失败时返回 0。

2）折半查找

对于一个线性表，若其中的所有记录按关键字的某种顺序排列，则称为有序表。如果有序表采用顺序的存储方式，查找算法可以采用效率更高的折半查找法。

折半查找又称为二分查找，这种查找方法的前提条件是要求查找表必须是按关键字大小有序排列的顺序表。在有序表中，取中间元素作为比较对象，若给定值与中间元素的关键字相等，则查找成功；若给定值小于中间元素的关键字，则在中间元素的左半区继续查找；若给定值大于中间元素的关键字，则在中间元素的右半区继续查找。不断重复上述查找过程，直到查找成功，或所查找的区域无数据元素，查找失败。

折半查找的主要步骤如下。

（1）置初始查找范围：low＝1，high＝n（设置初始区间）。

（2）求查找范围中间项：mid＝(low＋high)/2（取中间点位置）。

（3）将指定的关键字值 k 与中间项的关键字比较。

① 若相等，查找成功，找到的数据元素为此时 mid 指向的位置；

② 若 k 小于中间项关键字，查找范围的低端数据元素指针 low 不变，高端数据元素指针 high 更新为 mid－1；

③ 若 k 大于中间项关键字，查找范围的高端数据元素指针 high 不变，低端数据元素指针 low 更新为 mid＋1。

（4）重复步骤(2)、(3)直到查找成功或查找范围为空(low＞high)，即查找失败为止。

（5）如果查找成功，返回找到元素的存放位置，即当前的中间项位置指针 mid；否则返回查找失败标志。

折半查找的算法描述如下：

```
int BinSearch(SearchL r[], int n, KeyType k)
{  //折半查找算法函数,表中元素下标为 1 到 n
   int low,high,mid;
   low = 1;   high = n;                            //置区间初值
   while(low <= high)                              //查找区间不为空时
   {  mid = (low + high)/2;
      if(k == r[mid].key)   return(mid);           //找到待查元素
      else if(k < r[mid].key)   high = mid - 1;    //未找到,继续在前半区间进行查找
      else low = mid + 1;                          //未找到,继续在后半区间进行查找
   }
   return 0;
}
```

折半查找的优点是：比较次数少，查找速度快，平均性能好。缺点是：要求待查的表必须为有序表，有时排序也很费时；且只适用于顺序存储结构，所以插入、删除必须移动大量结点。

折半查找适用于那种一经建立就很少改动，而又经常需要查找的线性表。对于经常需要改动的线性表，可以采用链表存储结构，进行顺序查找。

3）分块查找

分块查找又称为索引顺序查找，是顺序查找的一种改进，其性能介于顺序查找和折半查找之间。

分块查找把查找表分成若干块，每块中的元素存储顺序是任意的，但块与块之间必须按关键字大小有序排列。即前一块中的最大关键字小于(或大于)后一块中的最小(最大)关键字值。另外还需要建立一个索引表，索引表中的一项对应线性表的一块，索引项由关键字域和指针域组成，关键字域存放相应块的块内最大关键字，指针域存放指向本块第一个元素和最后一个元素的指针(即数组下标值)。索引表按关键字值递增(或递减)顺序排列。

分块查找过程分为两步：

(1) 确定待查找的元素属于哪一块，在索引表中采用折半查找其所在的块。由于索引表是递增有序的，所以采用折半查找速度较快。

(2) 采用顺序查找法在块内查找要查的元素。由于每块内元素个数少，不会对执行速度有太大的影响。

2. 动态查找表

前面介绍的两种查找方法都是用线性表作为表的组织形式的静态表查找方法，其中以折半查找效率最高。但若要进行插入或删除操作，就需要移动大量元素，抵消了折半查找的优点。

若要对动态查找表进行高效率的查找，可采用几种特殊的二叉树作为表的组织形式。本节主要介绍一种动态查找表——二叉排序树，并介绍二叉排序树的建立，元素的查找、插入和删除的方法。

二叉排序树(Binary Sort Tree)又称为二叉查找树，它或者是一棵空树，或者是具有如下性质的二叉树：

(1) 若它的左子树非空，则左子树上所有结点的值均小于根结点的值。

(2) 若它的右子树非空，则右子树上所有结点的值均大于根结点的值。

(3) 它的左右子树也分别为二叉排序树。

如图 5.27 所示为一个关键字是整型的二叉排序树，由定义可以得出二叉排序树的一个重要性质：中序遍历一个二叉排序树时可以得到一个递增有序序列。

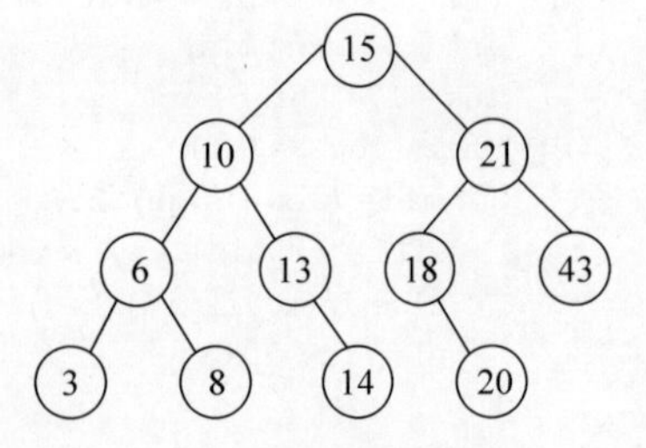

图 5.27　二叉排序树示意图

二叉排序树的基本运算如下：

(1) 插入结点 BSTInsert(&bt,k)：在二叉排序树中插入关键字为 k 的结点。

(2) 建立二叉排序树 bt=CreateBST(str,n)：由关键字数组建立一棵二叉排序树 bt。

(3) 输出二叉排序树 DispBST(bt)：采用广义表表示法输出二叉排序树 bt。

(4) 删除结点 BSTDelete(&bt,k)：在二叉排序树 bt 中删除关键字为 k 的结点。

(5) 查找结点 BSTSearch(bt,k)：在二叉排序树 bt 中查找关键字为 k 的结点。

根据二叉排序树的特点，首先将待查关键字 k 与根结点关键字 t 进行比较：

① 若 $k=t$，则返回根结点地址；

② 若 $k<t$，则进一步查左子树；

③ 若 $k>t$，则进一步查右子树。

显然，这是一个递归过程，其算法描述如下：

```
BTNode * BSTSearch(BTNode * bt,KeyType k)          //二叉排序树的元素查找函数
{  if(bt == NULL)   return(NULL);                  //空树则返回空指针
   else
   {  if(k == bt -> key)                           //关键字k等于根结点关键字
         return(bt);                               //返回根结点指针
      else if(k < bt -> key)                       //关键字k小于根结点关键字
         return(BSTSearch(bt -> lchild,k));        //到根结点的左子树查找
      else
         return(BSTSearch(bt -> rchild,k));        //到根结点的右子树查找
   }
}
```

若要对二叉排序树的元素插入，例如已知一个关键字值为 key 的结点 p，插入的方法如下：

(1) 若二叉排序树是空树，则 key 生成为二叉排序树的根。

(2) 若二叉排序树非空，则将 key 与二叉排序树的根进行比较。

① 如果 key 的值小于根结点的值，则将 key 插入左子树。

② 如果 key 的值大于根结点的值，则将 key 插入右子树。

3. 哈希表查找

在前面讨论的查找表结构中，记录在结构中的相对位置是随机的，其存储位置与关键字之间不存在确定的关系。因此，进行查找的主要操作就是将给定值和表中关键字进行依次比较，其查找效率取决于比较次数。可以看出，在这样的结构中，它们的平均查找长度不仅不可能为0，并且都会随着记录的个数 n 的增长而增长。

理想的情况是不经过任何比较，而根据记录的关键字直接得到关键字在查找表中的位置。这就是我们在记录的存储位置和它的关键字之间建立一个确定的对应关系 H。当我们在查找给定值为 k 的记录时，通过这个关系 H 得到给定值 k 可能对应的位置 $H(k)$ 进行判断，这种查找方法被称为哈希(Hash)查找。

5.1.6 排序

将数据元素(或记录)的任意序列，重新排列成一个按关键字有序(递增或递减)的序列的过程称为排序。

在排序过程中，经常进行的两种基本操作是比较两个关键字值的大小、根据比较结果，移动记录的位置。对关键字排序的三个原则分别是：①关键字值为数值型的，则按键值大小为依据；②关键字值为 ASCII 码，则按键值的内码编排顺序为依据；③关键字值为汉字字符串类型，则大多以汉字拼音的字典次序为依据。

排序分为两大类：整个排序过程完全在内存中进行，称为内部排序。由于待排序记录数据量太大，内存无法容纳全部数据，排序需要借助外部存储设备才能完成，称为外部排序。

本节主要讨论内部排序，内部排序主要有插入排序、交换排序、选择排序、归并排序等。

1. 插入排序

插入排序的基本思想是在一个已排好序的记录子集的基础上，每一步将下一个待排序

的记录有序插入已排好序的记录子集中，直到将所有待排序记录全部插入为止。

直接插入排序是一种最简单的排序方法，它的基本思想是依次将记录序列中的每一个记录插入有序段中，使有序段的长度不断地扩大。

有 n 个记录的无序序列具体的排序过程可以描述如下：

(1) 将待排序记录序列中的第一个记录作为一个有序段，此时这个有序段中只有一个记录。

(2) 从第 2 个记录起到最后一个记录，依次将记录和前面子序列中的记录比较，确定记录插入的位置。

(3) 将记录插入子序列中，子序列中的记录个数加 1，直至子序列长度和原来待排序列长度一致时排序结束。

如此，经过 $n-1$ 趟之后，就可以将初始序列的 n 个记录重新排列成按关键字值从小到大排列的有序序列。

【例 5-5】　设待排序的记录序列有 $n=7$ 个记录，其关键字的初始序列为{32,15,6,48,19,21,27}，请给出直接插入排序的过程。在序列中有两个相同关键字 15，后一个 15 将用方框框上以示区分。

直接插入排序的过程如图 5.28 所示，其中括号内部的关键字为已排好序的部分。

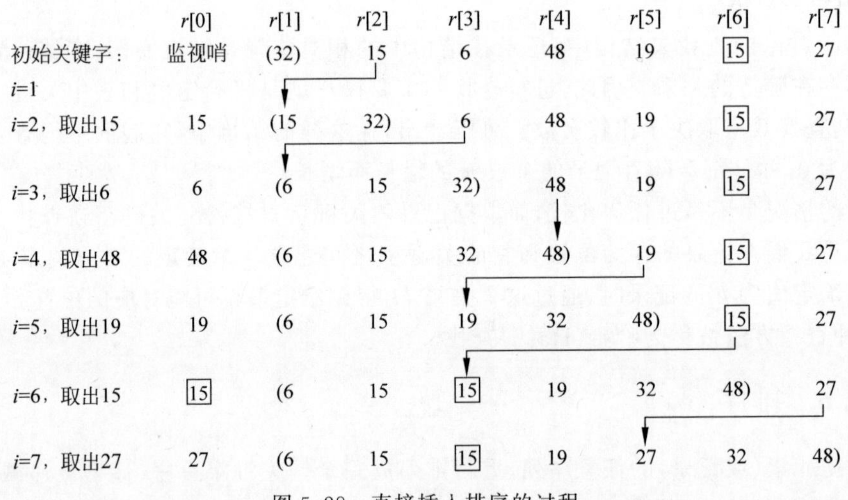

图 5.28　直接插入排序的过程

直接插入排序算法如下：

```
void InsertSort(RecType R[ ], int n)          //对 R[0..n-1]按递增有序进行直接插入排序
{  int i,j;
   RecType tmp;
   for(i = 1;i < n;i++)
   {  tmp = R[i];
      j = i - 1;                              //从右向左在有序区 R[0..i-1]找 R[i]的插入位置
      while(j >= 0 && tmp.key < R[j].key)
       {  R[j + 1] = R[j];                    //将关键字大于 R[i].key 的记录后移
          j--;
       }
       R[j + 1] = tmp;                        //在 j + 1 处插入 R[i]
```

```
    }
}
```

插入排序方法，除了直接插入排序，还有希尔排序。希尔排序又称为缩小增量排序，它也是一种插入排序方法，但在时间上比直接插入排序方法有较大的改进。

2. 交换排序

交换排序的基本方法是：通过两两比较待排序记录的关键字，若有不满足次序要求的一对数据则交换，直到全部满足为止。

冒泡排序是交换排序中一种简单的排序方法。它的基本思想是对所有相邻记录的关键字值进行比较，如果是逆序($r[j]>r[j+1]$)，则将其交换，最终达到有序化。其处理过程如下：

(1) 将整个待排序的记录序列划分成有序区和无序区。初始状态有序区为空，无序区包括所有待排序的记录。

(2) 对无序区从前向后依次将相邻记录的关键字进行比较，若逆序则将其交换，从而使得关键字值小的记录向上"飘"(左移)，关键字值大的记录向下"沉"(右移)。

每经过一趟冒泡排序，都使无序区中关键字值最大的记录进入有序区，对于由 n 个记录组成的记录序列，最多经过 $n-1$ 趟冒泡排序，就可以将这 n 个记录重新按关键字顺序排列。

【例 5-6】 已知有 10 个待排序的记录，它们的关键字序列为{43,12,35,18,26,57,7,21,43,46}，给出冒泡排序法进行排序的过程(两个相同的关键字 43，后面的 43 用方框框上)。

冒泡排序的过程如图 5.29 所示，其中括号内表示有序区。

初始状态：	43	12	35	18	26	57	7	21	$\boxed{43}$	46
第一趟排序结果：	12	35	18	26	43	7	21	$\boxed{43}$	46	(57)
第二趟排序结果：	12	18	26	35	7	21	43	$\boxed{43}$	(46	57)
第三趟排序结果：	12	18	26	7	21	35	43	($\boxed{43}$	46	57)
第四趟排序结果：	12	18	7	21	26	35	(43	$\boxed{43}$	46	57)
第五趟排序结果：	12	7	18	21	26	(35	43	$\boxed{43}$	46	57)
第六趟排序结果：	7	12	18	21	(26	35	43	$\boxed{43}$	46	57)
第七趟排序结果：	7	12	18	(21	26	35	43	$\boxed{43}$	46	57)
第八趟排序结果：	7	12	(18	21	26	35	43	$\boxed{43}$	46	57)
第九趟排序结果：	7	(12	18	21	26	35	43	$\boxed{43}$	46	57)

图 5.29　冒泡排序的过程

冒泡排序算法如下：

```
void BubbleSort(RecType R[],int n)
{   int i,j;RecType temp;
    for(i = 0;i < n - 1;i++)
    {   for(j = n - 1;j > i;j -- )            //比较找本趟最小关键字的记录
          if(R[j].key < R[j - 1].key)
          {   temp = R[j];                     //R[j]与 R[j - 1]进行交换
              R[j] = R[j - 1];
```

```
            R[j-1] = temp;
        }
    }
}
```

除了冒泡排序，快速排序也是一种交换类排序，快速排序是对起泡排序的一种改进。

3. 选择排序

选择排序是指在排序过程中，依次从待排序的记录序列中选择出关键字值最小的记录、关键字值次小的记录……并分别将它们定位到序列左侧的第1个位置、第2个位置……最后剩下一个关键字值最大的记录位于序列的最后一个位置，从而使待排序的记录序列成为按关键字值由小到大排列的有序序列。

直接选择排序的基本思想是每一趟在 $n-i+1(i=1,2,3,\cdots,n-1)$ 个记录中选取关键字最小的记录作为有序序列中的第 i 个记录，它的具体实现过程如下：

(1) 将整个记录序列划分为两部分：有序区域（初始为空）位于最左端，无序区域位于右端。

(2) 基本操作：从无序区中选择关键字值最小的记录，将其与无序区的第一个记录交换位置（实质上是添加到有序区尾部）。

(3) 重复步骤(2)，直到无序区为空。此时所有的记录已经按关键字从小到大的顺序排列。

【例 5-7】 设待排序的记录序列有 $n=7$ 个记录，其关键字的初始序列为{35,22,8,16,21,22,27}，请给出直接插入排序的过程。在序列中有两个相同关键字22，后一个22用方框框上以示区分。

简单选择排序的过程如图5.30所示，其中括号内部的关键字为已排好序的部分。

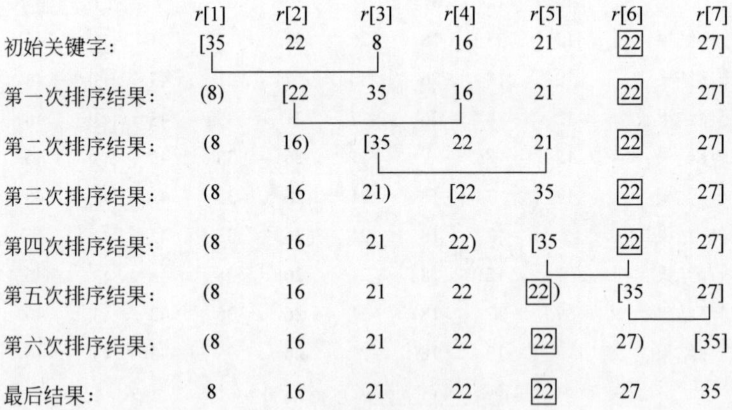

	$r[1]$	$r[2]$	$r[3]$	$r[4]$	$r[5]$	$r[6]$	$r[7]$
初始关键字:	[35	22	8	16	21	$\boxed{22}$	27]
第一次排序结果:	(8)	[22	35	16	21	$\boxed{22}$	27]
第二次排序结果:	(8	16)	[35	22	21	$\boxed{22}$	27]
第三次排序结果:	(8	16	21)	[22	35	$\boxed{22}$	27]
第四次排序结果:	(8	16	21	22)	[35	$\boxed{22}$	27]
第五次排序结果:	(8	16	21	22	$\boxed{22}$)	[35	27]
第六次排序结果:	(8	16	21	22	$\boxed{22}$	27)	[35]
最后结果:	8	16	21	22	$\boxed{22}$	27	35

图5.30 简单选择排序的过程

简单选择算法如下：

```
void SelectSort(RecType R[],int n)
{  int i,j,k;  RecType temp;
   for(i=0;i<n-1;i++)    //做第 i 趟排序
   {  k=i;
      for(j=i+1;j<n;j++)  //在[i..n-1]中选 key 最小的 R[k]
          if (R[j].key<R[k].key)
```

```
            k = j;                          //k 记下的最小关键字所在的位置
        if(k!= i)                           //交换 R[i]和 R[k]
        {   temp = R[i];   R[i] = R[k];   R[k] = temp;   }
      }
   }
```

除了简单选择排序，堆排序也是一种选择排序方法。堆排序法是利用堆树(Heap Tree)来进行排序的方法，堆树是一种特殊的二叉树。

4. 归并排序

归并排序是另一类排序方法，所谓归并是指将两个或两个以上的有序表合并成一个新的有序表。

归并排序的基本思想如下：

(1) 将 n 个记录的待排序序列看成是由 n 个长度都为 1 的有序子表组成。

(2) 将两两相邻的子表归并为一个有序子表。

(3) 重复上述步骤，直至归并为一个长度为 n 的有序表。

【例 5-8】 对具有初始输入序列{26,5,77,1,61,11,59,15}的记录采用归并排序法进行排序，序列在每遍扫描时合并的情况如图 5.31 所示，其中 h 为归并排序的有序表中元素个数，n 为表总长度。初始 $h=1$，以后 $h_{i+1}=2h_i$，当 $n>h$ 时进行归并排序，当 $n<h$ 时结束归并排序。

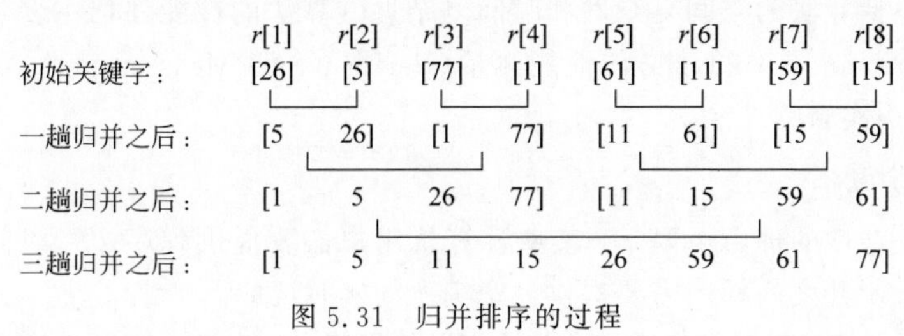

图 5.31　归并排序的过程

5.2 算法设计与分析

对于求解一个问题而言，算法就是解题的方法，由程序设计语言描述的算法就是计算机程序。

算法是程序的“灵魂”，在整个计算机科学中的地位极其重要。有了算法，将它表示成程序是不困难的。没有算法，程序就成了无本之木，无源之水。

5.2.1 算法概述

所谓算法，就是为解决特定问题而采取的步骤和方法。

一个好的算法应该具有以下五个特性：

(1) 有穷性：一个算法必须(对任何合法的输入值)在执行有限时间内完成，不能形成无穷循环。

(2) 确定性：算法中的每一条指令必须有确切的含义，不会产生二义性。

(3) 可行性：算法中描述的操作都可以通过已经实现的基本运算执行有限次来实现。

(4) 输入：一个算法有零个或多个输入，这些输入取自某个特定的对象的集合。

(5) 输出：一个算法必有一个或多个输出，这些输出是与输入有着一定关系的量。

设计一个好的算法通常需要考虑以下几方面的要求：

(1) 正确性：要求算法能够正确地执行预先规定的功能，并达到所期望的性能要求。

(2) 可读性：为了便于理解、测试和修改算法，算法应该具有良好的可读性。

(3) 健壮性：当输入非法的数据时，算法应能恰当地做出反应或进行相应处理，而不是产生莫名其妙的输出结果。并且处理出错的方法不应是中断程序的执行，而是返回一个表示错误或错误性质的值，以便在更高的抽象层次上进行处理。

(4) 高效性：要求算法的执行时间要尽可能短，算法的效率就越高。

(5) 低存储量：完成相同的功能，执行算法时所占用的附加存储空间要尽可能少。

应考虑算法的效率问题，即算法的时间效率(所需运算的时间)和空间效率(所占存储空间)两方面。

一般情况下，由于运算空间(内存)较为充足，因此把算法的时间复杂度作为重点分析。

5.2.2 算法分析评价

程序性能(Program Performance)是指运行一个程序所需的内存大小和时间多少。算法的性能一般包括算法的空间复杂性和时间复杂性。算法的性能评估主要包含两方面，即性能分析(Performance Analysis)与性能测量(Performance Measurement)，前者采用分析的方法，后者采用实验的方法。

1. 时间复杂度

考虑时间复杂性的理由主要是：某些计算机用户需要提供程序运行时间的上限(用户可接受的)，对于所开发的程序需要提供一个满意的实时反应。

一个算法所需的运算时间通常与所解决问题的规模大小有关。问题规模是一个和输入有关的量，用 n 表示问题规模的量，通常把算法运行所需的时间 T 表示为 n 的函数，记为 $T(n)$。

当 n 逐渐增大时 $T(n)$的极限情况，一般简称为时间复杂度(Time Complexity)。

随着数据输入规模的增大，$f(n)$的增长率与 $T(n)$的增长率相近，因此 $T(n)$同 $f(n)$在数量级上是一致的。记作：

$$T(n)=O(f(n))$$

例如，若 $T(n)=3n^2+5n+2$，则 $3n^2+5n+2$ 的数量级与 n^2 的数量级相同，所以 $T(n)=O(n^2)$。

一般地，对于足够大的 n，常用的时间复杂度的大小次序如下：

$$O(1)<O(\log_2 n)<O(n)<O(n\log_2 n)<O(n^2)<O(n^3)<O(2^n)$$

算法时间复杂度的数量级越大，表示该算法的效率越低，反之越高。例如 $O(1)$为常数数量级，即算法的时间复杂性与输入规模 n 无关。

【例 5-9】 分析以下算法的时间复杂度。

```
x = 0;y = 0;
for(k = 1; k <= n; k++)
    x++;                                //执行 n 次
```

```
for(i = 1; i <= n; i++)
     for(j = 1; j <= n; j++)
          y++;                          //执行 n² 次
```

本程序有两个循环体，第一个循环的时间复杂度为 n，第二个循环是双重循环，其时间复杂度为 n^2，所以上面程序段的时间复杂度为 $T(n)=n+n^2$，则其时间复杂度为 $T(n)=O(n^2)$

2. 空间复杂度

在算法设计过程中，考虑空间复杂性的理由主要有以下 4 个：

(1) 在多用户系统中运行时，需指明分配给该程序的内存大小；

(2) 想预先知道计算机系统是否有足够的内存来运行该程序；

(3) 一个问题可能有若干不同的内存需求解决方案，从中择取；

(4) 用空间复杂性来估计一个程序可能解决的问题的最大规模。

一个算法的空间复杂度(Space Complexity)是指程序运行开始到结束所需要的存储空间，类似于算法的时间复杂度，算法所需存储空间的量度记作：

$$S(n)=O(f(n))$$

其中 n 为问题的规模，一个程序上机执行时，除了需要存储空间来存放本身所用的指令、常数、变量和输入数据以外，还需要一些对数据进行操作的工作单元和实现算法所必需的辅助空间。在进行时间复杂度分析时，如果所占空间量依赖于特定的输入，一般都是按最坏情况来分析。

选取方案的规则：如果对于解决一个问题有多种可选的方案，那么方案的选取要基于这些方案之间的性能差异。对于各种方案的时间及空间的复杂性，最好采取加权的方式进行评价。但是随着计算机技术的迅速发展，对空间的要求往往不如对时间的要求那样强烈。因此，我们这里的分析主要强调时间复杂性的分析。

5.2.3 算法设计方法

常用的算法设计方法主要有穷举法、递归、分治法、贪心法、动态规划法、回溯法、分支限界法等，本节介绍几种经典的算法设计方法。

1. 穷举法

穷举法也称为蛮力法、枚举法，基本思想是根据题目的部分条件确定答案的大致范围，并在此范围内对所有可能的情况逐一验证，直到全部情况验证完毕。若某个情况验证符合题目的全部条件，则为本问题的一个解；若全部情况验证后都不符合题目的全部条件，则本题无解。

用穷举法解题时，就是按照某种方式列举问题答案的过程。针对问题的数据类型而言，常用的列举方法有如下三种。

(1) 顺序列举：是指答案范围内的各种情况很容易与自然数对应甚至就是自然数，可以按自然数的变化顺序去列举。

(2) 排列列举：有时答案的数据形式是一组数的排列，列举出所有答案所在范围内的排列，为排列列举。

(3) 组合列举：当答案的数据形式为一些元素的组合时，往往需要用组合列举，组合是无序的。

例如使用穷举法列出100以内的素数。算法如下：

```
for(n = 2;n <= 100;n++)
{   for(i = 2;i < n;i++)
      if(n % i == 0)   break;
    if(i >= n)   printf(" % d\t",n);
}
```

再例如，“水仙花数”是指一个3位数，它的各位数字的立方和等于其本身，求解所有在 m 和 n 范围内的水仙花数。若想知道某个区间内的水仙花数有多少个，那只需要枚举这个区间内的所有数，按照条件统计水仙花数的个数即可。

2. 递归

递归，就是在运行的过程中调用自己。递归作为一种算法在程序设计语言中广泛应用。

一个过程或函数在其定义或说明中有直接或间接调用自身的一种方法，它通常把一个大型复杂的问题层层转换为一个与原问题相似的规模较小的问题来求解，递归策略只需少量的程序就可描述出解题过程所需要的多次重复计算，大大地减少了程序的代码量。递归的能力在于用有限的语句来定义对象的无限集合。一般来说，递归需要有边界条件、递归前进段和递归返回段。当边界条件不满足时，递归前进；当边界条件满足时，递归返回。

构成递归需具备的条件：

(1) 子问题须与原始问题为同样的事，且更为简单；

(2) 不能无限制地调用本身，须有个出口，化简为非递归状况处理。

在数学和计算机科学中，递归指由一种(或多种)简单的基本情况定义的一类对象或方法，并规定其他所有情况都能被还原为其基本情况。

递归算法一般用于解决三类问题：

(1) 数据的定义是按递归定义的(Fibonacci 函数)。

(2) 问题解法按递归算法实现。这类问题虽则本身没有明显的递归结构，但用递归求解比迭代求解更简单，如 Hanoi 问题。

(3) 数据的结构形式是按递归定义的。如二叉树、广义表等，由于结构本身固有的递归特性，则它们的操作可递归地描述。

递归的缺点：递归算法解题相对常用的算法如普通循环等，运行效率较低。因此，应该尽量避免使用递归，除非没有更好的算法或者某种特定情况，递归更为适合时。在递归调用的过程当中系统为每一层的返回点、局部量等开辟了栈来存储，递归次数过多容易造成栈溢出等。

3. 分治法

分治(Divide and Conquer)法的设计思想是，将一个难以直接解决的大问题，分割成几个规模较小的相似问题，以便各个击破，分而治之。

分治法求解问题的过程是，将整个问题分解成若干小问题后分而治之。如果分解得到的子问题相对来说还太大，则可反复使用分治策略将这些子问题分成更小的同类型子问题，直至产生出方便求解的子问题，必要时逐步合并这些子问题的解，从而得到问题的解。

分治算法并不陌生，其策略在“数据结构”课程介绍的算法中已得到了较多运用，如折半查找、合并排序、快速排序、二叉树遍历（先遍历左子树再遍历右子树）、二叉排序树的查找等算法。

分治法在每一层递归上都有 3 个步骤。

(1) 分解：将原问题分解为若干规模较小、相互独立、与原问题形式相同的子问题。

(2) 解决：若子问题规模较小而容易被解决则直接解，否则再继续分解为更小的子问题，直到容易解决。

(3) 合并：将已求解的各个子问题的解，逐步合并为原问题的解。

当求解一个输入规模为 n 且取值又相当大的问题时，用蛮力策略效率一般得不到保证。若问题能满足以下几个条件，就能用分治法来提高解决问题的效率。

(1) 能将这 n 个数据分解成 k 个不同子集合，且得到 k 个子集合是可以独立求解的子问题，其中 $1<k\leqslant n$。

(2) 分解所得到的子问题与原问题具有相似的结构，便于利用递归或循环机制。

(3) 在求出这些子问题的解之后，就可以推解出原问题的解。

不同于现实中对问题（或工作）的分解，可能会考虑问题（或工作）的重点、难点、承担人员的能力等来进行问题的分解和分配。在算法设计中每次一个问题分解成的子问题个数一般是固定的，每个子问题的规模也是平均分配的。当每次都将问题分解为原问题规模的一半时，称为二分法。二分法是分治法较常用的分解策略，“数据结构”课程中的折半查找、归并排序等算法都是采用此策略实现的。

【例 5-10】　金块问题：老板有一袋金块（共 n 块），最优秀的雇员得到其中最重的一块，最差的雇员得到其中最轻的一块。假设有一台比较重量的仪器，我们希望用最少的比较次数找出最重的金块。

算法设计 1：比较简单的方法是逐个进行比较查找。先拿两块比较重量，留下重的一个与下一块比较，直到全部比较完毕，就找到了最重的金子。算法类似于一趟选择排序，算法如下：

```
maxmin(float a[],int n)
{  max = min = a[1];
   for(i = 2;i <= n;i++;)
     if(max < a[i])  max = a[i];
     else if(min > a[i]) min = a[i];
 }
```

此算法中需要 $n-1$ 次比较得到 max。最好的情况是金块是由小到大取出的，不需要进行与 min 的比较，共进行 $n-1$ 次比较。最坏的情况是金块是由大到小取出的，需要再经过 $n-1$ 次比较得到 min，共进行 $2*n-2$ 次比较。至于在平均情况下，$a(i)$将有一半的时间比 max 大，因此平均比较数是 $3(n-1)/2$。

算法设计 2：问题可以简化为在含 n（n 是 2 的幂（$n\geqslant 2$））个元素的集合中寻找极大元和极小元。用分治法（二分法）可以用较少比较次数地解决上述问题。

(1) 将数据等分为两组（两组数据可能差 1），目的是分别选取其中的最大（小）值。

(2) 递归分解直到每组元素的个数$\leqslant 2$，可简单地找到最大（小）值。

(3) 回溯时将分解的两组解大者取大，小者取小，合并为当前问题的解。

【例 5-11】 大整数乘法：在某些情况下，我们需要处理很大的整数，它无法在计算机硬件能直接允许的范围内进行表示和处理。若用浮点数来存储它，只能近似地参与计算，计算结果的有效数字会受到限制。若要精确地表示大整数，并在计算结果中要求精确地得到所有位数上的数字，就必须用软件的方法来实现大整数的算术运算。请设计一个有效的算法，可以进行两个 n 位大整数的乘法运算。

下面用分治法来设计一个更有效的大整数乘积算法。设计的重点是要提高乘法算法的效率，设计如下：

设 X 和 Y 都是 n 位的二进制整数，现在要计算它们的乘积 $X*Y$。

将 n 位的二进制整数 X 和 Y 各分为两段，每段的长为 $n/2$ 位(为简单起见，假设 n 是 2 的幂)。显然问题的答案并不是 $A*C*K_1+C*D*K_2$(K_1、K_2 与 A、B、C、D 无关)，也就是说，这样做并没有将问题分解成两个独立的子问题。按照乘法分配律，分解后的计算过程如下。

记：$X=A*2n/2+B$，$Y=C*2n/2+D$。这样，X 和 Y 的乘积为

$$X*Y=(A*2n/2+B)(C*2n/2+D)=A*C*2n+(AD+CB)*2n/2+B*D$$

4. 贪心法

贪心法(Greedy)又叫登山法，它的根本思想是逐步到达山顶，即逐步获得最优解，是解决最优化问题时的一种简单但适用范围有限的策略。

贪心法的基本思路：从问题的某一个初始解出发逐步逼近给定的目标，每一步都做一个不可回溯的决策，尽可能地求得最好的解。当达到某算法中的某一步不需要再继续前进时，算法停止。

贪心算法是一种对某些求最优解问题的最简单、最迅速的设计技术。某些问题的最优解可以通过一系列局部最优的选择即贪心选择来达到。根据当前状态做出的当前看来是最好的选择，即局部最优解选择，然后再解出这个选择后产生的相应的子问题。每做一次贪心选择就将所求问题简化为一个规模更小的子问题，最终可得到问题的一个整体最优解。这种局部最优选择并不总能获得整体最优解，但通常能获得近似最优解。

贪心法对问题只需考虑当前局部信息就要做出决策，也就是说使用贪心法的前提是“局部最优策略能导致产生全局最优解”。该算法的适用范围较小，若应用不当，不能保证求得问题的最佳解。一般情况下通过一些实际的数据例子(当然要有一定的普遍性)，就能从直观上就能判断一个问题是否可以用贪心法，更准确的方法是通过数学方法证明问题对贪婪策略的选用性。

贪心法没有固定的算法框架，算法设计的关键是贪婪策略的选择。一定要注意，选择的贪婪策略要具有无后向性，即某阶段状态一旦确定以后，不受这个状态以后的决策影响。也就是说某状态以后的过程不会影响以前的状态，只与当前状态有关，也称这种特性为无后效性。因此，适应用贪婪策略解决的问题类型较少，对所采用的贪婪策略一定要仔细分析其是否满足无后效性。

【例 5-12】 付款问题：假设有面值为 5 元、2 元、1 元、5 角、2 角、1 角的货币，需要找给顾客 4 元 6 角现金，为使付出的货币的数量最少，首先选出一张面值不超过 4 元 6 角的最大

面值的货币,即2元,其次选出一张面值不超过2元6角的最大面值的货币,即2元,然后选出一张面值不超过6角的最大面值的货币,即5角,最后选出一张面值不超过1角的最大面值的货币,即1角,总共付出4张货币。

在解的范围可以确定的情况下,可以采用枚举或递归策略,找出所有解,一一比较它们,最后找到最优解;但是当解的范围特别大时,蛮力枚举或递归搜索算法的效率非常低,可能在有限的时间内找不出问题的解。这时,可以考虑用贪心的策略,选取那些最可能到达解的情况来考虑。数据结构中的哈夫曼编码、最短路径问题都是贪心法的典型案例。

5. 动态规划法

1957年,理查德·贝尔曼(Richard Bellman)等在研究多阶段决策过程的优化问题时,提出了著名的最优化原理,创立了解决多阶段最优化决策的新方法——动态规划。

动态规划方法是处理分段过程最优化问题的一类极其有效的方法。在实际生活中,有一类问题的活动过程可以分成若干阶段,而且在任一阶段后的行为依赖于该阶段的状态,而与该阶段之前的过程如何达到这种状态的方式无关。这类问题的解决是多阶段的决策过程。在20世纪50年代,贝尔曼等提出了解决这类问题的"最优化原理",从而创建了最优化问题的一种新的算法设计方法-动态规划。

最优化原理:多阶段过程的最优决策序列应当具有性质:无论过程的初始状态和初始决策是什么,其余的决策都必须相对于初始决策所产生的状态构成一个最优决策序列。

对于一个多阶段过程问题,上述最优决策是否存在,依赖于该问题是否有最优子结构性质:原问题的最优解包含了其子问题的最优解。而能否采用动态规划的方法还要看该问题的子问题是否具有重叠性质。

6. 回溯法

有许多问题,当需要找出它的解集或者要求回答什么解是满足某些约束条件的最佳解时,往往要使用回溯法。

回溯法的基本做法是搜索,或是一种组织得井井有条的,能避免不必要搜索的穷举式搜索法。这种方法适用于解一些组合数相当大的问题。

回溯法在问题的解空间树中,按深度优先策略,从根结点出发搜索解空间树。算法搜索至解空间树的任意一点时,先判断该结点是否包含问题的解。如果肯定不包含,则跳过对该结点为根的子树的搜索,逐层向其祖先结点回溯;否则,进入该子树,继续按深度优先策略搜索。

这种以"深度优先"的方式系统地搜索问题的解的算法称为回溯法。

回溯法是一种组织搜索的一般技术,有"通用的解题法"之称,用它可以系统地搜索一个问题的所有解或任一解。

应用回溯法解问题时,首先应该明确问题的解空间。一个复杂问题的解决往往由多部分构成,即一个大的解决方案可以看作是由若干小的决策组成。很多时候它们构成一个决策序列。解决一个问题的所有可能的决策序列构成该问题的解空间。解空间中满足约束条件的决策序列称为可行解。一般说来,解任何问题都有一个目标,在约束条件下使目标达优的可行解称为该问题的最优解。

回溯法的基本思想:

(1) 针对所给问题,定义问题的解空间;

(2) 确定易于搜索的解空间结构,并构造结果判断函数;

(3) 以深度优先方式搜索解空间,并在搜索过程中用剪枝函数避免无效搜索。

搜索过程中,一般用约束函数在扩展结点处剪去不满足约束的子树;用限界函数剪去得不到最优解的子树。

7. 分支限界法

分支限界法常以广度优先或以最小耗费(最大效益)优先的方式搜索问题的解空间树。问题的解空间树是表示问题解空间的一棵有序树,常见的有子集树和排列树。

在搜索问题的解空间树时,分支限界法与回溯法的主要区别在于它们对当前扩展结点所采用的扩展方式不同。在分支限界法中,每一个活结点只有一次机会成为扩展结点。活结点一旦成为扩展结点,就一次性产生其所有儿子结点。在这些儿子结点中,导致不可行解或导致非最优解的儿子结点被舍弃,其余儿子结点被加入活结点表中。此后,从活结点表中取下一结点成为当前扩展结点,并重复上述结点扩展过程。这个过程一直持续到找到所需的解或活结点表为空时为止。

5.2.4 现代常用算法

互联网是由算法决定的,算法决定了互联网用户在今日头条中看到的内容,淘宝向您推荐的相关商品以及您在微信朋友圈中看到的广告。算法也决定了机器人能为人类提供的服务,甚至在足球赛场上的表现。因此计算机科学技术的核心是算法,目前很多的算法在计算机及相关专业和领域中都值得应用和深入研究,我们要把握发展机遇,求变求新,在实践中解决实际问题,助力数字经济发展,为科技发展注入不竭动力。

本节介绍几类现代常用算法。

1. 压缩算法

数据压缩就是采用特殊的编码方式来保存数据,使数据占用的存储空间比较少。数据经过压缩存储后一般称为压缩文件,将压缩的文件还原成原始数据的过程称为解压缩。

现在几乎每一个计算机用户都在使用数据压缩功能。例如,使用最广泛的文字处理软件如 Word、WPS 都提供了对保存文件的压缩功能,以使编辑生成的文件存储量更小。目前最常用的图形(如 JPEG)、音频(如 MP3)、视频(如 VCD/DVD)文件都使用了压缩技术。

压缩算法包括无损压缩算法和有损压缩算法。文本数据的压缩都是无损压缩技术,即还原后的文件应该与源文件完全相同。文本文件压缩的方法有很多种,如 Huffman 编码、算术编码、字节压缩算法和字典压缩方法。它们均是无损压缩方法,都适用于文本数据的压缩。Huffman 编码和算术编码数据压缩起源于人们对概率的认识。当对文字信息进行编码时,如果为出现概率较高的字母赋予较短的编码,为出现概率较低的字母赋予较长的编码,总的编码长度就能缩短不少。此类压缩软件有一定的压缩比适中,但运行速度不能令人满意,早期的压缩软件是基于此原理开发的。字节压缩算法主要是通过去除文本中的字节中的冗余位实现数据压缩的,压缩比比较低,只适合较小的应用范围。字典压缩是一种将字典技术巧妙地应用于通用数据压缩领域的方法。此方法是由犹太人 J. Ziv 和 A. Lempel 发明的,通常用这两个犹太人姓氏的缩写 LZ,将这些算法统称为 LZ 系列算法。

LZ系列算法基本解决了通用数据压缩中兼顾速度与压缩效果的难题,至今常用的几乎所有通用压缩工具,像ARJ、PKZip、WinZip、LHArc、RAR、GZip、ACE、ZOO、TurboZip、Compress、JAR等,甚至许多硬件如网络设备中内置的压缩算法,无一例外都是基于此方法开发的。

在一些场合,若为了更高的编码效率,也可以使用有损压缩算法,例如大多数的语音编码技术都允许一定程度的精度损失。早期的压缩算法有脉冲编码调制(PCM)、线性预测(LPC)、矢量量化(VQ)、自适应变换编码(ATC)、子带编码(SBC)等语音分析与处理技术。近期的压缩算法有离散余弦变换(DCT)、离散小波变换(DWT)等。

2. 加密算法

党的十八大以来,党中央高度重视发展数字经济,先后发布了《数字经济发展战略纲要》《"十四五"数字经济发展规划》,将其上升为国家战略。党的二十大报告提出,加快建设数字中国,这为推进中国式现代化提供了顶层指引。2023年2月27日,中共中央、国务院印发了《数字中国建设整体布局规划》(以下简称《规划》),《规划》设计了加快数字中国建设的宏伟蓝图,部署了加快数字中国建设的重点任务,为全面建设数字中国、构筑国家竞争新优势提供了重要遵循和指引。加快推进数字中国建设,促进经济社会高质量发展,对推进中国式现代化,构筑国家竞争新优势,全面建设社会主义现代化国家、全面推进中华民族伟大复兴具有重要意义和深远影响。

实施国家大数据战略,加快建设数字中国。只有发挥密码技术优势,才能护航我国数字经济安全发展。从远古时代开始,加密就作为保障数据安全的一种方式,发挥了重要作用。最早影响世界的加密解密技术诞生于战争年代,由德国人发明,用于传递攻击信息。解密技术也诞生于战争年代,由英美开发出来破译德国人的攻击信息。之后,加密技术经过不断的改进发展,直到现在,仍然在为信息时代的数据安全而服务。

如今在计算机网络或其他数据共享环境下,很难做到对敏感性数据的隔离,较现实的方法是对数据进行加密,这样即使攻击者获得了数据,也无法理解其包含的意义,以达到数据保密的目的。

信息安全的技术主要包括监控扫描、检测、加密、认证、防攻击防病毒以及审计等几方面,其中加密技术是信息安全的核心技术,已经渗透到大部分安全产品之中,并正向芯片化方向发展。数据加密是为了防止数据被在看或修改而对数据进行加工处理的技术。其基本原理是将原始数据(明文)变换成某种难以理解的形式(密文),并在有权力阅读、修改或使用这些数据的情况下,对密码进行反变换,以恢复数据的原样。

1967年,美国的Horst Feistel在分析传统加密算法的基础上,提出了秘密密钥加密体制的思想。秘密密钥加密体制(对称密钥加密体制)将算法和密钥进行了分离,并且算法的保密性完全依赖于密钥的安全性。秘密密钥加密体制的典型算法是DES算法。DES算法仅使用最大为64位的标准算术和逻辑运算,运算速度快,密钥生产容易,适用于在当前大多数计算机上用软件方法实现,具有高强度和高效率的特点。缺点是密钥的管理复杂且不方便。

1976年,美国的Diffe和Hallman提出了一种新的加密体制公开密钥加密体制(非对称密钥加密体制)。该体制拥有对不同的加密密钥E和解密密钥D,加密密钥是公开的。

公开密钥加密体制的典型算法是 RSA 算法。RSA 算法密钥空间大,但加密效率极低,难以利用 RSA 算法来加密大批量的数据。

实际中人们常将上述两种算法结合使用,则正好弥补 RSA 的缺点,即 DES 用于明文加密,RSA 用于 DES 密钥的加密。由于 DES 加密速度快,适合加密较长的报文,而 RSA 可解决 DES 密钥分配问题。这样同时获得公开密钥加密体制的安全优点和秘密密钥加密体制的速度优势。

说到密码学领域中国科学家,最受瞩目的非未来科学大奖的第一位女性获奖者王小云莫属,她是破解了美国两套号称最安全密码的科学家。

2005 年,美国一本学术杂志上发表了一篇名为《崩溃! 密码学的危机》的文章,其内容是有关于一位中国科学家及其团队连续两年,先后破解了被认为是国际通用加密算法中最安全的两个密码——MD5 和 SHA-1,这篇文章的发表,震动了整个密码界。这位中国科学家就是王小云女士。

2004 年,王小云参加了被称为密码学领域两大权威国际会议之一的美密会。在会议上,她公布了破解 MD5 密码的算法,举座震惊。参加完美密会后,王小云又继续投入到了破解工作,后来更是破解了美国安全局创建的 SHA-1 密码。要知道,SHA-1 密码是美国当时号称最安全的密码之一,就算 100 年都不一定有人能破解出来。结果,在 2005 年,中国科学家王小云便破解了这个密码。为此,美国 NIST 还专门举办了研讨会,研究 MD5 和 SHA-1 的破解带来的安全威胁。

2004 年的美密会上,国际著名 PGP 公司的负责人菲利普·齐默曼在会议现场当众对王小云说:"凭借这一成果(破解 MD5),你可以在美国任何一所大学获得职位"。后来,破解了 SHA-1 后,更是有无数海外高校和公司向王小云抛出了橄榄枝。不过,王小云都拒绝了,她选择回到自己的祖国。她说:"科学精神首先第一个要有爱国情怀"。2019 年,第四届未来科学大奖将数学与计算机科学奖颁给了王小云,她也是第一位获得这项奖项的女性科学家。

维护国家网络安全一直是我国老一辈网络安全科学家始终践行的责任,也必须是莘莘学子的信仰与追求。

3. 人工智能算法

人工智能(AI)是计算机科学的一个分支,是人类智能的计算机模拟,它企图了解智能的实质,并生产出种新的能以人类智能相似的方式做出反应的智能机器,该领域的研究包括智能机器人、语言识别、图像识别、自然语言处理问题求解、公式推导、定理证明和专家系统。

习近平总书记高度重视我国新一代人工智能发展,多次对人工智能的重要性和发展前景做出重要论述。他指出,"人工智能是引领这一轮科技革命和产业变革的战略性技术,具有溢出带动性很强的'头雁'效应","加快发展新一代人工智能是我们赢得全球科技竞争主动权的重要战略抓手"。我们要加快发展新一代人工智能,加强人工智能伦理研究,让人工智能更好地服务美好生活。

人工智能是一门边缘学科,属于自然科学和社会科学的交叉。涉及的学科有哲学和认知科学数学、心理学、计算机科学控制论、不定性论等。人工智能的目标是使机器具有认识问题与解决问题的能力，是对人的智能进行模拟。

人工智能的第一大成就就是发展了能够求解难题的下棋程序，它属于问题求解领域。在下棋的程序中应用某些技术，如向前看几步，并把困难的问题分成一些比较容易的子问题，由此而产生了搜索和问题归约技术。今天的计算机程序可以下锦标赛水平的各种方盘棋，如五子棋、国际象棋等。尽管如此，该类问题还存在尚需研究与开发的技术，如洞察棋局的能力、问题表示的选择等。

目前，人工智能的推理功能已获突破，学习功能正在研究之中，联想功能尚处在探讨阶段。现有的计算机技术已充分实现了人类左脑的逻辑推理功能，人工智能研究的下一步是模仿人类右脑的模糊处理能力和整个大脑的并行化处理（同时处理大量信息）功能。

自然语言处理工作现在已开始从实验走向工程应用，如用于飞机订票系统及家庭自动电话中。另外，从一种语言翻译成另一种语言也是自然语言处理的课题之一。这是近年来人工智能走向实用化研究中最引人注目的领域。在我国，目前也研制成功了很多文献翻译系统。

毫无疑问，作为人工智能的子领域，机器学习在过去几年中越来越受欢迎。机器学习的一些最常见的例子是 Netflix 的算法，它可以根据你过去观看的电影制作电影建议。机器学习算法可以分为 3 大类：监督学习、无监督学习和强化学习。

人工智能领域最引人注目的成果是 2022 年 11 月 30 日发布人工智能聊天机器人——ChatGPT。ChatGPT（Chat Generative Pre-trained Transformer）是美国 OpenAI 研发的一款聊天机器人程序，它拥有语言理解和文本生成能力，可以通过连接大量的真实世界语料库来训练模型，因此上知天文、下知地理。ChatGPT 不单是聊天机器人，还能进行撰写邮件、视频脚本、文案、翻译、代码等任务。ChatGPT 是 AIGC（AI-Generated Content，人工智能生成内容）技术进展的成果，该模型能够促进利用人工智能进行内容创作、提升内容生产效率与丰富度。ChatGPT 火遍全球的重要原因是引入新技术 RLHF（Reinforcement Learning with Human Feedback），即基于人类反馈的强化学习，可以让人工智能模型的产出和人类的常识、认知、需求、价值观保持一致。

当前，在移动互联网、大数据、超级计算、传感网、脑科学等新理论新技术驱动下，人工智能呈现深度学习、跨界融合、人机协同、群智开放、自主操控等新特征，将对经济发展、社会进步、国际政治经济格局等产生重大而深远的影响。当今时代，人工智能被认为是科技创新的下一个“超级风口”，世界各国越来越重视。推动新一代人工智能健康发展，需要我们具备世界眼光、全局思维，不断深化对人工智能内涵、外延、功能和发展前景的认识。

4. 并行算法

顺序算法设计把事物的变化发展看成是单线程的，任何两种事物之间必然存在因果关系。并行算法设计的一个最基本的观点，就是把一个事物的行为看成是多个事物的互相作用。

并行算法是在给定并行模型下的一种具体、明确的计算方法和步骤。将多处理的计算机系统称为并行计算机系统，它是将若干处理器（可以几个、几十个、几千个、几万个等）通过网络连接以一定的方式有序地组织起来，完成若干独立子问题的计算，最终解决一个规模较大或是计算量较大的问题。

并行计算的主要目的：一是提供比传统计算机快的计算速度；二是解决传统计算机无法解决的问题。

根据并行计算任务的大小分类，并行算法可以分为粗粒度并行算法、中粒度并行算法和细粒度并行算法三类。粗粒度并行算法所含的计算任务有较大的计算量和较复杂的计算程序；中粒度并行算法所含的计算任务的大小和计算程序的长短在粗粒度和细粒度两种类型的算法之间；细粒度并行算法所含的计算任务有较小的计算量和较短的计算程序。

根据并行计算的基本对象，并行计算可分为数值并行计算和非数值并行计算。非数值并行计算也会用于高精度数值计算，数值并行计算中也会有查找、匹配等非数值计算成分，这两者之间并无严格的界限。在实际分类时，主要是根据主要的计算量所属范畴以及宏观的计算方法来判断。

根据并行计算进程间的依赖关系，并行算法可以分为同步并行算法和异步并行算法。前者是通过一个全局的时钟来控制各部分的步伐，将任务中的各部分计算同步地向前推进；而后者执行的各部分计算步伐之间没有关联，互不同步。在操作中，它们根据计算过程的不同阶段决定等待、继续或终止。

并行计算不仅和国家的科技和经济发展密切相关，而且直接影响到国防能力和国家安全，如核爆炸模拟、复杂系统精确解算、基因研究和国家机要通信的加密与解密。并行计算能力是衡量国家实力的重要标志。

5.3 本章小结

本章介绍了数据结构及算法设计与分析的主要内容，总结如下：

(1) 数据结构主要研究数据的逻辑结构、存储结构和运算方法。

(2) 数据的逻辑结构包括：集合、线性结构、树结构、图结构4种基本类型。

(3) 线性表是一种最简单的数据结构，数据元素之间存在着一对一的关系。

(4) 树结构是一种非线性的数据结构，数据元素之间存在着一对多的关系。

(5) 图结构是一种非线性的数据结构，数据元素之间存在着多对多的关系。

(6) 数据的存储结构包括：顺序存储结构、链式存储结构、索引存储、散列存储4种。顺序存储可以采用一维数组来存储；链式存储可以采用链表来存储；索引存储则在原有存储数据结构的基础上，附加建立一个索引表来实现，主要作用是为了提高数据的检索速度；而散列存储则是通过构造散列函数来确定数据存储地址或查找地址。

(7) 算法是对特定问题求解步骤的一种描述，是指令的有限序列。算法具有有穷性、确定性、可行性、输入、输出等特性。

(8) 一个好的算法应达到正确性、可读性、健壮性、高效性和低存储量等目标。

(9) 算法的效率通常用时间复杂度与空间复杂度来评价，一个算法的时间复杂度越好，则算法的效率就越高。

(10) 常用的算法设计方法主要有穷举法、递归、分治法、贪心法、动态规划法、回溯法、分支限界法等。

(11) 现代常用算法主要有压缩算法、加密算法、人工智能算法、并行算法等。

习题5

一、选择题

1. 数据结构通常是研究数据的(　　)及它们之间的相互联系。

A. 存储结构和逻辑结构　　B. 存储和抽象

C. 联系和抽象　　D. 联系与逻辑

2. 从逻辑上可以把数据结构分为(　　)两大类。

A. 动态结构、静态结构　　B. 顺序结构、链式结构

C. 线性结构、非线性结构　　D. 初等结构、构造型结构

3. 数据处理的基本单位是(　　)。

A. 数据元素　　B. 数据项　　C. 数据类型　　D. 数据变量

4. 数据结构中线性结构中元素对应关系为(　　)。

A. 一对一　　B. 一对多　　C. 多对多　　D. 无关系

5. 数据结构中树结构中元素对应关系为(　　)。

A. 一对一　　B. 一对多　　C. 多对多　　D. 无关系

6. 数据结构中图结构中元素对应关系为(　　)。

A. 一对一　　B. 一对多　　C. 多对多　　D. 无关系

7. 数据在计算机存储器内表示时，物理地址和逻辑地址相同并且是连续的，称为(　　)。

A. 存储结构　　B. 逻辑结构　　C. 顺序存储结构　　D. 链式存储结构

8. 图结构中的每个结点(　　)。

A. 无直接前趋结点

B. 无直接后继结点

C. 只有一个直接前趋结点和一个直接后继结点

D. 可能有多个直接前趋结点和多个直接后继结点

9. 链式存储的存储结构所占存储空间(　　)。

A. 分两部分，一部分存放结点的值，另一部分存放表示结点间关系的指针

B. 只有一部分，存放结点的值

C. 只有一部分，存储表示结点间关系的指针

D. 分两部分，一部分存放结点的值，另一部分存放结点所占单元素

10. 算法分析的两个主要方面是(　　)。

A. 正确性和简单性　　B. 可读性和文档性

C. 数据复杂性和程序复杂性　　D. 时间复杂度和空间复杂度

11. 算法的计算量大小称为算法的(　　)。

A. 现实性　　B. 难度　　C. 时间复杂性　　D. 效率

12. 数据的最小单位是(　　)。

A. 数据结构　　B. 数据元素　　C. 数据项　　D. 文件

13. 每个结点只含有一个数据元素，所有存储结点相继存放在一个连续的存储区中，这

种存储结构称为(　　)结构。

A. 顺序存储　　B. 链式存储　　C. 索引存储　　D. 散列存储

14. 每一个存储结点不仅含有一个数据元素,还包含一组指针,该存储方式是(　　)存储方式。

A. 顺序　　B. 链式　　C. 索引　　D. 散列

15. 以下任何两个结点之间都没有逻辑关系的是(　　)。

A. 图结构　　B. 线性结构　　C. 树结构　　D. 集合

16. 在数据结构中,与所使用的计算机无关的是(　　)。

A. 物理结构　　B. 存储结构

C. 逻辑结构　　D. 逻辑和存储结构

17. 下列四种基本逻辑结构中,数据元素之间关系最弱的是(　　)。

A. 集合　　B. 线性结构　　C. 树结构　　D. 图结构

18. 与数据元素本身的形式、内容、相对位置、个数无关的是数据的(　　)。

A. 逻辑结构　　B. 存储结构　　C. 逻辑实现　　D. 存储实现

19. 每一个存储结点只含有一个数据元素,存储结点存放在连续的存储空间,另外有一组指明结点存储位置的表,该存储方式是(　　)存储方式。

A. 顺序　　B. 链式　　C. 索引　　D. 散列

20. 算法能正确的实现预定功能的特性称为算法的(　　)。

A. 正确性　　B. 易读性　　C. 健壮性　　D. 高效性

21. 算法在发生非法操作时可以做出处理的特性称为算法的(　　)。

A. 正确性　　B. 易读性　　C. 健壮性　　D. 高效性

22. 下列时间复杂度中最坏的是(　　)。

A. O(1)　　B. $O(n)$　　C. $O(\log_2 n)$　　D. $O(n^2)$

23. 在下面的程序段中,对 x 的赋值语句的频度为(　　)。

```
for( i = 1;i < n;i++)
        for(j = 1;j < n;j++)
            x++;
```

A. $O(2^n)$　　B. $O(n)$　　C. $O(n^2)$　　D. $O(\log_2 n)$

24. 下面关于算法的说法,错误的是(　　)。

A. 算法必须有输出

B. 算法必须在计算机上用某种语言实现

C. 算法不一定有输入

D. 算法必须在有限步执行后能结束

25. (　　)是算法自我调用的过程。

A. 插入　　B. 查找　　C. 递归　　D. 迭代

26. 算法的复杂度主要包括(　　)复杂度和空间复杂度。

A. 性能　　B. 空间　　C. 时间　　D. 距离

27. 用来计算一组数据来积的基本算法是(　　)。

A. 求和　　B. 乘积　　C. 最小　　D. 最大

28. 根据数值大小进行排列的基本算法是(　　)。

A. 查询　　B. 排序　　C. 查找　　D. 递归

29. 通过一系列选择,在所有的可能性里最终得到问题的解的算法是(　　)。

A. 迭代算法　　B. 递归算法　　C. 贪婪算法　　D. 穷举算法

30. 算法的评价一般不包括(　　)。

A. 正确性　　B. 代码量　　C. 健壮性　　D. 可理解性

二、判断题

1. 数据的逻辑结构与数据元素本身的内容和形式无关。(　　)

2. 一个数据结构是由一个逻辑结构和这个逻辑结构上一个基本运算集构成的整体。(　　)

3. 数据元素是数据的最小单位。(　　)

4. 数据的逻辑结构和数据的存储结构是相同的。(　　)

5. 从逻辑关系上讲,数据结构主要分为线性结构和非线性结构两类。(　　)

6. 数据的存储结构是数据的逻辑结构的存储映像。(　　)

7. 数据结构是指数据元素之间的相互关系的集合,包括了数据的逻辑结构、物理结构以及数据的运算。(　　)

8. 数据的逻辑结构是指数据元素之间的逻辑关系。数据之间可以根据不同的关系组成不同的数据结构。(　　)

9. 数据的物理结构主要有四种,分别是顺序结构、链表结构、索引结构及散列结构。(　　)

10. 四类基本数据结构:集合结构、线性结构、树结构、图结构。(　　)

11. 线性结构中的数据元素之间存在着一对一的线性关系。(　　)

12. 线性结构特点:开始结点和终端结点都是唯一的,除了开始结点和终端结点以外,其余结点都有且仅有一个前驱结点,有且仅有一个后继结点。(　　)

13. 树结构中的数据元素之间存在着一对多的层次关系。(　　)

14. 树结构特点:开始结点唯一,终端结点不唯一。除终端结点以外,每个结点有一个或多个后续结点;除开始结点外,每个结点有且仅有一个前驱结点。(　　)

15. 图结构是结构中的数据元素之间存在着多对多的任意关系。(　　)

16. 图结构特点:没有开始结点和终端结点,所有结点都可能有多个前驱结点和多个后继结点。(　　)

17. 数据的物理结构是指逻辑结构在计算机存储器中的表示。数据的物理结构不仅要存储数据本身,还要存储表示数据间的逻辑关系。(　　)

18. 查找是指根据给定的某个值,在查找表中确定一个其关键字等于给定值的记录或数据元素。(　　)

19. 排序是计算机程序设计中的一种重要操作。简单地说,排序就是要整理文件中的记录,使之按关键字递增(或递减)次序排列起来。(　　)

20. 算法和数据结构之间存在密切联系,数据结构是算法的基础,数据结构不同,通常采用的算法也不同。(　　)

21. 一个算法必须在有限的操作步骤内以及合理的时间内执行完成。(　　)

22. 算法中的每一个操作步骤都必须有明确的含义,不允许存在二义性。(　　)

23. 输入数据的要求:一个算法应该有 0 个或多个输入数据。(　　)

24. 输出数据的要求:一个算法应该有 1 个或多个输出数据。(　　)

25. 流程图是用规定的一组图形符号、流程线和文字说明来描述算法的一种表示方法。

26. 伪代码是用一种介于自然语言与计算机语言之间的文字和符号来描述算法,它比计算机语言形式灵活、格式紧凑,没有严格的语法。(　　)

27. 对于一个算法的评价,通常要从正确性、可理解性、健壮性、时间复杂度(Time Complexity)及空间复杂度(Space Complexity)等多方面加以衡量。(　　)

28. 时间复杂度是度量时间的复杂性,即算法的时间效率的指标。(　　)

29. 算法的空间复杂度是度量空间的复杂性,即执行算法的程序在计算机中运行时所占用空间的大小。(　　)

30. 一个优秀的算法可以运行在比较慢的计算机上,但一个劣质的算法在一台性能很强的计算机上也不一定能满足应用的需要,因此,在计算机程序设计中,算法设计往往处于核心地位。(　　)

三、简答题

1. 数据结构包含哪几方面内容?
2. 简述四种基本的数据结构。
3. 简述数据的存储结构。
4. 什么是栈?什么是队列?
5. 简述树的表示方法。
6. 简述无向完全图和有向完全图。
7. 简述折半查找的算法思想。
8. 简述二叉排序树的概念。
9. 简述简单选择排序的算法思想。
10. 算法有哪些特性?
11. 设计一个好的算法通常需要考虑哪几方面的要求?
12. 简述分治法的算法设计思想。

第6章

数据库技术

通过对数据库管理系统以及国产数据库管理系统现状的了解，增强在系统软件研发方面的民族自信和科技自立自强意识。

(1) 理解有关数据库的基本概念；

(2) 了解数据管理技术的发展；

(3) 了解数据模型的概念及其分类；

(4) 了解数据库系统的三级模式结构；

(5) 理解关系模型的三个组成部分；

(6) 了解常用的数据库管理系统以及国产数据库管理系统；

(7) 了解数据库技术的新发展。

6.1 数据库技术概述

在当今的信息化时代，各行业都有大量的数据需要存储和处理，如各种企事业单位的生产管理数据、搜索引擎、电子地图等。如何更加安全有效地组织存储数据，如何更快速地检索和处理数据，都是数据库技术要研究的问题。

数据库技术是计算机技术的一个重要分支，它主要研究如何存储、使用和管理数据，是计算机技术中发展最快、应用最广的技术之一。数据库技术的应用已经深入各个领域。数据库已成为计算机信息系统和应用系统的组成核心，数据库技术已成为现代计算机信息系统和应用系统开发的核心技术。党的二十大报告指出："加快发展数字经济，促进数字经济和实体经济深度融合"。而数字经济的快速发展，也必将推动数字社会、数字政府建设的快速发展，在这些进程中，数据库技术的核心和基础作用将得到更进一步的突显。

6.1.1 数据库的基本概念

在数据库技术中，数据、数据库、数据库管理系统、数据库系统是四个密切联系的基本概念。

1. 数据

数据(Data)是描述事物的符号记录，是数据库中存储的基本对象。数据的种类很多，除了常用的数值类数据外，还有文字、图形、图像、音频、视频等类的数据。

2. 数据库

数据库(Database,DB)是长期存储在计算机内、有组织的、可共享的大量数据集合。数据库中的数据按一定的数据模型组织、描述和长期存储，能够统一管理和控制，具有较小的冗余度、较高的数据独立性和易扩展性，可为不同的用户共享。

在日常的管理工作中，通常需要把某些相关的数据保存到数据库中，并根据管理的需要进行相应的处理。例如，高等学校的学生管理部门需要把本校学生的基本情况，包括学生姓名、学号、身份证号、性别、出生年月、籍贯、主修专业、入学时间等存放在表中，表在逻辑上属于一个数据库。这样当需要时，就可以随时查询一个学生的基本情况或某个专业某一年级的全部学生信息等。

3. 数据库管理系统

数据库管理系统(Database Management System,DBMS)是一类通用的管理数据库的系统软件，它位于用户与操作系统之间，负责数据库的访问、管理和控制。用户对数据库的各种操作，都是由数据库管理系统来完成。数据库管理系统的主要功能包括数据定义，数据操作，数据的组织、存储和管理，数据库的建立和维护，数据库的事务管理和运行控制，与其他软件的通信功能等。

4. 数据库系统

数据库系统(Database System,DBS)是指在计算机系统中引入数据库后的系统，一般由数据库、数据库管理系统(及其开发工具)、应用程序、数据库管理员和用户构成，其核心是数据库管理系统。数据库系统的组成如图 6.1 所示。数据库管理系统在计算机系统中的地位如图 6.2 所示。

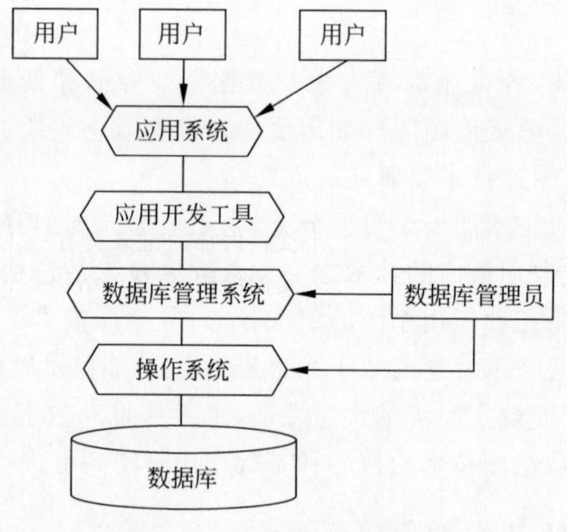

图 6.1 数据库系统的组成

6.1.2 数据管理技术的发展

数据库技术是应数据管理任务的需要而产生的。

数据管理是指对数据进行分类、组织、编码、存储、检索和维护，它是数据处理的中心问

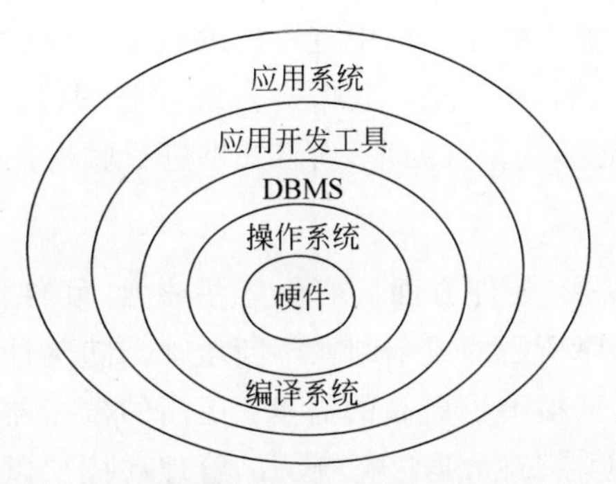

图 6.2　数据库管理系统在计算机系统中的地位

题。而数据处理是指对各种数据进行收集、存储、加工和传播的一系列活动的总和。

人们最初研制计算机是利用它进行复杂的科学计算。随着计算机技术的发展，其应用远远超出了这个范围。在应用需求的拉动下，在计算机硬件、软件发展的基础上，数据管理技术经历了人工管理、文件系统、数据库系统三个阶段。这三个阶段的背景与特点如表 6.1 所示。

表 6.1　数据管理技术三个发展阶段的背景与特点

发展阶段		人工管理阶段	文件系统阶段	数据库系统阶段
时间段		1946 年至 20 世纪 50 年代中期以前	20 世纪 50 年代后期到 60 年代中期	20 世纪 60 年代后期以来
背景	应用背景	科学计算	科学计算、管理	大规模数据管理
	硬件背景	无直接存取存储设备	磁盘、磁鼓	大容量磁盘
	软件背景	无操作系统	有操作系统	又有数据库管理系统
	处理方式	批处理	批处理、联机实时处理	批处理、联机实时处理、分布处理
特点	数据的管理者	用户(程序员)	操作系统中的文件子系统	数据库管理系统
	数据面向的对象	某一应用程序	某一应用	现实世界
	数据的共享程度	数据无共享	数据共享性差	数据共享性高
	数据冗余度	极高	高	低
	数据的独立性	不独立、完全依赖于程序	独立性差	具有高度的物理独立性和一定的逻辑独立性
	数据的结构化	无结构	文件内部的记录具有一定的结构，整体无结构	用数据模型描述，整体结构化
	数据控制能力	应用程序自己控制	应用程序自己控制	由 DBMS 提供数据完整性、安全性、并发控制和故障恢复能力

1. 人工管理阶段

自 1946 年世界上第一台电子计算机出现至 20 世纪 50 年代中期以前，计算机的硬件、软件很不完善，计算机主要用于科学计算。当时的硬件是只有纸带、卡片和磁带等顺序存储设备，无磁盘等直接存取存储设备；软件方面还没有操作系统，所有数据由程序员直接管理；数据处理方式为批处理；数据组织面向应用，数据不能共享。

2. 文件系统阶段

20 世纪 50 年代后期到 60 年代中期，计算机硬件方面，磁盘等直接存取存储设备出现了,软件方面出现了操作系统。操作系统中有专门的数据管理软件,一般称为文件子系统。用文件子系统可以实现以文件为单位对数据进行统一管理,以及以文件为单位的数据共享。数据处理方式上不但能够进行批处理,而且能够进行联机实时处理。

3. 数据库系统阶段

20世纪60年代后期以来,硬件方面已有大容量磁盘,硬件价格下降;软件方面,为编制、维护系统软件和应用程序所需的成本则在不断增加。随着计算机在数据管理领域的广泛应用,人们对数据管理技术提出了更高的需求:更高的数据共享能力、较少的数据冗余、数据和程序之间更高的独立性、对数据进行统一的管理和控制以降低应用程序研制与维护的费用等。在这样的背景下,文件系统已经不能满足应用的需求,于是出现了统一管理数据的专门软件系统——数据库管理系统,这标志着数据管理技术进入到了数据库系统阶段。

数据库系统有以下特点:

数据结构化,易扩充:采用一定的数据模型描述数据库中的数据和数据之间的联系;由于数据库中数据是有结构的,当应用需求增加需要增加数据时,对数据库进行扩充就变得简单容易。

数据共享性高,冗余度低:不同的用户和应用程序根据处理要求,从数据库中获取需要的数据,数据可以被多个用户、多个应用共享使用。数据共享可以大大减少数据冗余。

程序和数据有较高的独立性。数据库系统具有高度的物理独立性和一定的逻辑独立性。数据的物理独立性是指用户的应用程序与存储在磁盘上的数据库中数据是相互独立的。当数据的物理结构改变时,应用程序不用改变。数据的逻辑独立性是指用户的应用程序与数据库的逻辑结构是相互独立的。当数据的逻辑结构改变时,用户程序也可以不变。

数据由DBMS统一管理和控制,提供了数据的完整性、安全性、并发控制和数据库恢复等数据控制功能。在数据库系统中,用户和应用程序不是直接访问数据库,而是通过DBMS访问数据库。

数据库的安全性是指保护数据库,防止因用户非法使用数据库造成数据泄露、更改或破坏。数据库安全是信息安全的重要方面,要保护数据库安全,除了需要采取政策法律、管理制度和工程技术措施外,还需要其从业人员增强职业道德和法治观念,学习、了解并遵守《中华人民共和国数据安全法》和《中华人民共和国计算机信息系统安全保护条例》等国家法律法规。

自数据管理技术进入数据库系统阶段以来,数据库系统本身也在不断发展,从最初的层次数据库系统、网状数据库系统,向关系数据库系统、分布式数据库系统、面向对象数据库系统发展。其中,关系数据库系统是目前应用最广泛的数据库系统,目前绝大多数数据库管理系统是关系数据库管理系统。

6.1.3 数据模型

模型(Model)是对现实世界中某类事物或对象特征的模拟和抽象。数据模型(Data Model)是现实世界数据特征的抽象,其实质是现实世界中的各种事物及事物之间的联系用数据及数据之间的联系来表示的一种形式与方法。在数据库技术中,数据模型包括数据结构、数据操作、数据约束三个组成部分。

(1) 数据结构。

数据结构描述数据的类型、内容、性质以及数据之间的联系等。数据结构是对数据库静态特征的描述，是数据模型的基础。

(2) 数据操作。

数据操作是对数据结构的任何实例允许执行的操作的集合。通常对数据库的操作有查询、插入、删除和修改等。数据操作是对数据库动态特征的描述。

(3) 数据约束。

数据约束，是对给定的数据模型中数据及其联系的制约和限定，用来限定符合数据模型的数据库状态及状态的变化，以保证数据的正确、有效和相容。数据约束又称数据完整性约束，用一组完整性规则表示。

由此可见，数据模型精确描述了数据库系统的静态特征、动态特征和约束条件，为数据库系统的信息表示和数据操作提供了一个抽象框架。数据模型不同，描述和实现方法也不相同。典型的数据模型有层次模型、网状模型和关系模型。

1. 层次模型

层次模型(Hierarchical Model)用层次结构来组织数据，其数据结构是一种树结构，树中每个结点用一个记录类型表示，记录类型可包括若干字段。结点之间的直接联系用单方向的有向边(又称链接指针)表示，有向边的箭头所连的结点称为子结点，箭尾所连的结点称为父结点。同一父结点的子结点称为兄弟结点。没有子结点的结点称为叶结点。这些结点满足以下条件：

(1) 有且仅有一个结点无父结点，该结点称为根结点。

(2) 其他结点有且仅有一个父结点。

层次模型中，事物用结点表示，事物之间的联系用结点之间的有向边表示。

现实世界中，许多事物及其联系可用层次模型表示，如一个单位的组织管理机构、家庭关系等，计算机中的文件也是采用层次模型组织和管理的。图 6.3 是描述大学中的系的层次模型。图 6.4 是利用图 6.3 所示的层次模型所表示的某大学一个具体的系(计算机系)的数据集。

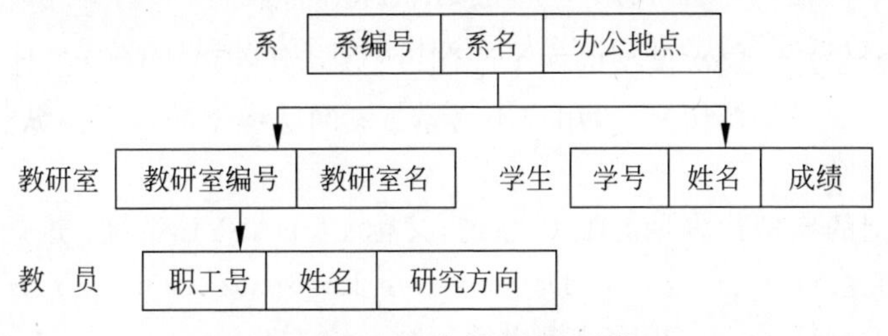

图 6.3　描述大学中系的层次模型

在层次模型中，若要存取某一类型的记录，就要从根结点开始，按照树的层次逐层往下查找，查找路径就是存取路径，如图 6.4 所示。

层次模型的数据结构简单清晰，容易实现，查询效率较高，但对于插入和删除操作的限制较多，应用程序编写较复杂；同时，对于非层次结构的事物，层次模型表达较复杂且不

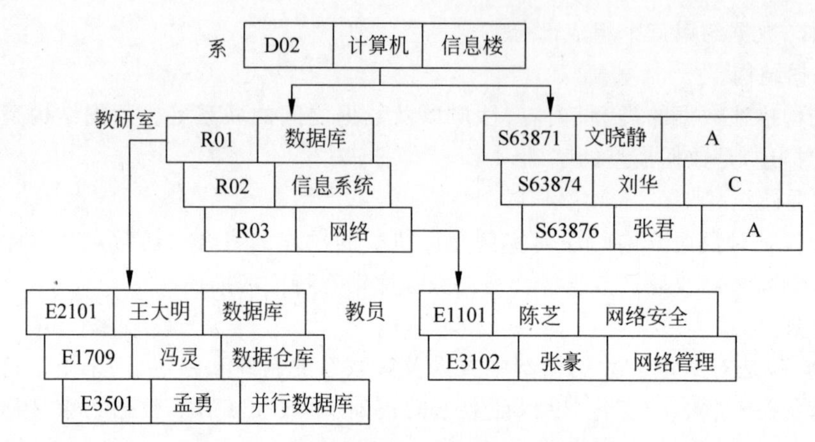

图 6.4 用层次模型描述的一个具体的系

直观。

层次模型的数据库系统的典型代表是 IBM 公司 1968 年推出的 IMS(Information Management System)数据库管理系统。

2. 网状模型

网状模型(Network Model)是层次模型的一种扩展,它采用网状结构表示事物和事物之间的联系。同层次模型一样,在网状模型中,事物用结点表示,每个结点用一个记录类型表示,事物之间的联系用结点之间的有向边(又称链接指针)表示。网状模型去掉了层次模型中的一些限制。网状结构满足如下条件:

(1) 允许一个以上的结点没有父结点。

(2) 一个结点可以有多个父结点。

图 6.5 展示了学生选课的网状模型。

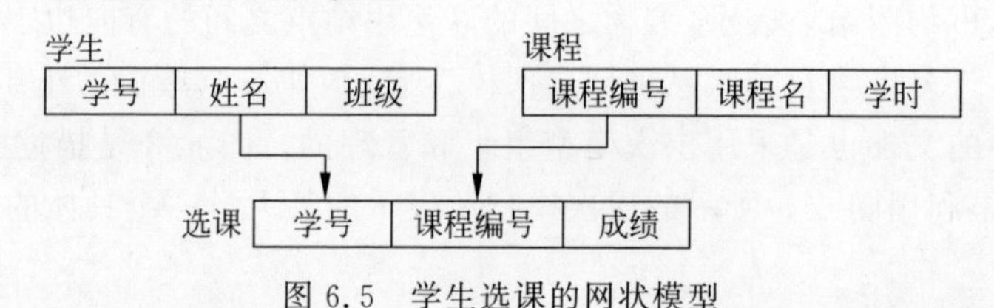

图 6.5 学生选课的网状模型

因为网状模型去掉了层次模型的两个限制,所以其具有更大的灵活性,应用更普遍,性能和效率也较好。缺点是结构复杂,用户不易掌握;网状模型的数据操纵复杂,掌握和使用都不容易。

网状数据模型的典型代表是 DBTG 系统,又称 CODASYL 系统;这是 20 世纪 70 年代数据系统语言研究会(Conference on Data System Language,CODASYL)下属的数据库任务组(Data Base Task Group,DBTG)提出的一个系统方案。

3. 关系模型

关系模型建立在严格的数学概念基础上,运用数学方法研究数据库的结构和定义数据库的操作,具有数据结构简单、表示方法统一、数据独立性高、存取路径透明等特点,是目前应用最广、最重要的一种数据模型。

关系模型的数据结构是二维表格结构，二维表由行和列组成。在关系模型中，事物和事物之间的联系都用二维表表示，一个二维表及其数据就是一个关系。

表 6.2～表 6.4 中的表格分别表示了学生关系 Student、课程关系 Course 和选课关系 S_C。其中学生关系表示学生的信息，课程关系表示课程的信息，选课关系表示学生和课程之间的修读联系信息。

表 6.2 学生关系 Student

姓名	学 号	性别	出生日期	籍 贯	专业代码	班级
赵朝阳	20180300527	男	1999/9/13	山东省诸城市	s0501	1901
邵歌唱	20150300519	男	1997/6/30	湖南省长沙市	s0501	1802
钱瑞传	20170300518	男	1998/2/17	海南省三亚市	s0501	1701
孙宗杲	20150300510	男	1996/1/15	山西省吕梁市	s0401	1201
李少乾	20140300969	男	1995/5/30	河南省鹿邑县	s0402	1201

表 6.3 课程关系 Course

课程代码	课 程 名 称	学 分	学 时
4050123	概率论与数理统计	3.5	56
4050698	数据库系统原理与应用	4.0	64
4050515	数据结构	4.5	72
4050503	操作系统	4.5	72
4050697	计算机网络	4.0	64
4050233	离散数学	4.5	72

表 6.4 选课关系 S_C

学 号	课 程 号	分 数
20180300527	4050123	90
20150300519	4050698	86
20170300518	4050515	70
20150300510	4050503	87
20140300969	4050697	88

结合上面的三个表，下面说明关系模型中的一些常用术语。

(1) 关系(Relation)。

一个关系就是一个二维表。如上面表 6.2～表 6.4 中的三个表都是关系。

(2) 元组(Tuple)。

表中的每一行数据称为一个元组，元组也称为记录。一个元组表示一个事物或一个联系，元组是关系的数据。

(3) 属性(Attribute)。

表中的一列为一个属性，属性又称为字段。

(4) 分量(Element)。

元组在一个属性上的属性值称为分量。

(5) 域(Domain)。

属性的取值范围称为域。一个关系中同一属性上的取值都是来自同一个域。

在关系模型中,对数据的操作如查询、插入、删除、修改等都在表上进行,直观易懂,易学易用。另外,关系模型的存取路径对用户透明,这既减轻了程序员的工作负担,也具有较好的安全保密性和数据独立性。缺点是为了提高查询效率,DBMS需要对用户的查询请求进行优化,增加了DBMS的开发难度,而这对DBMS的用户又是透明的。

目前常用的数据库管理系统如Oracle、SQLServer、MySQL等都是关系模型的数据库管理系统。

6.1.4 数据库的体系结构

从数据库管理系统的角度看,即从数据库的内部看,数据库的体系结构涉及数据库的三级模式、三级模式之间的映射,以及数据的逻辑独立性和数据的物理独立性等。

1. 数据库内部体系结构中的三级模式

从DBMS的角度看,数据库一般采用由内模式、模式、外模式组成的三级模式结构组织数据,如图6.6所示。

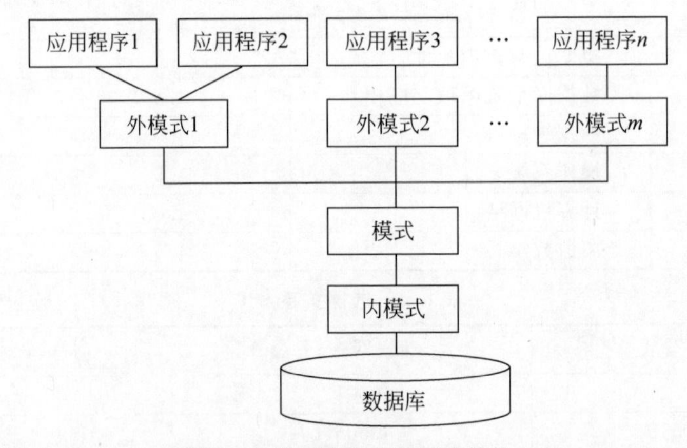

图6.6 数据库的三级模式结构

1) 模式

模式(Schema)也称逻辑模式,是数据库中全体数据的逻辑结构和特征的描述,是所有用户的公共数据视图。它反映的是数据的全局逻辑结构,不涉及数据的物理存储结构和访问技术等细节问题。一个数据库只有一个模式。

2) 外模式

外模式(External Schema)也称子模式、用户模式或用户视图,它是数据库应用程序员或数据库最终用户能够看见和使用的局部数据的逻辑结构和特征的描述,是与某一应用有关的那部分数据的逻辑表示。外模式通常是模式的子集。一个数据库可以有多个外模式。同一个外模式可以为某一用户的多个应用程序所使用。

外模式是实现数据库安全性保护的一种措施。通过外模式限定用户只能访问允许其访问的数据,这样用户就不能访问数据库中的其他数据。

3) 内模式

内模式(Internal Schema)也称存储模式,它是数据物理结构和存储方式的描述,是数据在数据库内部的表示方式。它定义了数据的文件的组织方式、聚簇方式、索引方式等。一个数据库只有一个内模式。

2. 数据库内部体系结构中的二级映像及数据独立性

(1) 外模式/模式映像与数据的逻辑独立性。

一个数据库只有一个模式,但外模式则根据涉及的用户数量和应用程序的功能不同而有多个。对于每一个外模式,都存在一个外模式/模式映像。外模式/模式映像反映了数据库中的局部逻辑结构和全局逻辑结构之间的对应关系。这些映像定义通常用各自外模式的定义语句来实现。

当模式改变时,由数据库管理员对有关的外模式/模式映像进行修改,可以使外模式保持不变。应用程序是依据数据的外模式编写的,从而应用程序不必修改,这样就实现了数据与程序之间的逻辑独立性,简称数据的逻辑独立性。

(2) 模式/内模式映像与数据的物理独立性。

一个数据库的模式和内模式各只有一个,所以一个数据库的模式/内模式映像也只有一个。模式/内模式映像反映了数据库中数据的全局逻辑结构和存储结构之间的对应关系。该映像定义通常包含在模式的描述中。

当数据库的存储结构发生改变(例如选用了另一种存储结构),由数据库管理员对模式/内模式映像进行修改,可以使模式保持不变,从而应用程序也不受影响。这样就实现了数据与程序之间的物理独立性,简称数据的物理独立性。

6.2 关系数据库

关系数据库是以关系模型组织和管理数据的数据库。在一个给定的应用领域中,所有可相互区别的事物及其之间联系的关系的集合构成一个关系数据库。关系模型是建立在严格的数学概念基础上的,应用数学方法来处理数据库中的数据。关系数据库理论出现于20世纪60年代末至70年代初。1970年,IBM公司San Jose研究室的研究员E. F. Codd在*Communications of the ACM*上发表的题为"A Relational Model of Data for Shared Data Banks"的著名论文提出了关系模型的概念。后来Codd又陆续发表多篇这方面的论文,奠定了关系数据库的理论基础。

经过半个世纪的发展,关系数据库系统的研究和开发取得了辉煌的成就。关系数据库系统已成为最重要、应用最广泛的数据库系统。

关系模型是关系数据库的数据模型。关系数据理论是关系数据库的理论基础,它为关系数据库设计提供理论指导。

关系模型由关系数据结构、关系操作集合和关系完整性约束三部分组成。

1. 关系数据结构

关系模型的数据结构只包含单一的数据结构——关系。从用户的角度看,一个关系就是一张二维表。现实世界中的可相互区别的事物及其之间的联系都可使用关系表示。在关系模型中,关系既表示数据,也表示数据的联系,数据及其联系都是用关系这一种数据结构来表示的。

2. 关系操作集合

关系操作采用集合操作方式，即操作的对象和结果都是集合。这种操作方式也称为“一次一集合”的方式，而非关系模型的数据操作方式为“一次一记录”的方式。关系模型中的操作包括如下两类。

1）查询操作

关系的查询操作表达能力很强，是关系操作中最主要的部分。查询操作包括选择(Select)、投影(Projection)、连接(Join)、除(Divide)、并(Union)、交(Intersection)、差(Difference)、广义笛卡儿积(Extended Cartesian Product)等。

2）更新操作

更新操作包括插入(Insert)、删除(Delete)、修改(Update)操作。

关系操作用关系数据语言来表达或描述。关系数据语言分为三类：关系代数语言、关系演算语言、具有关系代数和关系演算双重特点的语言——SQL。

(1) 关系代数语言。

关系代数是一种抽象的查询语言，它用对关系的运算来表达查询要求。关系代数的运算对象是关系，运算结果也是关系。关系代数的运算按功能不同分为传统的集合运算和专门的关系运算。传统的集合运算包括并、交、差、笛卡儿积，这些关系运算将关系看成元组的集合，元组是运算的基本单位。专门的关系运算包括选择、连接、投影和除，这些关系运算既涉及行又涉及列。

(2) 关系演算语言。

关系演算是另一种抽象的查询语言，它以数理逻辑中的谓词演算为基础，它用谓词来表达查询要求。按谓词变元的基本对象是元组变量还是域变量，关系演算分为元组关系演算和域关系演算。

关系代数、元组关系演算和域关系演算三者在表达查询的能力上是完全等价的。

关系代数、元组关系演算和域关系演算都是抽象的查询语言，它们与具体的DBMS中实现的语言并不完全一样。但它们能用作评估实际系统中查询语言能力的标准或基础。

(3) 具有关系代数和关系演算双重特点的语言——SQL(Structured Query Language，结构化查询语言)。

SQL是一种介于关系代数和关系演算之间关系数据语言，1974年由Boyce和Chamberlin提出，1975年至1979年由IBM公司在其研制的数据库管理系统System R上实现，1986年由美国国家标准局(American National Standard Institute，ANSI)批准为关系数据库语言的国家标准，1987年由国际标准化组织(International Standard Organization，ISO)批准为国际标准，1993年我国也批准其为中国国家标准。

SQL不仅具有丰富的查询，而且具有数据定义、数据操纵和数据控制功能，是集查询、数据定义、数据操纵、数据控制于一体的关系数据语言。它充分体现了关系数据语言的特点和优点，是关系数据库的标准语言。SQL是一个通用的、功能极强的关系数据库语言，当前几乎所有的关系数据库管理系统都支持SQL，许多软件厂商对SQL基本命令集进行了不同程度的扩充和修改。这也显出学习SQL的重要性。

SQL具有高度非过程化的特点，易学易用。用SQL进行数据操作，只要提出“做什么”，无须指明“怎么做”。例如，在上面的选课关系 S_C 中，查询学号为'20190300510'的同学所学课程号及其成绩，结果按成绩升序排列，可用下面的一条 SQL 查询语句来完成，非常简洁。

```
Select 课程号,成绩  from S_C where 学号 = '20190300510'  order by 成绩;
```

要将学号为'20190300510'的同学学习'4050698'号课程、成绩为 89 分的数据记录插入选课关系 S_C 中，可用下面的 SQL 插入语句完成：

```
Insert into S_C(学号,课程号,成绩) values ( '20190300510','4050698',89);
```

3. 关系完整性约束

关系模型中有三类完整性约束，即实体完整性、参照完整性和用户定义的完整性约束。其中实体完整性约束和参照完整性约束是关系模型必须满足的完整性约束，应该由关系系统自动支持。用户定义的完整性约束是应用领域需要遵循的约束条件，体现了具体领域中的语义约束。

关系数据理论又叫关系数据库的规范化理论或关系规范化理论，主要内容包括数据依赖、范式、模式的等价与分解三方面的内容。其中，以函数依赖、多值依赖为主要内容的数据依赖是规范化的基础，范式是模式规范化的标准，模式的等价与分解则给出规范化的准则和算法。

6.3 数据库管理系统

数据库管理系统是数据库系统的核心。数据库管理系统提供数据定义语言（Data Definition Language，DDL）和数据操纵语言（Data Manipulation Language，DML）等数据语言供用户定义数据库的模式结构和数据约束，实现对数据的增、删、改、查等操作。经过多年的发展，支持关系模型的数据库管理系统——关系数据库管理系统已经成为数据库管理系统的主流，是目前应用最广泛、最重要的数据库管理系统。关系数据库管理系统提供 SQL。在关系数据库管理系统上，利用 SQL，可以实现对关系数据库的访问、管理和控制等各种工作。目前常用的关系数据库管理系统主要有 Oracle、SQL Server、MySQL 等。

6.3.1 常用数据库管理系统

1. Oracle

Oracle 关系数据库管理系统，简称 Oracle，是甲骨文公司（Oracle）推出的一款大型、商品化关系数据库管理系统。Oracle 产品主要由 Oracle 服务器、Oracle 开发工具和 Oracle 应用软件组成。Oracle 产品具有运行稳定、功能齐全、性能超群以及可移植性、可扩展性、兼容性好等特点，因此 Oracle 通常成为国内外大型数据库应用系统的选择，在银行、金融、保险等企事业单位有较广泛的应用。

2. DB2

DB2 是 IBM 公司开发的一套关系数据库管理系统。它主要的运行环境为 UNIX、Linux、z/OS，以及 Windows 服务器等版本。DB2 主要应用于大型应用系统，具有较好的可伸缩性，可支持从大型机到单用户环境，应用于所有常见的服务器操作系统平台下。DB2提供了高层次的数据利用性、完整性、安全性、可恢复性，以及从小规模到大规模应用程序的执行能力，具有与平台无关的基本功能和SQL命令。对分布式数据库管理具有较好的支持。

3. MS SQL Server

MS SQL Server是微软公司(Microsoft)推出的关系数据库管理系统，是目前最流行的数据库开发平台之一。它支持多层客户——服务器结构，支持多种开发平台和远程管理，能够进行分布式事务处理和联机分析处理，具有界面友好、易学易用、伸缩性好、与MS Windows等相关软件集成程度高等优点。与其他大型数据库产品相比，在操作性和交互性方面独树一帜。

4. MySQL

MySQL是瑞典MySQL AB公司(被Oracle收购)推出的在Web应用方面最流行的一个关系数据库管理系统。由于其具有体积小、速度快，尤其是开放源码这些特点，一般中小型和大型网站为了降低网站总体拥有成本而选择MySQL作为网站数据库。

6.3.2 国产数据库管理系统

上面介绍的常用数据库管理系统都是国外公司的产品。当今世界信息技术成为国际竞争的工具。数据库管理系统作为现代信息系统中最复杂、最关键的基础软件之一，是信息技术的关键一环，实现自主创新，不受制于人，需要单独发展一个完整的信息产业链。

国产数据库管理系统的发展经历了从1978年开始的探索期、萌芽期、成长期和发展期的四个阶段后，当前已呈现出繁荣发展的局面，出现了以达梦数据库、OpenBASE、神舟OSCAR数据库管理系统、KingbaseES等为代表的国产数据库管理系统。上述各国产数据库管理系统的情况如表6.5所示。

表6.5 国产数据库管理系统的情况

序号	数据库管理系统软件名称	开发商/开发公司	描述
1	KingbaseES(人大金仓数据库管理系统)	北京人大金仓信息技术有限公司	关系DBMS；提供作业调度工具、交互式工具ISQL和图形化的数据转换工具；支持多种方式的数据备份与恢复；方便用户管理；支持事务处理、各种数据类型、存储过程/函数、视图和触发器；提供各种操作函数；提供完整性约束。产品的稳定性、可靠性、可用性逐步达到较高水平。能够支持TB级的数据库存储和1000个以上的并发用户访问
2	神舟OSCAR数据库管理系统	北京神舟航天软件技术有限公司	企业级大型、通用对象关系数据库管理系统，基于Client/Server架构实现，支持Windows、Linux等多种主流操作系统平台。服务器具有通常数据库管理系统的一切常见功能，而客户端则在提供了各种通用的应用开发接口的基础上，还具有丰富的连接、操作和配置服务器端的能力。提供与Oracle、SQL Server、DB 2等主要大型商用数据库管理系统以及TXT、ODBC等标准格式之间的数据迁移工具

续表

序号	数据库管理系统软件名称	开发商/开发公司	描述
3	达梦数据库	武汉华工达梦数据库有限公司	通用关系、客户机/服务器体系结构的 DBMS。支持多个平台之间的互联互访、高效的并发控制机制、有效的查询优化策略、灵活的系统配置、支持各种故障恢复并提供多种备份和还原方式。具有高可靠性、支持多种多媒体数据类型、提供全文检索功能、各种管理工具简单易用、各种客户端编程接口都符合国际通用标准、用户文档齐全
4	OpenBASE	东软集团有限公司	商品化的大型关系数据库管理系统。已经形成了一个以多媒体数据库管理系统 OpenBASE 为核心和基础,面向各个应用领域的产品系列。所有的这些产品涵盖了企业应用、Internet/Intranet、移动计算等不同的应用领域

虽然国产数据库管理系统有了可喜的发展,但单从市场占有率来看,与国外同类产品还有不小的差距,数据库管理系统国产化仍任重道远。

6.4 数据库的新发展

20 世纪 80 年代以来,商用数据库产品的巨大成功和数据库技术的广泛应用,激起了其他领域对数据库技术需求的迅速增长。新应用需求的增长和信息技术的发展,有力地推动和支撑了数据库技术的研究和发展,分布式数据库、面向对象数据库、多媒体数据库、空间数据库、主动数据库、数据仓库等已成为数据库领域的热点。

1. 分布式数据库

分布式数据库是数据库技术与计算机网络技术相结合的产物,它是相对于集中式数据库而言的。分布式数据库由一组数据组成,这些数据物理上分布在计算机网络的不同计算机上,逻辑上是属于同一个系统,是计算机网络环境中各个节点局部数据库的逻辑集合,同时受分布式数据库管理系统的控制和管理。网络上的每个节点都具有独立处理本地事务的能力(也叫局部自治),可以执行局部应用,而且也能通过网络通信子系统与其他节点相互访问、相互协作处理更复杂的事务,执行全局应用。

分布式数据库具有数据在物理上的分布性、逻辑上的整体性,场地的自治性与场地之间的协作性,数据的分布式透明性,数据冗余是所需要的(在不同的场地存储同一数据的多个副本)等。

分布式数据库系统研究的主要内容包括分布式数据库管理系统的组成与结构、数据分片与分布、冗余控制、分布式查询处理和优化、分布事务的恢复和并发控制等。

2. 面向对象数据库

面向对象数据库是面向对象程序设计技术与数据库技术相结合的产物。面向对象数据库的核心是面向对象的数据模型。面向对象的数据模型吸收了面向对象程序设计方法的核心概念和基本思想,采用面向对象的思想和方法来描述现实世界中的事物和事物之间的联系及限制等。一个面向对象的数据库就是一个由面向对象模型所定义的对象的集合。

面向对象数据库由面向对象数据库管理系统进行管理。

面向对象数据库的主要特点是对象不但描述了事物的属性特征，而且还描述了事物的行为（对它们的操作），对象与系统中的其他对象之间的相互作用是通过消息实现的；对象间的联系和约束通过类、继承、复合对象等实现。

面向对象数据库的发展远不如关系数据库成熟，面向对象数据库系统研究的主要内容包括面向对象数据模型、面向对象数据库语言形式化、面向对象数据库安全性和并发控制机制、面向对象数据库管理系统等。

3. 多媒体数据库

多媒体数据库是数据库技术与多媒体技术相结合的产物。多媒体数据库是可以存储和管理多种媒体信息的数据库。媒体即信息的载体。多媒体是多种媒体如图、文、声、视频等的有机集成，而非简单的组合。多媒体数据库与传统数据库的最大区别是可以处理非格式化的大数据（如音频、视频、图像等）。

多媒体数据库的主要特征如下：①能表示多种媒体的数据；②能够协调处理各种媒体的数据、正确识别和处理不同媒体数据的时空关联；③提供更强的适合多媒体数据的查询功能；④提供版本管理能力。

4. 空间数据库

空间数据库是数据库技术在地理信息系统（Geographical Information System，GIS）领域的应用，是地理信息系统的基础和核心。

空间数据是表示空间物体的位置、形状、大小和分布特征等各方面信息的数据。空间数据库则是存储空间物体信息的数据库。它能够对空间数据进行高效地查询和处理。

当前，空间数据库的研究主要集中在以下几方面：空间关系与数据结构的形式化定义、空间数据的表示与组织、空间数据查询语言、空间数据库管理系统等。

5. 主动数据库

主动数据库是相对于传统数据库的被动性而言的，它是数据库技术和人工智能技术、面向对象技术相结合的产物。许多实际的应用领域，如计算机集成制造系统、办公室自动化系统等，常常希望数据库系统在紧急情况下能够根据数据库的当前状态，主动适时地做出反应，执行某些操作，向用户提供有关信息。主动数据库非常适合这种应用场合。

主动数据库的主要目标是提供对紧急情况主动适时反应的能力。主动数据库通常采用的方法是在传统数据库中嵌入事件-条件-动作（Event Condition Action，ECA）规则，即在某一事件发生时，触发数据库管理系统去检查数据库的状态，若满足设定的条件，就执行规定的程序（动作）。

为了有效地支持事件-条件-动作规则，主动数据库的研究课题主要包括主动数据库的数据模型和知识模型、执行模型、条件检测和体系结构等。

6. 数据仓库

数据仓库（Data Warehouse）的提出是以关系数据库、并行处理和分布式技术的发展为基础的。目的是解决在数据库技术发展中存在的虽有大量数据，但有用信息/知识却非常贫乏的问题。

目前,数据仓库的公认的定义是:支持管理决策过程的、面向主题的、集成的、随时间而增长的、稳定的、持久的数据集合。

数据仓库的四个最主要的特征是:面向主题、集成、稳定和随时间变化。所谓稳定是指它反映的是历史数据的内容,数据经集成进入数据仓库后就极少或根本不更新。

与数据库相比,数据库系统主要用于事务处理(亦即操作型处理),它的用户是类似银行柜员的终端操作人员;而数据仓库主要用于分析处理,即用于管理人员的决策分析,它是为决策支持服务的,面向各个业务部门和有关决策人员。

要实现决策支持,仅有数据仓库还不够,还要有数据分析工具,这包括联机分析处理技术与工具、数据挖掘技术与工具等。

6.5　本章小结

本章介绍了数据库基本概念、数据管理技术的发展、数据模型、数据库系统的体系结构、关系数据库、常用的数据库管理系统及数据库的新发展等基本概念和基本知识。

通过本章的学习,读者应了解数据库的基本概念、数据模型的基本组成、数据库系统的组成与结构、关系数据库的基本内容与特点、常用的数据库管理系统及数据库的发展,重点理解关系数据库的有关内容。

习题6

习题答案

一、单项选择题

1. 在数据管理技术的发展过程中,数据独立性最高的是(　　)阶段。

A. 数据库系统　　B. 文件系统　　C. 人工管理　　D. 数据项管理

2. 数据库的网状模型应满足的条件是(　　)。

A. 允许一个以上结点无双亲,也允许一个结点有多个双亲

B. 必须有两个以上的结点

C. 有且仅有一个结点无双亲,其余结点都只有一个双亲

D. 每个结点有且仅有一个双亲

3. 在关系模型中,"元组"是指(　　)。

A. 表中的一行　　B. 表中的一列

C. 表中的一行数据　　D. 表中的一个成分

4. 数据库(DB)、数据库系统(DBS)和数据库管理系统(DBMS)之间的关系为(　　)。

A. DBS包括DB和DBMS　　B. DBMS包括DB和DBS

C. DB包括DBS和DBMS　　D. DBS就是DB,也就是DBMS

5. 关系数据库系统采用关系模型作为数据的组织方式,最早提出关系模型的人是(　　)。

A. P. P. S. CHEN　　B. J. Martin　　C. E. F. Codd　　D. w. H. Inmon

6. 数据库中存储的是(　　)。

A. 数据　　B. 数据模型

C. 数据以及数据之间的联系　　D. 信息

7. Windows 操作系统中对文件的组织采用的数据模型是(　　)。

A. 层次模型　　B. 网状模型

C. 关系模型　　D. 面向对象模型

8. 下面不属于数据库的主要特征的是(　　)。

A. 数据结构化

B. 数据由多用户共享

C. 数据与应用程序的依赖度很高

D. 由 DBMS 对数据进行统一管理和控制

二、填空题

1. 数据库就是长期存储在计算机内、有________的、可________的大量的数据的集合。
2. 关系数据库的数据完整性包括实体完整性、参照完整性和________。
3. 数据模型由________、________和数据的约束条件三部分组成。
4. DBMS 是指________,它是位于________和________之间的一层管理软件。

三、简答题

1. 简述数据库系统的主要组成包括哪些部分。
2. 简述数据管理技术发展的三个阶段。
3. 简述数据库管理系统的主要功能包括哪些部分。
4. 举例说明三种常用的数据库管理系统,并分别说出它们所支持的数据模型和数据语言。
5. 举例说明一种常见的国产数据库管理系统,并查阅资料,了解其产生和发展历程,简述其使用场合和主要特点。

第7章

计算机网络技术

(1) 培养和增强学生的爱国主义情怀;

(2) 培养大学生职业道德素养和职业操守意识;

(3) 培养和增强学生科技强国、报国的自豪感和自信心;

(4) 培养和增强学生精益求精的专业精神和严谨规范的工匠精神;

(5) 培养学生的环境保护意识、树立可持续发展观和职业使命感;

(6) 引入哲学思维,培养学生形成正确的世界观、人生观和价值观。

(1) 了解计算机网络概念、网络体系结构、数据传输与交换技术、计算机网络安全、因特网的基本服务等内容。

(2) 了解计算机网络基础、网络应用程序的基本内容。

在我们这个时代,计算机网络以及互联网无处不在。网络成为我们日常生活中的必需品。如果没有网络的存在,众多与我们生活息息相关的应用将无法运行。随着计算机网络的飞速发展,网络上的应用也越来越多,使得人们对网络的依赖也与日俱增。

2023年是全面贯彻落实党的二十大精神的开局之年,也是全面建设社会主义现代化国家开局起步的重要一年。在复杂多变的安全环境下,国家从立法层面不断提升全社会对网络安全的关注与重视程度,相继发布了多项网络安全相关政策,对促进网络安全产业及数字经济发展起到了重要作用。

7.1 计算机网络概念

因特网是一个将世界上几十亿台计算机互相连接的系统,我们对因特网的认识不应该只是一个单独的网络,而是一个网络结合体,一个互联网络。在介绍因特网前,我们先认识一下什么是网络。

7.1.1 网络

网络是一系列可用于通信的设备相互连接构成的。一个设备可以是一台主机(或称为端系统),例如一台大型计算机、台式机、便携式计算机、工作站、手机或安全系统。设备也可以是一个连接设备,例如用来将一个网络与另一个网络相连接的路由器,一个将不同设备连接在一起的交换机，或者是一个用于改变数据形式的调制解调器等。在一个网络中，这些设备都通过有线或无线传输媒介(电缆或无线信号)互相连接。即使是家里的两台计算机，通过即插即用路由器连接，虽然规模很小，但也已经建立了一个网络。

1. 局域网

局域网(Local Area Network，LAN)通常是与单个办公室、建筑物或校园内的几个主机相连的私有网络。基于机构的需求，一个局域网既可以简单到某人家庭办公室中的两台个人计算机和一台打印机，也可以是一个公司，并包括音频和视频设备。在一个局域网中的每一台主机都有作为这台主机在局域网中唯一定义的一个标志符和一个地址。一台主机向另一台主机发送的数据包中包括源主机和目标主机的地址。图 7.1 展示了局域网的一个例子。

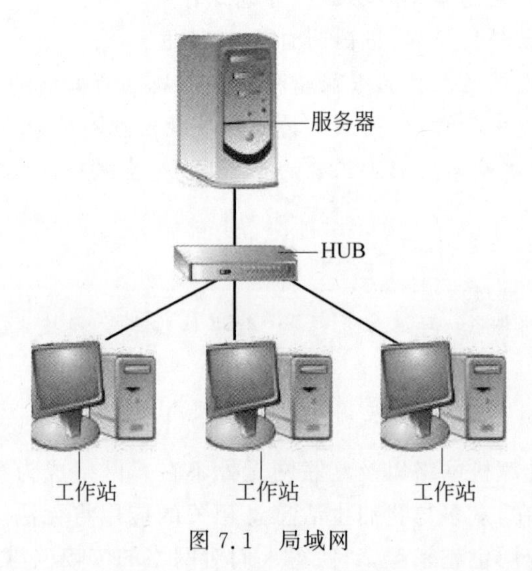

图 7.1　局域网

2. 城域网

城域网(Metropolitan Area Network，MAN)与局域网相比要大一些。通常覆盖一个地区或城市，地域范围可从几十千米到上百千米。城域网通常采用不同的硬件、软件和通信传输介质来构成。

3. 广域网

广域网(Wide Area Network，WAN)就是地理跨度非常大的网络，又称远程网。能够跨越一个城镇、一个省、一个国家，横跨大陆海洋，甚至形成全球性的网络。

4. 互联网络

现在很难看到独立存在的局域网或广域网，它们都是互相连接的。当两个或者多个网络互相连接时，它们构成一个互联网络，或者说网际网。

7.1.2 Internet

简单地说，Internet 就是网络的网络，是一个把数千个网络连接在一起的全球通信系统。任何网络上的任何一台计算机都可以和其他网络上的计算机进行通信。利用这些连接，用户可以交换信息、实时通信（立即查看消息并做出响应），并且可以访问无数的信息。Internet具有非常重要用途，已经成为计算机应用的一个必要组成部分。

Internet是以1969年建立的ARPANet(Advanced Research Project Agency Network)为基础。当时在ARPANet上只能获取文本信息。进入20世纪90年代，计算机技术、通信技术以及建立在互联计算机网络技术基础上的计算机网络技术得到了迅猛的发展。1992年，欧洲原子能研究中心发明了World Wide Web（简称WWW），提供了多媒体(Multimedia)的界面。WWW是当今互联网的代名词。1993年美国宣布建立国家信息基础设施(National Information Infrastructure，NII)后，全世界许多国家纷纷制定和建立本国的NII，从而极大地推动了计算机网络技术的发展，使计算机网络进入了一个崭新的阶段，这就是计算机网络互联与高速网络阶段。

目前，全球以Internet为核心的高速计算机互联网络已经形成，Internet已经成为人类最重要的、最大的知识宝库。网络互联和高速计算机网络就成为第四代计算机网络。图7.2为Internet体系结构，图7.3为局域网、城域网和广域网这几种网络之间的相互关系。

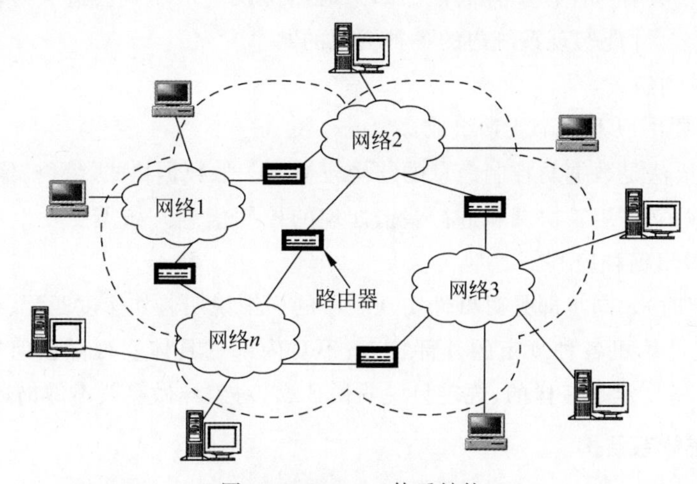

图7.2　Internet体系结构

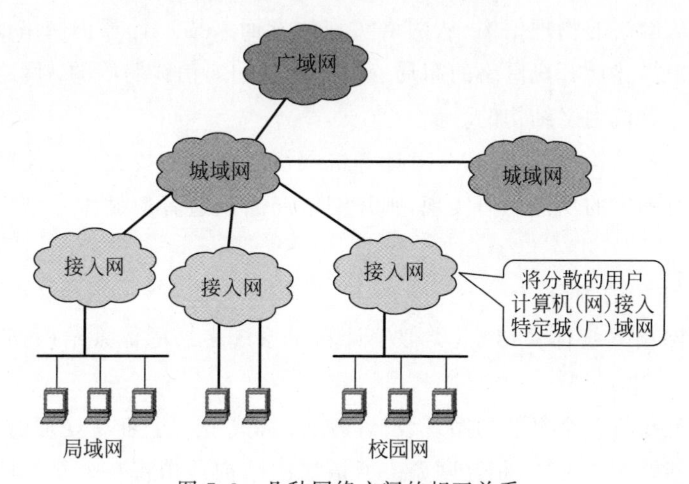

图7.3　几种网络之间的相互关系

7.2 计算机网络体系结构

1. 通信协议

协议是一组规则的集合,是进行交互的双方必须遵守的约定。在网络系统中,为了保证数据通信双方能正确而自动地进行通信,针对通信过程的各种问题,制定了一整套约定,这就是网络系统的通信协议。通信协议是一套语义和语法规则,用来规定有关功能部件在通信过程中的操作。

1) 通信协议的特点

(1) 通信协议具有层次性。这是由于网络系统体系结构是有层次的。通信协议被分为多个层次,在每个层次内又可以被分成若干子层次,协议各层次有高低之分。

(2) 通信协议具有可靠性和有效性。如果通信协议不可靠就会造成通信混乱和中断,只有通信协议有效,才能实现系统内的各种资源的共享。

2) 网络协议的组成

网络协议主要由以下三个要素组成:

(1) 语法。语法是数据与控制信息的结构或格式。如数据格式、编码、信号电平等。

(2) 语义。语义是用于协调和进行差错处理的控制信息。如需要发生何种控制信息,完成何种动作,做出何种应答等。

(3) 同步(定时)。同步即是对事件实现顺序的详细说明。如速度匹配、排序等。

协议只确定计算机各种规定的外部特点,不对内部的具体实现做任何规定,这同人们日常生活中的一些规定是一样的,规定只说明做什么,对怎样做一般不做描述。

2. 网络系统体系结构

计算机网络结构可以从网络组织、网络配置、网络体系结构等三方面来描述。

网络组织是从网络的物理结构、从网络实现的方面来描述计算机网络的;网络配置是从网络应用方面来描述计算机网络的布局、硬件、软件和通信线路等的;网络体系结构则是从功能上来描述计算机网络结构的。

计算机网络体系结构是抽象的,是对计算机网络通信所需要完成功能的精确定义。而对于体系结构中所确定的功能如何实现,则是网络产品制造者遵循体系结构需要研究和实现的问题。

1) 网络体系结构的划分

目前计算机网络系统体系结构,类似于计算机系统多层的体系结构,它是以高度结构化方式设计的。

所谓结构化是指将一个复杂的系统设计问题分解成一个个容易处理的子问题,然后加以解决。这些子问题相对独立,相互联系。所谓层次结构是指将一个复杂的系统设计问题划分成层次分明的一组组容易处理的子问题,各层执行自己所承担的任务。层与层之间有接口,它们为层与层之间提供了组合的通道。

网络体系结构是分层结构，它是网络各层及其协议的集合。其实质是将大量的、各类型的协议合理地组织起来，并按功能的先后顺序进行逻辑分割。网络功能分层结构模型如图7.4所示。

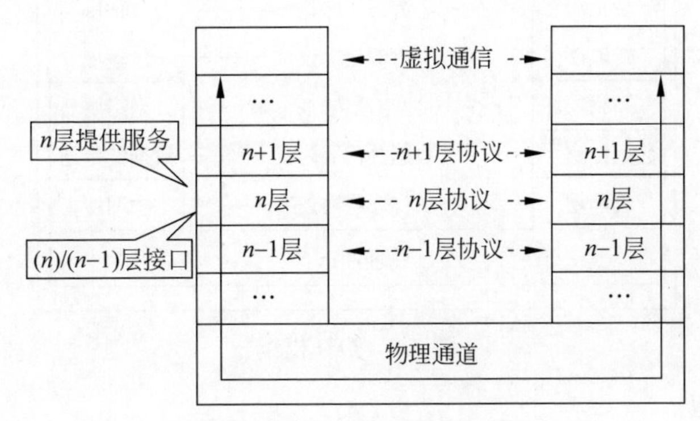

图7.4 网络功能分层结构模型

2）分层网络体系结构中的概念

分层结构中涉及的概念及含义如下：

系统：是指由一台或多台计算机、软件系统、终端、外部设备、通信设备和操作人员、管理人员组成的网络系统。

子系统：是指系统内部一个个在功能上相互联系，又相对独立的逻辑部分。

层次：分层网络系统体系结构中的一个子部分就是一个层次。它是由网络系统中对应的子系统构成的。

实体：实体是子系统中的一个活跃单元。分层网络体系结构中，每一层包含一个通信功能子集，一个或一组功能产生一个功能单元，这个功能单元就构成了所谓的实体。

等同实体：同一层中的实体称为等同实体，即位于不同子系统的同一层内相互交互的实体。

3. 标准化网络体系结构

国际标准化组织（ISO）提出了开放系统互联（Open System Interconnect，OSI）模型，模型分为七层结构（所谓开放指系统是按OSI标准建立的系统，能与其他也按OSI标准建立的系统相互连接）。

OSI模型包括物理层、数据链路层、网络层、传输层、会话层、表示层、应用层，如图7.5所示。

国际标准化组织提出OSI模型的主要原则是：

(1) 划分层次要根据理论上需要的不同等级划分。

(2) 层次的划分要便于标准化。

(3) 各层内的功能要尽可能具有相对独立性。

(4) 相类似的功能应尽可能放在同一层内。

(5) 各层的划分要便于层与层之间的衔接。

(6) 各界面的交互要尽量少。

(7) 根据需要，在同一层内可以再形成若干子层次。

(8) 扩充某一层次的功能或协议，不能影响整体模型的主体结构。

图 7.5 OSI 模型

1）OSI 参考模型

(1) 应用层：所有能和用户交互产生网络流量的程序。

主要协议：文件传输协议(FTP)、邮件传输协议(SMTP)、超文本传输协议(HTTP)。

(2) 表示层：用于处理在两个通信系统中交换信息的表示方式(语法和语义)。

功能：数据格式变换、数据加密解密、数据压缩和恢复。

(3) 会话层：向表示层实体/用户进程提供建立连接并在连接上有序地传输数据。这是会话，也是建立同步(SYN)。

功能：①建立、管理、终止会话；②使用校验点可使会话在通信失效时从校验点/同步点继续恢复通信，实现数据同步。

主要协议：ADSP、ASP。

(4) 传输层：负责主机中两个进程的通信，即端到端的通信。传输单位是报文段或用户数据。

功能：①可靠传输、不可靠传输；②差错控制；③流量控制；④复用分用。

主要协议：传输控制协议(TCP)、用户数据报协议(UDP)。

(5) 网络层：主要任务是把分组从源端传送到目的端，为分组交换网上的不同主机提供通信服务，传输单位是数据报。

功能：路由选择、流量控制、差错控制、拥塞控制。

主要协议：IP、IPX、ICMP、IGMP、ARP、RARP、OSPF。

(6) 数据链路层： 主要任务是把网络层传下来的数据报组装成帧，传输单位是帧。

功能：成帧(定义帧的开始和结束)、差错控制、流量控制、访问(接入)控制(控制对信道的访问)。

主要协议：SDLC、HDLC、PPP、STP。

(7) 物理层：在物理媒体上实现比特流的透明传输，传输单位为比特。

功能：定义接口特性、定义传输模式、定义传输速率、比特同步、比特编码。

主要协议：Rj45、802.3。

OSI 只是一种理论模型，实际应用中，人们采用 TCP/IP 模型的四层结构：应用层、传输层、网络层、网络接口层。

OSI 模型与 TCP/IP 模型对比如表 7.1 所示。

表 7.1 OSI模型与TCP/IP模型对比

层	OSI模型	TCP/IP模型
网络层	无连接+面向连接	无连接
传输层	面向连接	无连接+面向连接

相同点：①都分层；②基于独立的协议栈概念；③可以实现异构网络互联。

不同点：①OSI定义三点，包括服务、协议、接口；②OSI先出现，参考模型先于协议发明，不偏向特定协议；③TCP/IP设计之初就考虑到异构网互联问题，将IP作为重要层次。

2）5层参考模型（综合OSI和TPC/IP的优点）

（1）应用层：支持各种网络应用，包含的主要协议有FTP、SMTP、HTTP。

（2）传输层：进程—进程的数据传输，包含的主要协议有TPC、UDP。

（3）网络层：源主机到目的主机的数据分组路由与转发，包含的主要协议有IP、ICMP、OSPF等。

（4）数据链路层：把网络层传下来的数据报组装成帧，包含的主要协议有Ethernet、PPP。

（5）物理层：比特传输。

7.3 数据的基本交换技术

7.3.1 网络交换技术

1. 典型的网络交换技术

1）电路交换（Circuit Switching）

原理：通过呼叫（拨号）在通信的双方之间建立起一条传输信息的实际物理通路，并且在整个通信过程中，这条通路被通信双方独占而不能被其他站点使用，直到数据传输结束。包括建立电路、传输数据和电路拆掉三个阶段。

特点：通信双方形成一条专用物理通路。

优点：数据传输可靠、速度快，且按序传送。

缺点：线路利用率低；电路建立和拆掉的时间较长，通信量较小时，为建立和拆掉电路所花费的时间得不偿失。

适用：实时通信、语音通信或系统间要求高质量、大数据量的数据传输。

2）报文交换

原理：以报文为数据传输单位，将报文连同目的地址等辅助信息采用"存储—转发"交换技术向前转发。

特点：无须建立专用通道。

优点：

（1）无须建立专用通道，传送的报文可分时共享通路，从而提高线路利用率；

（2）可以开展不同速率、不同码型的交换，从而实现不同种类的终端间的数据传送；

（3）可实现把一个报文送到多个目的站点。

缺点：

(1) 报文不按顺序到达；

(2) 延迟时间较长，为“报文接收时间＋排队等待时间＋报文转发时间”；

(3) 中间节点须具备很大的存储空间，且大报文从外存调入内存增加了延迟时间；

(4) 大报文长时间占用线路开展传输，增加了其他小报文在网络中的延迟时间；

(5) 大报文出错率较高而引起频繁的重发，影响传输效率。

适用：电报、电子邮件等非实时系统。

3）分组交换

分组：将较长的报文分割成若干个一定长度（等长）的段，每段加上交换时所需的地址信息、差错校验信息，按规定格式构成的数据单元。

基本思想：限制信息的长度，以分组为单位开展存储转发，在接收端再将各分组重新组装成一个完整的报文。

优点：缩短报文整体传播时间，出错重发率降低，提高了传输效率。

缺点：实现复杂。

适用：计算机间联网通信，是目前数据网络中最广泛使用的一种交换技术。

分组交换分为以下两种方式：

(1) 虚电路分组交换。

特点：分组传送前在发送站点和接收站点间建立一条逻辑电路。

优点：数据传送前仅作一次路由选择；数据传送时无须目的地址，减少了分组长度，节省通信处理时间等额外的开销；保证每个分组正确有序的到达。

缺点：当某个节点出故障时，沿途经过的虚电路瘫痪。

适用：系统之间长时间的数据交换。

(2) 数据报分组交换。

数据报：指每个独立处理的报文分组。

特点：没有建立连接的过程；以数据报为信息单元来处理；接收节点根据网络中的实际情况等来选择路由；每个数据报经过的路径可能不同，到达时可能不按序，甚至有的数据报可能会丢失。

优点：传输少数分组时速度更快、灵活；传输较为可靠，当某个节点出故障而失效时，报文分组还可以通过其他路径开展传送。

缺点：分组不按序到达，不能及时发现分组丢失。

2. 交换方式的选择与比较

(1) 电路交换：先建立到终点间的连接，连接建立后，则无须路由选择，故无显著的延迟等待时间。

(2) 报文交换：无须建立呼叫连接，但整个报文必须在节点开始重发前全部收到，且每次传送需重新选择路由，故整个延迟比电路交换长。

(3) 虚电路分组交换：申请虚拟连接，且分组到达每个节点都需要排队等待，故该方式不太适合实时的数据通信。

(4) 数据报分组交换：每个分组一到达各节点就可排队等待空闲时传输，不用等待整个报文，故明显快于报文交换。

7.3.2　网络传输介质

网络传输介质是网络中发送方与接收方之间的物理通路，它对网络的数据通信具有一定的影响。常用的传输介质分为有线传输介质（双绞线、同轴电缆、光纤）、无线传输介质。

1. 有线传输介质

（1）双绞线：将一对以上的双绞线封装在一个绝缘外套中，为了降低信号的干扰程度，电缆中的每一对双绞线一般是由两根绝缘铜导线相互扭绕而成，也因此把它称为双绞线（TP）。双绞线分为非屏蔽双绞线（UTP）和屏蔽双绞线（STP），适用于短距离通信。

非屏蔽双绞线价格便宜，传输速度偏低，抗干扰能力较差。屏蔽双绞线抗干扰能力较好，具有更高的传输速度，但价格相对较贵。

（2）同轴电缆由绕在同一轴线上的两个导体组成。具有抗干扰能力强、连接简单等特点，信息传输速度可达每秒几百兆位，是中、高档局域网的首选传输介质。

（3）光纤：又称为光缆或光导纤维，由光导纤维纤芯、玻璃网层和能吸收光线的外壳组成，是由一组光导纤维组成的用来传播光束的、细小而柔韧的传输介质。应用光学原理，由光发送机产生光束，将电信号变为光信号，再把光信号导入光纤，在另一端由光接收机接收光纤上传来的光信号，并把它变为电信号，经解码后再处理。与其他传输介质比较，光纤的电磁绝缘性能好、信号衰减小、频带宽、传输速度快、传输距离大。主要用于要求传输距离较长、布线条件特殊的主干网连接。具有不受外界电磁场的影响、带宽无限制等特点，可以实现每秒几十兆位的数据传送，尺寸小、重量轻，数据可传送几百千米，但价格昂贵。

2. 无线传输介质

在一些有线传输介质难以通过或施工困难的场所，如高山、峡谷、湖泊、岛屿等，通过距离很远，对通信安全性要求不高，铺设电缆或光纤既昂贵又费时。若利用无线电波等无线传输介质在自由空间传播，就会有较大的机动灵活性。可以轻松实现多种通信，抗自然灾害能力和可靠性也较高，安装、移动较容易，不易受到环境的限制。常用的无线传输介质有短波、无线地面微波接力通信、卫星通信、甚小口径地球终端（Very Small Aperture Terminal，VSAT）卫星通信、红外线通信和激光通信。

7.4　网络关键技术和管理机构

7.4.1　网络关键技术

1. 协议

因特网将不同结构的计算机和不同类型的计算机连接起来，除了物理连接问题要解决外，必须解决好计算机间通信的问题，而解决问题的关键就是通信协议。TCP/IP 很好地解决了这个问题。

因特网使用IP协议将全球多个不同的各种网络互联起来，IP协议详细规定了计算机在通信时应遵循的全部具体细节，对因特网中的分组进行了精确定义。所有使用因特网的计算机都必须运行IP协议。

2. 客户/服务器模式

网络应用的主要工作模式是客户/服务器模式(Client/Server,C/S)，如图7.6所示。在这种模式下，系统被划分为两部分：客户(Client)和服务器(Server)。客户通过网络服务器请求服务，服务器接收请求并提供服务。

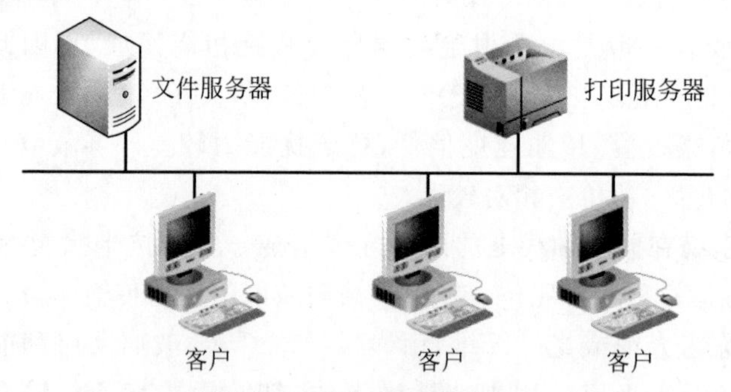

图7.6 客户/服务器模式

3. IP地址

互联网上的每台计算机都有一个由授权单位分配的号码，我们称为IP地址。

IP地址也采取层次结构，但它与电话号码的层次有所不同；IP地址的层次是按逻辑网络结构进行划分的，一个IP地址由两部分组成，即网络号和主机号，网络号用于识别一个逻辑网络，而主机号用于识别网络中的一台主机。只要两台主机具有相同的网络号，不论它们位于何处，都属于同一个逻辑网络；相反，如果两台主机网络号不同，即使比邻放置，也属于不同的逻辑网络。

1）IPv4地址分类

IP地址用32位二进制编码，每8位一组，以“.”分隔，实际应用中，用4个十进制数表示，单个数取值范围为0～255，且用圆点分隔。

例如202.198.091.60就是一个IP地址。

IP地址包括两部分内容：一部分为网络标识，另一部分为主机标识。IP地址分为A～E类。

根据不同规模网络的需要，为了充分利用IP地址空间，IP协议定义了五类地址，即A类、B类、C类、D类、E类，网络地址分类如表7.2所示。其中A、B、C三类由InterNIC在全球范围内统一分配，为基本地址，D、E类为特殊地址。

对于一些小规模网络可能只包含几台主机，即使用一个C类网络号仍然是一种浪费(可以容纳254台主机)，因而我们需要对IP地址中的主机号部分进行再次划分，将其划分成子网号和主机号两部分。

再次划分后的IP地址的网络号部分和主机号部分用子网屏蔽码来区分，子网屏蔽码也为32位二进制数值，分别对应IP地址的32位二进制数值。对于IP地址中的网络号部分在子网屏蔽码中用“1”表示，对于IP地址中的主机号部分在子网屏蔽码中用“0”表示。

表 7.2　网络地址分类

分 类	第一字节数字范围	应用	每一个网络的主机数	互联网上的网络个数
A	1～126	大型网络	16777214	126
B	128～191	中型网络	65534	16384
C	192～223	小型网络	254	2097152
D	224～239	组播地址		
E	240～254	试验用		

2）IPv6

IPv4 中 IP 地址空间严重不足，为解决 IP 地址资源不足问题，IPv6 对 IPv4 进行了以下扩展和改进。

(1) IP 地址空间由 32 位增加到 128 位，扩大 296 倍。

(2) 报头用 40B 固定长度的报头，使得处理数据报的速度更快。

(3) 优先级别根据数据报的性质为数据报定义优先级别，优先级别高的数据报优先传输。

4. Internet 的域名体系

IP 地址为 Internet 提供了统一的寻址方式，直接使用 IP 地址便可以访问 Internet 中的主机资源。但是由于 IP 地址只是一串数字，没有任何意义，对于用户来说，记忆起来十分困难。所以几乎所有的 Internet 应用软件都不要求用户直接输入主机的 IP 地址，而是直接使用具有一定意义的主机名。

Internet 的域名结构由 TCP/IP 集中的域名系统(Domain Name System，DNS)进行定义。在 Internet 中允许为主机起一个有意义且容易记忆的文字名称，将这个名称称为域名(Domain Name，DN)。例如，www.qau.edu.cn 中，www 是服务器主机名，qau.edu.cn 是域名。IP 地址与域名之间是一对多的关系，即一个 IP 地址可以有多个域名，但一个域名只能对应一个 IP 地址。域名采用分层次方法命名，每一层都有一个子域名。子域名之间用圆点分隔，自右至左分别为最高层域名、机构名、网络名。域名系统(DNS)用来解析域名与 IP 地址间对应关系。例如，域名 qau.edu.cn，解析为 IP 地址 202.198.16.80。其中 qau 为网络名，edu 为机构名，cn 为最高层域名。省略最高层域名的是在美国注册的网站。例如，微软公司的域名为 microsoft.com。表 7.3 为国际顶级域名分配实例。

表 7.3　国际顶级域名分配实例

顶 级 域 名	分 配 给
com	商业部门
edu	教育机构
gov	政府机构
mil	军事部门
net	主要网络支持中心
org	上述以外的组织
int	国际组织
国家代码	各个国家

域名是按照树结构排列的，如图 7.7 所示。

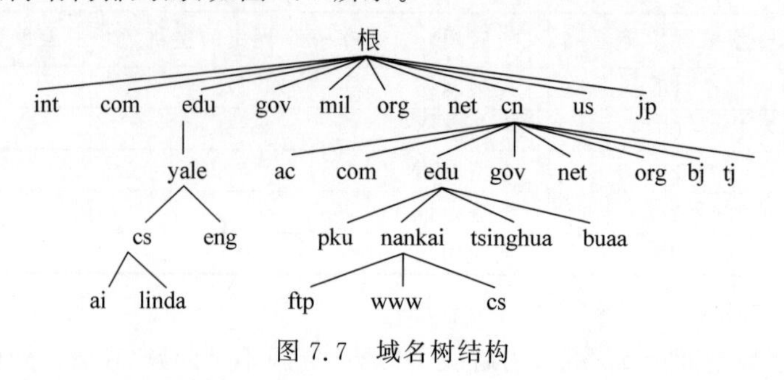

图 7.7　域名树结构

7.4.2　Internet 管理机构

因特网中没有绝对权威的管理机构。全球具有权威性和影响力的因特网管理机构主要是因特网协会(ISOC)。该协会是由各国志愿者组成的组织，通过对标准的制定、全球的协调和知识的教育与培训等工作，实现推动因特网的发展，促进全球化的信息交流。ISOC本身不经营因特网，只是通过支持相关的机构完成相应的技术管理。

因特网体系结构委员会(Internet Architecture Board, IAB)是 ISOC 中的专门负责协调因特网技术管理与技术发展的。IAB 的主要任务是根据因特网发展的需要制定技术标准，发布工作文件，进行因特网技术方面的国际协调和规划因特网发展战略。

因特网工程任务组(IETF)和因特网研究任务组(IETF)是 IAB 中的两个具体部门，它们分别负责技术管理和技术发展方面的具体工作。

因特网的运行管理由因特网各个层次上的管理机构负责，包括世界各地的网络运行中心(Network Operations Center, NOC)和网络信息中心(Network Information Center, NIC)。其中，NOC 负责检测管辖范围内网络的运行状态，收集运行统计数据，实施对运行状态的控制等；NIC 负责因特网的注册服务、名录服务、数据库服务，以及信息提供服务等。

互联网名称与数字分配机构(The Internet Corporation for Assigned Names and Numbers, ICANN)成立于 1998 年 10 月。此前，网络解决方案公司 NSI 在 1993 年与美国政府签订独家域名注册服务接管“因特网号码分配机构”，并垄断了 COM.、NET.、ORG 域名。

7.5　因特网基本服务

Internet 创造的计算机空间正在以爆炸性的势头迅速发展。你只要坐在计算机前，不管对方在世界什么地方，都可以互相交换信息、购买物品、签订巨大项目合同，也可以结算国际贷款。企业领导可以通过 Internet 洞察商海风云，从而得以确保企业的发展；科研人员可以通过 Internet 检索众多国家的图书馆和数据库；医疗人员可以通过 Internet 同世界范围内的同行们共同探讨医学难题；工程人员可以通过 Internet 了解同行业发展的最新动态；商界人员可以通过 Internet 实时了解最新的股票行情、期货动态，使自己能够及时抓住每一次商机，永远立于不败之地；学生也可以通过 Internet 开阔眼界，并且学习到更多的有益知识。

总之，Internet 能使我们现有的生活、学习、工作以及思维模式发生根本性的变化。无论来自何方,Internet都能把我们和世界连在一起。Internet使我们可以坐在家中就能够和世界交流,有了Internet,世界真的小了,Internet将改变我们的生活。

1. 电子邮件服务

电子邮件(E-mail)服务是Internet所有信息服务中用户最多和接触面最广泛的一类服务。电子邮件不仅可以到达那些直接与Internet连接的用户以及通过电话拨号可以进入Internet结点的用户,还可以用来同一些商业网(如CompuServe、America Online)以及世界范围的其他计算机网络(如BITNET)上的用户通信联系。电子邮件的收发过程和普通信件的工作原理是非常相似的。

电子邮件和普通信件的不同在于它传送的不是具体的实物而是电子信号,因此它不仅可以传送文字、图形,甚至连动画或程序都可以寄送。电子邮件当然也可以传送订单或书信。由于不需要印刷费及邮费,所以大大节省了成本。通过电子邮件,如同杂志般贴有许多照片厚厚的样本都可以简单地传送出去。同时,用户在世界上只要可以上网的地方,都可以收到别人邮寄的邮件,而不像平常的邮件,必须回到收信的地址才能拿到信件。Internet为用户提供完善的电子邮件传递与管理服务。电子邮件(E-mail)系统的使用非常方便。

2. 远程登录服务TELNET

远程登录是指允许一个地点的用户与另一个地点的计算机上运行的应用程序进行交互对话。远程登录使用支持Telnet协议的Telnet软件。Telnet协议是TCP/IP通信协议中的终端机协议。它有什么作用呢?

假设A、B两地相距很远,地点A的人想使用位于地点B的巨型机的资源,他应该怎么办呢?乘坐交通工具从地点A转移到地点B,然后利用位于地点B的终端来调用巨型机资源?这种方法既费钱又费时,不可取。另一种方法是把B地点的终端搬回A地点,但是A、B两地相距太远了,即使可以把终端搬回去,线也无法连接了,这种方法也是不可行的。

但是有了Internet的远程登录服务,位于A地的用户就可以通过Internet很方便地使用B地巨型机的资源了。Telnet使该系统的注册用户能够从与Internet连接的一台主机进入Internet上的任何计算机系统。

3. FTP服务

FTP是文件传输的最主要工具。它可以传输任何格式的数据。用FTP可以访问Internet的各种FTP服务器。访问FTP服务器有两种方式:一种访问是注册用户登录到服务器系统,另一种访问是用“匿名”(Anonymous)进入服务器。

Internet网上有许多公用的免费软件,允许用户无偿转让、复制、使用和修改。这些公用的免费软件种类繁多,从多媒体文件到普通的文本文件,从大型的Internet软件包到小型的应用软件和游戏软件,应有尽有。充分利用这些软件资源,能大大节省我们的软件编制时间,提高效率。用户要获取Internet上的免费软件,可以利用文件传输服务(FTP)这个工具。FTP是一种实时的联机服务功能,它支持将一台计算机上的文件传到另一台计算机上。工作时用户必须先登录到FTP服务器上。使用FTP几乎可以传送任何类型的文件,如文本文件、二进制可执行文件、图形文件、图像文件、声音文件、数据压缩文件等。

由于现在越来越多的政府机构、公司、大学、科研机构将大量的信息以公开的文件形式存放在Internet中,因此,FTP使用几乎可以获取任何领域的信息。

4. WWW服务

WWW(World Wide Web),是一张附着在Internet上的覆盖全球的信息“蜘蛛网”,镶嵌着无数以超文本形式存在的信息。有人叫它全球网,有人叫它万维网,或者就简称为Web(全国科学技术名词审定委员会建议,WWW的中译名为“万维网”)。WWW是当前Internet上最受欢迎、最为流行、最新的信息检索服务系统。它把Internet上现有资源统统连接起来,使用户能在Internet上访问已经建立了WWW服务器的所有站点提供超文本媒体资源。这是因为,WWW能把各种类型的信息(静止图像、文本声音和音像)无缝地集成起来。WWW不仅提供了图形界面的快速信息查找,还可以通过同样的图形界面(GUI)与Internet的其他服务器对接。

由于WWW为全世界的人们提供查找和共享信息的手段,所以也可以把它看作世界上各种组织机构、科研机关、大学、公司厂商热衷于研究开发的信息集合。它基于Internet的查询、信息分布和管理系统,是人们进行交互的多媒体通信动态格式。它的正式提法是:“一种广域超媒体信息检索原始规约,目的是访问巨量的文档”。WWW已经实现的部分是,给计算机网络上的用户提供一种兼容的手段,以简单的方式去访问各种媒体。它是第一个真正的全球性超媒体网络,改变了人们观察和创建信息的方法。因而,整个世界迅速掀起了研究开发使用WWW的巨大热潮。

WWW诞生于Internet之中,后来成为Internet的一部分,而今天,WWW几乎成了Internet的代名词。通过它,加入其中的每个人能够在瞬间抵达世界的各个角落。

WWW并不是实际存在于世界的哪一个地方,事实上,WWW的使用者每天都赋予它新的含义。Internet社会的公民们(包括机构和个人),把他们需要公之于众的各类信息以主页(Homepage)的形式嵌入WWW,主页中除了文本外还包括图形、声音和其他媒体形式;而内容则从各类招聘广告到电子版名著,可以说包罗万象,无所不有。主页是在Web上出版的主要形式,是一些HTML(Hyper Text Markup Language,超文本标识语言)文本。

5. 其他服务

1) 信息查询系统

Gopher是菜单式的信息查询系统,提供面向文本的信息查询服务。有的Gopher也具有图形接口,在屏幕上显示图标与图像。Gopher服务器对用户提供树结构的菜单索引,引导用户查询信息,使用非常方便。

由于WWW提供了完全相同的功能且更为完善,界面更为友好,因此,Gopher服务将逐渐淡出网络服务领域。

2) 广域信息服务器

广域信息服务器(Wide Area Information System,WAIS)用于查找建立有索引的资料(文件)。它从用户指明的WAIS服务器中,根据给出的特定单词或词组找出同它们相匹配的文件或文件集合。由于WWW已集成了这些功能,现在的WAIS信息系统已逐渐作为一种历史保存在Internet网上。

3) 网络文件搜索系统

在Internet中寻找文件常常犹如“大海捞针”。网络文件搜索系统(Archie)能够帮助用户从 Internet 分布在世界各地计算机上浩如烟海的文件中找到所需文件，或者至少对用户提供这种文件的信息。用户要做的只是选择一个 Archie 服务器，并告诉它想找的文件在文件名中包含什么关键词汇。Archie 的输出是存放结果文件的服务器地址、文件目录以及文件名及其属性。然后，用户从中可以进一步选出满足需求的文件。

这是一个非常有用的网络功能，但由于在 Internet 发展过程中信息量巨大，而没有更多的人员投入 Archie 信息服务器的建立，因此基于 WWW 的搜索引擎已逐步取代了它的功能，随着 Internet 信息技术的日渐完善，Archie 的地位将被逐渐削弱。

7.6 计算机网络安全

7.6.1 什么是计算机网络安全

2016 年 11 月 7 日，第十二届全国人民代表大会常务委员会第二十四次会议通过了《中华人民共和国网络安全法》。该法案是为了保障网络安全，维护网络空间主权和国家安全、社会公共利益，保护公民、法人和其他组织的合法权益，促进经济社会信息化健康发展。2023 北京网络安全大会在北京国家会议中心开幕。大会指出，数智时代，是数据和智能的时代。数智时代和传统时代相比，社会安全生产事故的诱因将完全不同，网络攻击将成为最主要的诱因，而攻击数智系统将成为未来战争和犯罪的主要形式。

网络安全就是指网络上的信息安全，即保护网络系统上的硬件、软件及数据的安全，不会因为遭到攻击者的破坏或者攻击后，造成网络服务中断，甚至系统不能正常、连续、可靠地运行。从攻击者的来源对网络威胁进行分类，分为内部威胁和外部威胁。

1. 内部威胁

内部威胁具有高危性、透明性、隐蔽性和复杂性的特点。关于内部威胁，一直都没有统一的定义，简单地说就是指拥有合法授权访问组织资产的个人造成的威胁。是内部人利用合法权限破坏计算机系统中信息的完整性、机密性和可用性的行为，而内部人是具有计算机系统、敏感数据以及计算机网络访问权限的企业员工、企业承包商甚至企业的合作伙伴等。

产生内部威胁主要有以下两个原因：

（1）主体原因，即攻击者具备成功实施一次攻击的能力。

（2）客体原因，即因为被攻击的系统存在漏洞或者缺乏监管才导致一次攻击可以成功的实施。

2. 外部威胁

外部威胁是相对内部威胁而言的，对于内部威胁，不同的学者有不同的定义，而外部威胁也没有统一的定义，可以把网络中的威胁认为不是内部威胁就是外部威胁，将外部威胁分为人为攻击和病毒入侵两类。其中，人为攻击是黑客利用自己高超的计算机技术，对他人计算机进行远程试探和攻击，并截获、窃取以及破译他人重要的机密信息，甚至破坏被攻击者系统的有效性和安全性。而病毒入侵是攻击者利用计算机系统中存在的漏洞使用恶意程序对计算机进行入侵。

3. 网络安全的特点

网络安全的特点主要包括：

（1）整体性。网络安全不但关乎某一具体应用服务或者某一网络区域的安全，还关乎到整体业务系统、整体网络以及带来的一系列影响。在做网络安全的过程中，需要覆盖所有可能存在的安全威胁，不留盲区。

（2）动态性。网络渗透、攻击威胁手段花样翻新、层出不穷，安全防护一旦停滞不前则无异于坐以待毙。系统漏洞、产品漏洞、管理漏洞、威胁手段等网络安全风险都在不断变化，有什么威胁攻击，就要进行相对应的安全防护。

（3）开放性。网络是互联互通的，相应的网络安全威胁也是开放互通的。

（4）共同性：网络之间高度关联，互相连通，相互依赖，为人们带来了很大的便捷。网络犯罪分子或敌对势力也可以从互联网的任何一个节点接入并入侵某个特定的计算机或网络以实施破坏活动，轻则损害个人或企业的利益，重则危害整个社会公共利益乃至国家安全。

7.6.2 计算机网络安全现存问题

1. 网络病毒入侵

计算机与网络病毒是影响网络安全最常见的问题，会在计算机工作时出现，计算机与网络病毒是不法分子编写的特殊代码或特别指令用以攻击计算机系统，破坏力极其凶猛，严重时能够将运行中的计算机陷入死循环，降低计算机的工作效率。随着电子信息技术日新月异的发展，病毒也在不断升级，侵袭计算机的形式改为邮件、卡片等，大大增加了人们的防御难度，网络安全的保障工作更难开展。

2. 网络安全管理

受到云计算状态以及相关技术应用的影响，人们对相关数据的管理权和所有权是分离的，在操作过程中可能会遇到其他方面的影响，导致自身数据安全发生变化。用户一般具有自己的云账号和密码等，可以在登录云账号之后完成相关资源的收集工作，加快信息搜集速度，信息存储更加方便。但是账号加密码的组合方式可能会导致用户对自身各类数据的管理力度发生变化，在遇到恶意攻击时，用户的管理数据和隐私信息等可能会面临泄露风险，用户隐私安全难以得到保障，最终导致数据安全管理工作遭遇更大的风险。

3. 黑客攻击

计算机网络受到黑客袭击是现代计算机技术不断发展的产物，不法分子为了窃取目标计算机网络中的信息，采用专业的侵袭软件进入对方网络系统中，有的直接将加密文件劫走，有的是对文件或信息进行篡改，进而达到扰乱被侵袭计算机系统的目的。不法分子根据自身需要编辑黑客程序，成功后将其发布在网络系统中进行肆意传播，遭到黑客入侵的计算机由使用受阻即刻变为网络瘫痪，部分软件被消除无法再次显示。

4. 外部环境安全

计算机工作过程中仍然会受到外部环境的刺激和相关影响，可能会出现一系列的问题，导致云计算工作的安全性发生变化。当计算机硬件出现问题之后，计算机运行过程中会出现不同程度的数据丢失以及系统程序损坏等问题，该类问题的存在将会对云计算整体操作安全产生极为不利的影响，同时也会产生其他的安全问题，导致云计算的安全性发生变化。对外部环境的要求随之增加，需要相关人员加强对外部环境安全管控工作的重视，保障数控中心各项工作质量。

5. 卫星导航抗干扰

现代化信息技术在当今社会获得了长足的发展，期间，北斗卫星导航技术得到应用与发展，是一种崭新的无线导航方式之一。北斗卫星导航系统有着很大优势，例如实时连续性、精准定位等。在科技不断更新换代、不断发展的今天，我国北斗卫星导航所处的工作环境面临着更多更复杂的问题。北斗卫星导航系统在工作时可能会受到外界因素的干扰，如何克服这些干扰，提高卫星导航抗干扰能力是当前的主要任务之一。

7.6.3　计算机网络安全防护对策

1. 增强网络安全防范意识

国家相关部门和计算相关单位等必须加强对服务商和客户综合安全意识培训工作的重视，通过出台相应的管理规范制度以及用户安全操作协议文件等，引导服务商与用户等对网络安全形成更为全面的认识，同时对其操作过程中可能导致安全风险的相关操作进行处理，逐渐减少非安全性操作出现的几率，提高自身云数据的安全性。

2. 强化保密系统管理

计算机被黑客侵袭后系统在短时间内便陷入死循环，严重损害网络的正常运行，为防止计算机遭到侵袭，防御系统应时刻处于高度紧绷的工作状态，及时修补系统漏洞，采取的具体措施有数字认证技术以及内外网络分割运作技术，有效防止黑客的侵袭。通过对网络进行加密处理以达到保护网络安全的目的，应用较为成熟的网络加密技术，一是网络防火墙技术，二是网络加密技术，对需要保护的数据进行保密处理。

3. 完善身份认证程序

建立完善的身份认证程序，用户身份认证是保障计算机安全服务合理开展的基础，其他用户想要获取用户的相关信息及相关服务权限，就必须提交其证明身份的相关资料，以此来通过认证开展后续各项工作。通过设置合理的身份认证程序来引导用户进行防护，提高计算机网络安全防护质量。

4. 保障虚拟环境安全

在网络传输阶段，受到其操作方式等方面的影响，仍然可能会面临网络安全、数据丢失等问题，导致用户权益受损。计算机安全在发展过程中也要加强对用户数据安全加密传输技术研发工作的重视，结合数据传输过程中经常出现的问题，在相关加密技术的帮助下，对数据保密系统进行重新构建，包括使用对称式加密技术以及节点加密技术等，结合传输内容的特点，使用针对性的加密技术对其进行合理保护，可以降低相关数据受到破坏的几率。用户在选择云服务平台的过程中也应当选择大型的服务平台存储资源，其数据安全自然得以保证。

7.6.4 网络安全工程师的职业要求与道德素养

作为计算机网络的专业人士，网络工程师需要具备以下道德素养：

(1) 诚实守信：网络工程师需要诚实守信，不得隐瞒或歪曲事实。一旦发现问题，必须尽快向相关人员报告。

(2) 尊重用户隐私：网络工程师需要尊重用户隐私，不得擅自查阅用户敏感信息。

(3) 遵守法律法规：网络工程师要遵守国家法律法规及行业规范，不得从事违法、不道德的行为。

(4) 公正评估技术：网络工程师需要公正评估技术，不得做出虚假、误导性的技术评估结果。

(5) 职业道德：网络工程师应该具备职业道德，严格遵守行业标准和道德规范。

(6) 保护知识产权：网络工程师需要保护知识产权，不得侵犯他人的专利、商标、著作权等知识产权。

(7) 保护环境：网络工程师应该积极保护环境，尽可能减少电子垃圾排放和能源浪费。

(8) 无歧视：网络工程师应该无歧视，不得因为性别、种族、宗教信仰等原因歧视任何人。

7.7 本章小结

本章介绍了网络的相关知识，包括计算机网络概念、计算机网络体系结构、数据的基本交换技术、网络关键技术、因特网基本服务、计算机网络安全等相关内容。

通过本章的学习，读者应该了解网络的分类和 Internet 的概念；了解网络的 OSI 模型的七层网络和 TCP/IP 的四层结构；了解 Internet 上提供的基本服务；了解网络安全的特点和现在网络上存在的安全问题。

习题答案

习题 7

一、选择题

1. 下述对局域网的作用范围说明，最准确的是(　　)。

   A. 几十到几千千米　　B. 几到几十千米

   C. 几百到一千米　　D. 几米到几十米

2. 允许用户远程登录计算机，使本地用户使用远程计算机资源的系统是(　　)。

   A. FTP　　B. Gopher　　C. Telnet　　D. Newsgroups

3. 按照 TCP/IP，接入 Internet 的每一台计算机都有一个唯一的地址标识，这个地址标识为(　　)。

   A. 主机地址　　B. 网络地址　　C. IP 地址　　D. 端口地址

4. IP 地址是一个 32 位的二进制数，它通常采用点分(　　)。

   A. 二进制数表示　　B. 八进制数表示　　C. 十进制数表示　　D. 十六进制数表示

5. IPv6 的地址数为(　　)。

A. 2^{16}　　B. 2^{32}　　C. 2^{64}　　D. 2^{128}

6. 在 IP 地址方案中,129.0.0.1 是一个(　　)。

A. A类地址　　B. B类地址　　C. C类地址　　D. D类地址

7. 下列选项中有关报文说法正确的是(　　)。

A. 报文交换采用的传递方式是"存储—转发"方式

B. 报文交换方式中数据传输数据块的长度不限且可变

C. 报文交换可以把一个报文发送到多个目的地

D. 报文交换方式适用于语言连接或交互终端到计算机的连接

8. 一座办公楼内某实验室中的微机进行联网,按网络覆盖范围来分,这个网络属于(　　)。

A. WAN　　B. LAN　　C. NAN　　D. MAN

9. 传输介质中,数据传输能力最强的是(　　)。

A. 电话线　　B. 光纤　　C. 同轴电缆　　D. 双绞线

10. 计算机网络最突出的优点是(　　)。

A. 存储容量大　　B. 精度高　　C. 共享资源　　D. 运算速度快

11. 主机域名 www.qau.edu.cn 由四个子域组成,其中(　　)子域是最高层域。

A. www　　B. qau　　C. edu　　D. cn

12. 浏览网页时看到的每一个页面,我们称为(　　)。

A. 主页　　B. 网页　　C. 首页　　D. 网站

13. (　　)是第一个实现以资源共享为目的的计算机网络。

A. ARPANET　　B. 互联网　　C. 以太网　　D. 万维网

14. 在 Internet 上广泛使用的 WWW 是一种(　　)。

A. 浏览服务模式　　B. 网络主机　　C. 网络服务器　　D. 网络模式

15. WAN 被称为(　　)。

A. 广域网　　B. 城域网　　C. 个域网　　D. 局域网

16. 在网站设计中所有的站点结构都可以归结为(　　)。

A. 两级结构　　B. 三级结构　　C. 四级结构　　D. 多级结构

17. 在客户端网页脚本语言中最为通用的是(　　)。

A. javascript　　B. VB　　C. Perl　　D. ASP

18. 所学网布局的方法是(　　)。

A. 表格　　B. 布局　　C. 层

D. DIV　　E. 都是

19. 在 HTML 中,标记<font>的 Size 属性最大取值可以是(　　)。

A. 5　　B. 6　　C. 7　　D. 8

20. 所学网页页面构成有(　　)。

A. 顶部(标题)　　B. 底部(注释)　　C. 正文

D. 导航　　E. 都有

21. 用户登录页面不可能用到的是(　　)。

A. 服务器行为检查新用户　　B. 绑定字段

C. 用户身份验证　　　　　　　　D. 建立数据库

22. 成绩录入系统不能用到的是(　　)。

A. 建立数据库　B. 绑定插入记录集　C. 检查表单　D. 重复区域

23. 非彩色所具有的属性为(　　)。

A. 色相　B. 饱和度　C. 明度　D. 纯度

24. 下面说法错误的是(　　)。

A. 规划目录结构时,应该在每个主目录下都建立独立的 images 目录

B. 在制作站点时应突出主题色

C. 人们通常所说的颜色,其实指的就是色相

D. 为了使站点目录明确,应该采用中文目录

25. Web 安全色所能够显示的颜色种类为(　　)。

A. 4 种　B. 16 种　C. 216 种　D. 256 种

26. 为了标识一个 HTML 文件应该使用的 HTML 标记是(　　)。

A. <p></p>　　　　B. <boby></body>

C. <html></html>　　　　D. <table></table>

27. 框架结构页面正确的说法是(　　)。

A. 单击左边导航显示右边　　　　B. 只能链接图片

C. 框架页面为新建常规页面　　　　D. 插入可编辑区域可以生成模板

28. 显示页面设计时不能用到的是(　　)。

A. 建立数据库　B. 设置数据源　C. 连接数据库　D. 更新记录集

29. 对远程服务器上的文件进行维护时,通常采用的手段是(　　)。

A. POP3　B. FTP　C. SMTP　D. Gopher

30. 下列 Web 服务器上的目录权限级别中,最安全的权限级别是(　　)。

A. 读取　B. 执行　C. 脚本　D. 写入

二、简答题

1. 简述分组交换。
2. 简述 TCP/IP 的体系结构。
3. 简述 IP 地址。
4. Internet 提供的主要服务有哪些?
5. 简述域名系统。
6. 请列举你所熟知的社交网络平台。
7. 简述计算机网络安全现存问题。
8. 简述网络传输媒体有哪些。
9. OSI 模型的网络层主要协议有哪些?

三、讨论题

1. OSM/RM 规定的计算机网络体系是七层模型结构,而 TCP/IP 只有四层或五层模型结构。试讨论它们的异同点,为什么会有这些变化?

2. 结合你对计算机网络的认识,谈谈计算机网络(特别是 Internet)给人们的生活带来了哪些变化。你是怎样认识这些变化有正面的和负面的影响的?

第8章

软件工程

(1) 了解软件工程的基本原理、概念和技术方法,为今后从事软件开发奠定良好的基础;

(2) 培养使用软件工程的技术和规范参与软件项目活动的思维方式;

(3) 启发综合运用所学基础理论和专业技能解决计算机类学科的实际问题的能力。

(1) 理解软件工程的有关概念、原理、方法、技术和标准;

(2) 掌握软件生命周期模型、软件工程基本原理、构造软件系统相关方法、测试技术、面向对象分析与设计等内容;

(3) 掌握软件开发的基本过程,软件项目管理的主要范畴以及管理过程中的主要活动。

从软件工程的概念正式提出至今,历经几十年不断的知识沉淀,软件工程领域积累了大量的前沿技术理论和应用研究成果,有力地促进了软件产业的飞速发展。本章系统地介绍了软件工程的有关概念、原理、方法、技术和标准,包括软件生命周期模型、软件工程基本原理、构造软件系统相关方法、测试技术、面向对象分析与设计等内容。

8.1 软件工程概述

迄今为止,计算机系统已经经历了4个不同的发展阶段。但是,人们仍然没有彻底摆脱"软件危机"的困扰,软件已经成为限制计算机系统发展的瓶颈。

为了更有效地开发与维护软件,软件领域的专家在20世纪60年代后期开始认真研究消除软件危机的途径,从而逐渐形成了一门新兴的工程学科——计算机软件工程学。

8.1.1 软件危机和软件工程

1. 软件的特点

软件是指计算机程序、数据及相关文档的完整集合。软件与硬件一起构成了计算机系统,它们之间相互依存,对计算机而言,两者缺一不可。软件是一种特殊的产品,它具有以下独特的特性:

(1) 软件是一种逻辑产品,它与物质产品有很大的区别。软件产品是看不见摸不着的,因而具有无形性,它是脑力劳动的结晶,它以程序和文档的形式出现,保存在计算机存储器和各种介质上，通过计算机的执行才能体现它的功能和作用。

（2）软件产品的生产主要是研制。软件产品的成本主要体现在软件的开发和研制上，软件开发研制完成后，通过复制就产生了大量软件产品。

（3）软件产品不存在磨损、消耗问题。

（4）软件产品生产的成本主要是脑力劳动，还未完全摆脱手工开发方式，大部分产品是“定做”的。

（5）软件费用不断增加，软件成本相当昂贵。软件的研制工作需要投入大量的、复杂的、高强度的脑力劳动，它的成本非常高。

2. 软件危机

随着计算机应用的普及和深化，计算机软件的数量、规模、复杂程度和开发所需要的人力、物力等都在急剧增加。计算机发展初期形成的“软件作坊”式的个性化软件开发方法，已经不再适用于大型软件的开发。同时，由于计算机应用的日益普及和硬件技术的飞速发展，软件的生产速度、质量和规模适应不了应用环境对软件的需求，给软件开发和维护过程带来了巨大的困难。最严重的是，许多程序的固有特点使得它们最终无法维护。软件危机就这样出现了。软件危机是指在计算机软件的开发和维护过程中所遇到的一系列严重问题。

软件危机的典型表现如下：

（1）对软件开发成本和进度的估计往往很不准确。

（2）用户对“已完成的”软件系统不满意的现象经常发生。

（3）软件产品的质量往往靠不住。

（4）软件常常是不可维护的。

（5）软件通常没有适当的文档资料。

（6）软件成本在计算机系统总成本中所占的比例逐年上升。

（7）软件开发生产率提高的速度，远远跟不上计算机应用迅速普及深入的趋势。

造成软件危机的原因有很多，例如软件的规模越来越大，结构越来越复杂，软件开发管理困难而复杂，软件开发费用不断增加，软件开发技术和开发工具落后、生产方式落后等。

3. 软件工程

为了缓解软件危机，1968 年北大西洋公约组织的计算机科学家们在联邦德国召开的国际会议上，第一次正式提出并开始使用软件工程这个名词。软件工程的主要思想是采用工程的概念、原理、技术和方法来开发与维护软件，把经过时间考验而证明正确的管理经验和当前最好的技术方法结合起来，经济地开发出高质量的软件并有效地维护它，尽可能地解决软件开发过程中的困难和混乱，以期从根本上解决软件危机。

概括地说，软件工程是应用科学知识和技术原理来定义、开发、维护软件的一门综合性的交叉学科，涉及计算机科学、工程科学、管理科学、数学等领域。软件工程研究的主要内容包括软件开发技术和软件开发管理两方面。在软件开发技术中，主要研究软件开发方法、过程、工具和环境。在软件开发管理中，主要研究软件管理学、软件经济学、软件心理学等。

8.1.2　软件过程模型

1. 软件生命周期

同任何事物一样，一个软件产品也要经历诞生、成长、成熟、衰亡等阶段，这个过程一般称为软件生命周期。软件生命周期是指一个软件从提出开发要求开始直到该软件报废为止的整个时期。通常，软件生命周期包括可行性分析和项目开发计划、需求分析、总体设计、详细设计、编码、测试、维护等活动，如图8.1所示，可以将这些活动以适当的方式分配到不同阶段去完成。

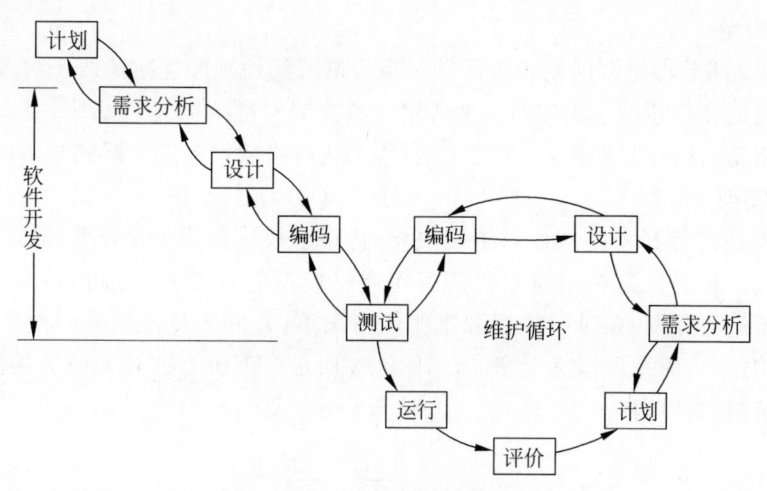

图8.1　软件生命周期

1）可行性分析和项目开发计划

明确“要解决的问题是什么、解决问题的方法以及所需的资源和时间”。要回答这些问题，就要进行问题定义和可行性分析，制订项目开发计划。

2）需求分析

需求分析阶段的任务是准确地确定软件系统必须做什么，对目标系统提出完整、准确、清晰和具体的要求，并写出软件需求规格说明书。

3）总体设计

总体设计的一项任务是设计出几种可能的方案并推荐一个最佳方案，制订出实现所推荐方案的详细计划。另一项主要任务是设计程序的体系结构，确定程序由哪些模块组成以及模块之间的关系。

4）详细设计

详细设计阶段就是为每个模块完成的功能进行具体描述，确定实现模块功能所需要的算法和数据结构。

5）编码

编码阶段把详细设计的结果翻译成程序，写出正确且容易理解和维护的程序模块。

6）测试

测试是保证软件质量的重要手段，在设计测试用例的基础上检验软件的各个组成部分，使软件达到预定的要求。测试分为单元测试、集成测试和确认测试等阶段。

7）维护

软件维护是软件生命周期中时间最长的阶段，通过必要的维护活动使软件持久地满足用户的需要。已交付的软件投入正式使用后，便进入软件维护阶段，它可以持续几年甚至几十年。

2. 软件生命周期模型

软件生命周期模型定义了生命周期划分的具体阶段以及各个阶段的执行顺序，是描述软件开发过程中各种活动如何执行的模型，也称为过程模型。常见的软件生命周期模型有瀑布模型、增量模型、螺旋模型和喷泉模型等。

1）瀑布模型

瀑布模型是将软件生命周期各个活动规定为按照线性顺序连接的若干阶段的模型。瀑布模型的阶段划分和开发过程如图 8.2 所示。该模型支持结构化的设计方法，但它是一种理想的文档驱动的线性开发模式，缺乏灵活性，无法解决软件需求不明确或不准确的问题。

2）增量模型

增量模型是把待开发的软件系统模块化，将每个模块作为一个增量组件，从而逐个地分析、设计、编码和测试这些增量组件。运用增量模型的软件开发过程是递增式的过程。采用增量模型进行开发，在时间或资源紧张的情况下，开发人员不需要一次性地把整个软件产品提交给用户，而是可以逐个完成，如图 8.3 所示。该模型有较大的灵活性，适用于软件需求不明确的软件项目。

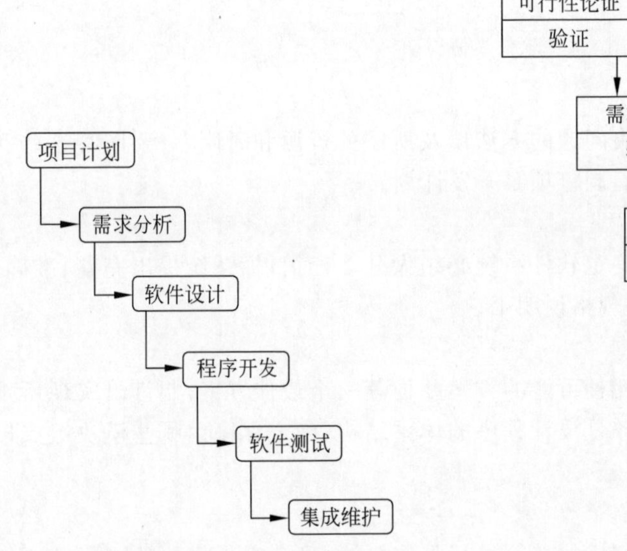

图 8.2　瀑布模型的阶段划分和开发过程

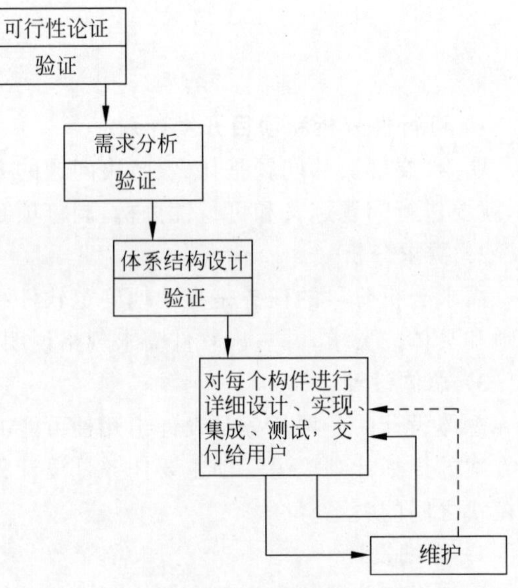

图 8.3　增量模型

3）螺旋模型

螺旋模型是一种风险驱动的模型。螺旋模型适用于内部大型软件的开发，它吸收了软件工程演化的理念，包括需求定义、风险分析、工程实现及用户评估四个阶段，螺旋模型是由上述四个阶段组成的迭代模型，迭代的结果必须尽快收敛到客户允许的或可接受的目标范围内，如图 8.4 所示。

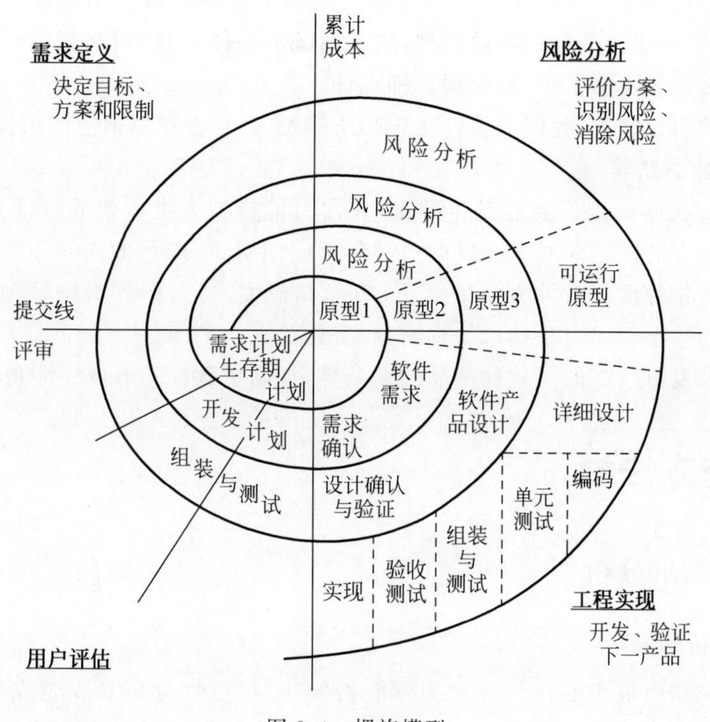

图 8.4　螺旋模型

4）喷泉模型

喷泉模型是一种以用户需求为动力，以对象作为驱动的模型，适用于面向对象的开发方法，如图 8.5 所示。

3. 软件工程方法学

软件开发方法是一种使用成熟的技术和工具来组织软件生产的过程。软件开发的目标是在规定的投资数额和限定时间内，开发出符合用户需求的高质量的软件。以下为两种常用的软件工程方法学。

1）传统方法学

传统方法学采用结构化技术来完成软件开发的各项任务。结构化技术由结构化分析、设计和实现几个阶段组成。传统方法学以算法为核心，开发过程基于功能分析和功能分解。该方法采用自顶向下、逐步求精的指导思想，应用广泛，技术成熟。

结构化分析是根据分解与抽象的原则，按照系统中数据处理的流程，用数据流图来建立系统的功能模型，从而完成需求分析工作。

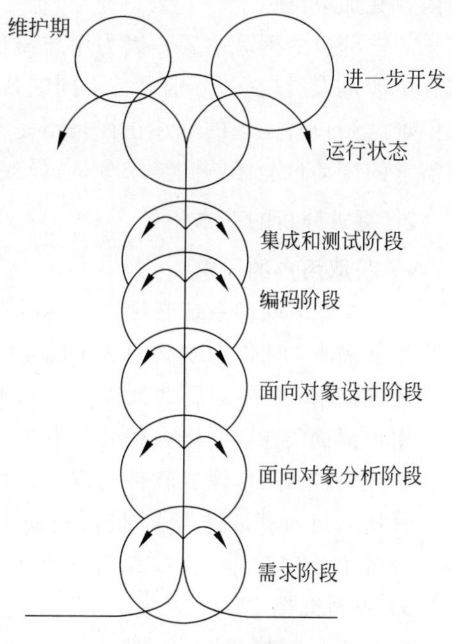

图 8.5　喷泉模型

结构化设计是根据模块独立性准则和软件结构准则将数据流图转换为软件的体系结构,用软件结构图来建立系统的物理模型,实现系统的总体设计,再将每个模块的功能用相应的标准控制结构表示出来,从而实现详细设计。

传统方法学历史悠久,为广大软件工程师所熟悉,但存在难以适应需求变化等问题。

2）面向对象方法学

面向对象方法学的出发点和基本原则,是尽可能模拟人类习惯的思维方式,它是以对象为中心的建模方法。面向对象开发的过程包括面向对象分析、面向对象设计和面向对象实现。在统一了各种面向对象方法的术语、概念和模型之后,国际对象管理组织批准把统一建模语言作为基于面向对象技术的标准建模语言。

面向对象开发方法降低了软件产品的复杂性,提高了软件的可理解性和可重用性。

8.2 传统方法学

8.2.1 需求分析

1. 需求分析的概念

可行性研究是以最小的代价确定问题能否解决,可行性分析阶段完成之后,就是软件定义时期的最后一个阶段——需求分析。需求分析的任务是对目标系统提出完整、准确、清晰、具体的要求。需求分析对于整个软件开发过程以及软件产品质量是至关重要的。随着软件系统规模和复杂程度的日益扩展,需求分析在软件开发中所处的地位更加重要,工作内容更加艰巨。

需求分析的困难主要是因为用户需求所涉及的因素很多,如系统功能和运行环境。需求分析涉及人员较多,分别具备不同的背景知识,处于不同的出发点,造成了相互之间交流的困难。用户对问题的陈述往往是不完备的,其各方面的需求还可能存在着矛盾,此外,用户需求的变动也会影响到需求分析,导致系统的不稳定。

2. 需求分析的基本任务

1）获取用户的需求

功能需求：软件系统必须完成的所有功能。

性能需求：软件系统必须满足的定时约束或容量约束。

环境需求：软件运行时所需要的软硬件要求。

用户界面需求：明确人机交互方式和输入输出数据格式。

2）分析与综合,建立软件的逻辑模型

分析人员对获取的需求,进行一致性的分析检查,在分析和综合中逐步细化软件功能,划分成各个子功能。用图文结合的形式,建立起新系统的逻辑模型。

3）编写文档

编写需求规格说明书,把双方共同的理解与分析结果用规范的方式描述出来,作为今后各项工作的基础。编写初步的用户使用手册,着重反映被开发软件的用户功能界面和用户使用的具体要求,用户手册能强制分析人员从用户使用的角度考虑软件。

3. 需求分析方法

结构化分析(Structured Analysis,SA),是面向数据流进行需求分析的方法,利用图形等半形式化的描述方式表达需求,用它们形成需求说明书中的主要部分。常用的描述工具如下。

数据流图:描述系统由哪几部分组成,各部分之间有什么联系等。

数据字典:定义了数据流图中的每一个图形元素。

描述加工逻辑的结构化语言、判定表和判定树:详细描述数据流图中不能再被分解的每一个加工。

1) 数据流图

数据流图(Data Flow Diagram,DFD),用于表示系统逻辑模型的一种工具,它以图形的方式描绘数据在系统中流动和处理的过程,反映系统必须完成的逻辑功能,是一种功能模型。

图8.6是一个飞机机票预订系统的数据流图,它表达的功能是:旅行社把预订机票的旅客信息(姓名、年龄、单位、身份证号、旅行时间、目的地等)输入机票预订系统。系统为旅客安排航班,打印出取票通知单。旅客在飞机起飞的前一天凭取票通知单交款取票,系统检验无误,输出机票给旅客。

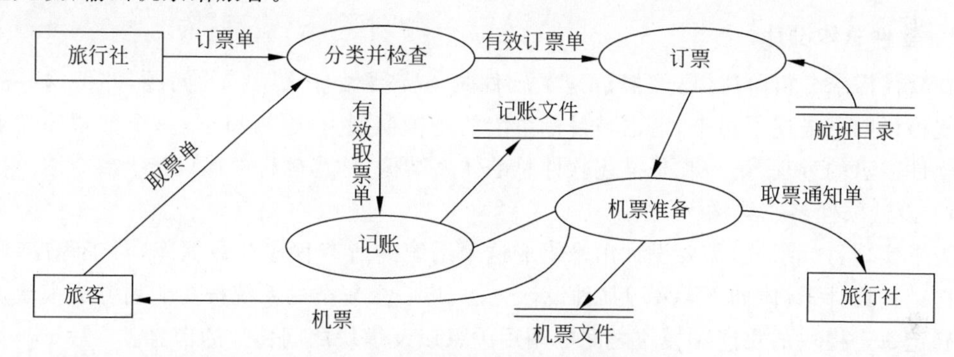

图8.6　机票预订系统的数据流图

数据流图有以下四种基本图形符号。

→:箭头,表示数据流。

○:圆或椭圆,表示加工。

=:双杠,表示数据存储。

□:方框,表示数据的源点或终点。

数据流由成分固定的数据组成。如订票单由旅客姓名、年龄、单位、身份证号、日期和目的地等数据项组成。由于数据流是流动中的数据,所以必须有流向,除了与数据存储之间的数据流不用命名外,数据流应该用名词或名词短语命名。

数据处理对数据流进行某些操作或变换。每个处理也要有名字,通常是动词短语,简明地描述完成什么处理。在分层的数据流图中,处理还应编号。

数据存储指暂时保存的数据,它可以是数据库文件或任何形式的数据组织。

数据源点或终点是本软件系统外部环境中的实体,包括人员、组织或其他软件系统,统称外部实体。

2）数据字典

数据字典用来定义数据流图中的各个成分的具体含义，它是一种准确的、无二义性的描述方式。数据字典和数据流图共同构成了系统的逻辑模型。

数据字典的任务是对于数据流图中出现的所有被命名的图形元素，都要在数据字典中进行定义，每一个图形元素的名字都有一个确切的解释。

数据字典有以下四类条目：数据流、数据项、数据存储、基本加工。

常用的符号如表 8.1 所示。

表 8.1 数据字典常用的符号

符 号	含 义	示例及说明
=	被定义为	—
+	与	$x=a+b$ 表示 x 由 a 和 b 组成
[...|...]	或	$x=[a\|b]$表示 x 由 a 或 b 组成
{...}	重复	$x=\{a\}$表示 x 由 0 个或多个 a 组成
(...)	可选	$x=(a)$表示 a 可在 x 中出现，也可不出现

8.2.2 软件设计

1. 软件总体设计

在软件需求分析阶段，已经搞清楚了软件具体需要做什么工作的问题，并把这些需求通过规格说明书描述了出来，这也是目标系统的逻辑模型。软件设计是一个把软件需求转换为软件表示的过程，第一步是描述软件总的体系结构，称为软件总体设计。

1）设计软件系统结构

为了实现目标系统，需要设计出来组成这个系统的所有程序和数据库，对于程序，则首先进行结构设计，具体如下：采用某种设计方法，将一个复杂的系统按功能划分成模块。接下来确定每个模块的功能和模块之间的调用关系以及模块之间传递的信息。

软件结构的设计是以模块为基础的，以需求分析的结果为依据，从实现的角度划分为模块，并组成模块的层次结构。软件结构的设计是总体设计关键的一步，直接影响到下一阶段详细设计与编码的工作，软件系统的质量及一些整体特性都在软件结构的设计中决定。

2）数据结构及数据库设计

对软件系统而言，除了控制结构的模块设计外，数据结构与数据库设计也很重要。包括数据存储文件的设计以及在数据分析的基础上，采用自底向上的方法从用户角度进行视图设计等工作。

3）编写总体设计文档

总体设计阶段的文档主要有总体设计说明书和数据库设计说明书，主要给出所使用的数据库管理系统简介、数据库的概念模型、逻辑设计结果。另外还有用户手册，该阶段可对需求分析阶段编写的用户手册进行补充。

4）评审

对设计部分是否完整地实现了需求中规定的功能、性能等要求，设计方案的可行性，关键的处理及内外部接口定义正确性、有效性，各部分之间的一致性等都要进行评审。

2. 详细设计

1）详细设计的基本任务

详细设计的基本任务是为每个模块进行详细的算法设计，用图形、表格、语言等工具将每个模块处理过程的详细算法描述出来，并为模块内的数据结构进行设计。另外，根据软件的类型还需要进行代码设计、人机对话设计、输入/输出格式设计，以及编写详细设计说明书等工作。

2）设计方法

详细设计是软件设计的第二阶段，主要确定每个模块的具体执行过程，从逻辑上正确地实现每个模块的功能，并使设计出的处理过程清晰易读。结构化程序设计同样采用自顶向下，逐步求精的程序设计方法。

3）详细设计描述法

详细描述处理过程常用三种工具：图形、表格和语言。下面主要介绍程序流程图和问题分析图两种图形工具，以及过程设计语言。

(1) 程序流程图。

顺序、选择和循环结构的程序流程图如图 8.7 所示。

(2) 问题分析图。

问题分析图(Problem Analysis Diagram，PAD)，是日本日立公司于 1979 年提出的一种算法描述工具，它是一种由左往右展开的树结构，如图 8.8 所示。PAD 的控制流程为自上而下、从左到右地执行。

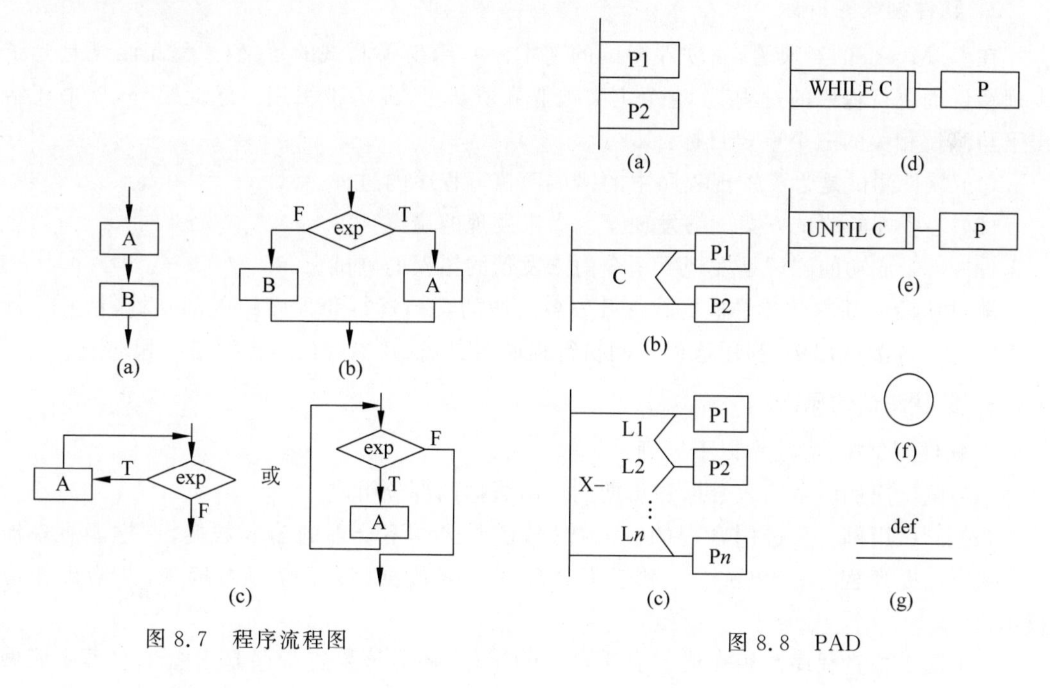

图 8.7　程序流程图

图 8.8　PAD

(3) 过程设计语言。

过程设计语言(Process Design Language，PDL)，也称程序描述语言，又称为伪码，它是一种用于描述算法设计和处理细节的语言。

8.2.3 软件测试

1. 软件测试的概念

软件测试就是在软件投入运行前，对软件需求分析、设计规格说明和编码的最终复审，是软件质量保证的关键步骤。软件测试是为了发现错误而执行程序的过程。测试过程中可以发现软件存在的问题与不足。

软件在其生命周期的各个阶段都有可能发生问题，但修复软件缺陷的费用在软件生命周期的各个阶段是有很大差异的。一般的规律是，随着时间的推移，修复软件缺陷的费用迅速增长，如图 8.9 所示。

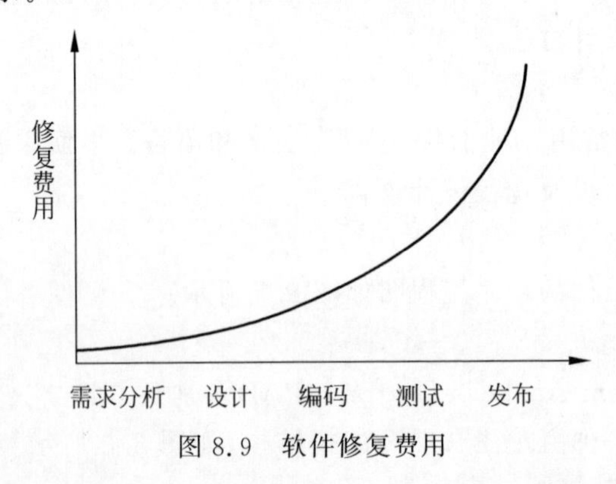

图 8.9 软件修复费用

2. 软件测试的目标

在 G. Myers 的经典著作《软件测试的艺术》中，给出了测试的定义："程序测试是为了发现错误而执行程序的过程"。这个定义被业界所认可，经常被引用。除此之外，该书还给出了与测试相关的三个重要目标：

(1) 软件测试是为了发现程序中的错误而执行程序的过程。

(2) 一个好的测试方案能够发现至今尚未发现的错误。

(3) 一个成功的测试是发现了至今尚未发现的错误的测试。

测试阶段的基本任务是根据软件开发各阶段的文档资料和程序的内部结构，精心设计一组"高产"的测试用例，利用这些实例执行程序，找出软件中潜在的各种错误和缺陷。

3. 软件测试的原则

在软件测试中，应注意以下原则：

(1) 测试用例应由输入数据和预期的输出数据两部分组成。

(2) 测试用例不仅选用合理的输入数据，还要选择不合理的输入数据，这样能更多地发现错误，提高程序的可靠性。对于不合理的输入数据，程序应拒绝接受，并给出相应提示。

(3) 除了检查程序是否完成了应该完成的工作，还应该检查程序是否做了它不应该做的工作。

(4) 应提前制定测试计划并严格执行。

(5) 长期保留测试用例。测试用例的设计耗费很大的工作量,必须作为文档保存。因为修改后的程序可能有新的错误,需要进行回归测试。同时,文档也可为以后的维护提供方便。

(6) 对发现错误较多的程序模块,应重点进行测试。有统计数字表明,一段程序中所发现的错误数越多,其中存在的错误概率也越大。因为发现错误数多的程序段,其质量较差,同时在修改错误过程中又容易引入新的错误。

(7) 程序员应当避免测试自己写的程序。由第三方来测试程序员编写的程序会更客观、更有效。

4. 测试方法

软件测试方法一般分为两大类:动态测试与静态测试,而动态测试又根据测试用例的设计方法不同,分为白盒测试和黑盒测试两类。

1) 静态测试

静态测试是指被测试程序不在机器上运行,而是采用人工检测和计算机辅助静态分析的方式对程序进行检测。

人工检测:人工检测是指不依靠计算机而是靠人工审查程序或评审软件。

计算机辅助静态分析:利用静态分析工具对被测试程序进行特性分析,从程序中提取一些信息,以便检查程序逻辑的各种缺陷和可疑的程序构造。

2) 动态测试

一般意义上的测试大多是指动态测试,动态测试有两种方法,分别是白盒测试法和黑盒测试法。

白盒测试法把被测试模块看作一个透明的盒子,测试人员须了解程序的内部结构和处理过程,以检查处理过程的细节为基础,对程序中尽可能多的逻辑路径进行测试,检查内部控制结构和数据结构是否有错,实际的运行状态与预期的状态是否一致。

黑盒测试法把被测试模块看作一个黑盒子,测试人员完全不考虑程序的内部结构和处理过程,只在软件的接口处进行测试,依据需求规格说明书,检查程序是否满足功能要求。因此,黑盒测试又称为功能测试。通过黑盒测试主要发现以下错误:功能、接口、访问外部信息是否有错以及性能上是否满足要求等。

5. 测试用例的设计

1) 白盒测试技术

白盒测试是结构测试,以程序的内部逻辑为基础设计测试用例。

逻辑覆盖是对一系列测试过程的总称,这些测试过程逐渐进行越来越完整的通路测试。当程序中有循环时,覆盖每条路径是不可能的,需要设计使覆盖程度较高的或覆盖最具有代表性的路径的测试用例。下面分别讨论几种常用的覆盖技术。

(1) 语句覆盖。语句覆盖是指设计足够多的测试用例,使被测试程序中每个语句至少执行一次。

(2) 判定覆盖。判定覆盖又叫分支覆盖,它的含义是,不仅每个语句必须至少执行一次,而且每个判定的每种可能的结果都应该至少执行一次,也就是每个判定的每个分支都至少执行一次。

(3) 条件覆盖。条件覆盖的含义是,不仅每个语句至少执行一次,而且使判定表达式中的每个条件都取到各种可能的结果。

(4) 判定/条件覆盖。判定/条件覆盖是一种能同时满足判定覆盖和条件覆盖的逻辑覆盖,它的含义是,选取足够多的测试数据,使得判定表达式中的每个条件都取到各种可能的值,而且每个判定表达式也都取到各种可能的结果。

(5) 条件组合覆盖。条件组合覆盖是指设计足够的测试用例,使得每个判定表达式中条件的各种可能的值的组合都至少出现一次。

(6) 路径覆盖。路径覆盖是指设计足够多的测试用例,覆盖被测程序中所有可能的路径。

2) 黑盒测试技术

(1) 划分等价类。

等价划分把程序的输入域划分成若干数据类,据此导出测试用例。等价划分法尽量设计出能发现若干类程序错误的测试用例,从而减少测试用例的数目。划分等价类需要经验,下述的启发式规则可能有助于等价类划分。

① 如果某个输入条件规定了取值范围,则可确定一个合理的等价类(输入值在这个范围内)和两个不合理等价类(输入值小于这个范围的最小值或大于这个范围的最大值)。

② 如果规定了输入数据的一组值,而且程序对不同的输入值做不同的处理,则每个允许输入值是一个合理等价类,另外还有一个不合理等价类(任何一个不允许的输入值)。

③ 如果规定了输入数据必须遵循的规则,可确定一个合理等价类(符合规则)和若干不合理等价类(从各种不同角度违反规则)。

④ 如果已划分的等价类中各元素在程序中的处理方式不同,则应将此等价类进一步划分为更小的等价类。

(2) 边界值分析。

使用边界值分析方法设计测试用例时一般与等价类划分结合起来。这种方法是将测试边界情况作为重点目标,选取正好等于、刚刚大于或刚刚小于边界值的测试数据。

① 如果输入条件规定了值的范围,可以选择正好等于边界值的数据作为合理的测试用例,同时还要选择刚好越过边界值的数据作为不合理的测试用例。

② 如果输入条件指出了输入数据的个数,则按最大个数、最小个数、比最小个数少 1、比最大个数多 1 等情况分别设计测试用例。

③ 对每个输出条件分别按照以上原则确定输出值的边界情况。

④ 如果程序的规格说明给出的输入或输出域是个有序集合(如顺序文件、线性表、链表等),则应选取集合的第一个元素和最后一个元素作为测试用例。

(3) 错误推测。

在测试程序时,人们可能根据经验或直觉推测程序中可能存在的各种错误,从而有针对性地编写检查这些错误的测试用例,这就是错误推测法。

6. 软件测试的步骤

软件产品一般经过以下四步测试:单元测试、集成测试、确认测试和系统测试,如图 8.10 所示。下面讲解软件测试步骤的前三步以及调试。

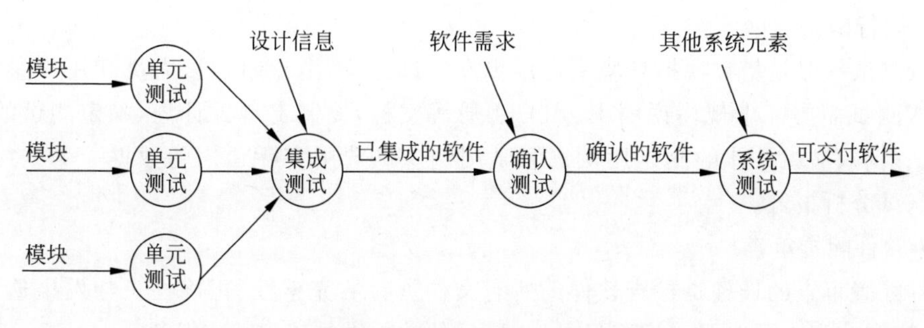

图 8.10　软件测试的步骤

1）单元测试

(1) 测试的内容。

单元测试主要针对模块的以下五个基本特征进行测试。

① 模块接口：主要检查数据能否正确地通过模块，属性及对应关系是否一致等问题。

② 局部数据结构：主要检查是否存在说明不正确或不一致，初始化或缺省值错误，变量名未定义或拼写错误，数据类型不相容，地址错误等问题。

③ 重要的执行路径：重要模块要进行基本路径测试，仔细地选择测试路径是单元测试的一项基本任务。

④ 错误处理：主要测试程序对错误处理的能力，如不能正确处理外部输入错误或内部处理引起的错误，对发生的错误不能正确描述等问题。

⑤ 边界条件：程序最容易在边界上出错，如输入/输出数据的等价类边界，选择条件和循环条件的边界，复杂数据结构的边界等都应进行测试。

(2) 测试的方法。

由于被测试的模块往往不是独立的程序，它处于整个软件结构的某一层位置上，需要被其他模块调用或调用其他模块，其本身不能单独运行，因此在单元测试时，需要为被测模块设计驱动模块和桩模块。

驱动模块的作用是用来模拟被测模块的上级调用模块，功能要比真正的上级模块简单得多，它只完成接收测试数据，以上级模块调用被测模块的格式驱动被测模块，并输出被测模块的测试结果。

桩模块用来代替被测试模块所调用的模块，它的作用是返回被测模块所需的数据。

2）集成测试

集成测试是指在单元测试的基础上，将所有模块按照设计要求组装成一个完整的系统进行的测试，故也称组装测试。

集成测试的方法有两种：非渐增式测试和渐增式测试。非渐增式测试是指首先对每个模块分别进行单元测试，然后再把所有的模块按设计要求组装在一起进行测试。渐增式测试是逐个把未经过测试的模块组装到已经完成测试的模块上，进行集成测试，每加入一个新模块进行一次集成测试，重复此过程直至程序组装完毕。

3）确认测试

确认测试的任务是检查软件的功能与性能是否与需求规格说明书中确定的指标相符合。确认测试阶段有两项工作：进行确认测试与软件配置审查。

（1）进行确认测试。

确认测试一般是指在模拟环境下运用黑盒测试方法，由专门测试人员和用户参加的测试。确认测试需要需求规格说明书、用户手册等文档，要制定测试计划，确定测试的项目，说明测试内容，描述具体的测试用例。测试用例应该选用实际运用的数据。测试结束后，应写出测试分析报告。

（2）软件配置审查。

软件配置审查的任务是检查软件的所有文档资料的完整性、正确性。如发生遗漏和错误，应补充和改正。同时要编排好目录，为以后的软件维护工作奠定基础。

4）调试

软件测试的目的是尽可能多地发现程序中的错误，而调试则是在进行了成功的测试之后才开始的工作。调试的目的是确定错误的原因和位置，并改正错误，因此调试也称为纠错。

（1）简单方法调试。

可以采用在程序中插入打印语句的方法，优点是能显示程序的动态过程，较易检查源程序的有关信息，缺点是效率太低。还有一种可以提高效率的方法是运行部分程序，只测试某些被怀疑有错的程序段，执行需要检查的程序段。

（2）归纳法调试。

归纳法是一种从特殊到一般的思维过程，从对个别事例的认识中，概括出共同特点，得出一般性规律的思考方法。

（3）回溯法调试。

该方法从程序产生错误的地方出发，人工沿着程序的逻辑路径返回搜索，直到找到错误的原因为止。

8.3 面向对象方法学

8.3.1 面向对象分析

面向对象是现代软件开发方法的主流。面向对象的概念和应用早已超越了程序设计和软件开发，扩展到数据库系统、交互式界面、应用结构、应用平台、分布式系统、网络管理结构、CAD 技术、人工智能等领域。

1. 传统开发方法存在的问题

软件工程强调软件的可维护性以及文档资料的重要性，规定最终的软件产品应该由完整、一致的配置成分组成。实践证明，用传统方法开发出来的软件，维护时其费用和成本仍然很高，其原因是可修改性差，维护困难，导致可维护性差。用传统的结构化方法开发大型软件系统时，尤其是涉及各种不同领域的知识，或者开发需求模糊以及需求动态变化的系统时，所开发出的软件系统往往不能真正满足用户的需要。

重用性是指同一事物不经修改或稍加修改就可多次重复使用的性质，软件重用性是软件工程追求的目标之一。用结构化方法开发的软件，其稳定性、可修改性、可重用性都比较差，这是因为结构化方法的本质是功能分解，结构化方法是围绕实现处理功能的过程来构造系统的。然而，用户需求的变化大部分是针对功能的，因此，这种变化对于基于过程的设计来说是灾难性的。用这种方法设计出来的系统结构常常是不稳定的，用户需求的变化往往造成系统结构的较大变化，从而需要花费很大代价才能实现这种变化。

2. 面向对象的概念

1）对象

对象是人们要进行研究的事物，它不仅能表示客观存在的具体的事物，还能表示抽象的规则、计划或事件。

2）对象的状态和行为

对象具有状态，一个对象用数据值来描述它的状态。对象还有操作，用于改变对象的状态，对象及其操作就是对象的行为。对象实现了数据和操作的结合，使数据和操作封装于对象中。

3）类

具有相同或相似性质的对象的抽象就是类。类的具体化就是对象，或者说，类的实例是对象。类具有属性，它是对象的状态的抽象。类具有操作，它是对象的行为的抽象。

4）类的结构

在客观世界中有若干类，这些类之间有一定的结构关系。通常有两种主要的结构关系，即一般-特殊结构关系，整体-部分结构关系。

5）消息和方法

对象之间进行通信的结构称为消息。在对象的操作中，当一个消息发送给某个对象时，消息包含接收对象去执行某种操作的信息。类中操作的实现过程称为方法。

软件工程领域最重要的成果之一就是统一建模语言(UML)的出现。UML是面向对象技术领域内占主导地位的标准建模语言。UML是一种定义良好、易于表达、功能强大且普遍适用的建模语言。它融入了软件工程领域的新思想、新方法和新技术。它的作用域不限于支持面向对象的分析与设计，还支持从需求分析开始的软件开发全过程。

3. 面向对象的模型

1）对象模型

对象模型描述了系统的静态结构，它是从客观世界实体的对象关系角度来描述，表现了对象的相互关系。该模型构建系统中对象的结构、属性和操作，它是分析阶段三个模型的核心，是其他两个模型的基础。

(1) 类。

通过将对象抽象成类，可以使问题抽象化，类的表示如图8.11所示。属性指的是类中对象所具有的性质。操作是类中对象所使用的一种功能或变换。类中的各对象可以共享操作，每个操作都有一个目标对象作为其隐含参数。方法是类的操作的实现步骤。

类名
属性
服务

图8.11 类的表示

(2) 关联关系。

关联表示两个类的对象之间存在某种语义上的联系。只要在类与类之间存在连接关系就可以用普通关联表示。普通关联的图示符号是连接两个类之间的直线，关联是双向的，可在每一个方向上为关联起一个名字(也可不起名字)。为避免混淆，在名字前面(或后面)加一个表示关联方向的黑三角。在表示关联的直线两端可以写上重数，它表示该类有多少个对象与对方的一个对象连接。关联关系如图 8.12 所示。

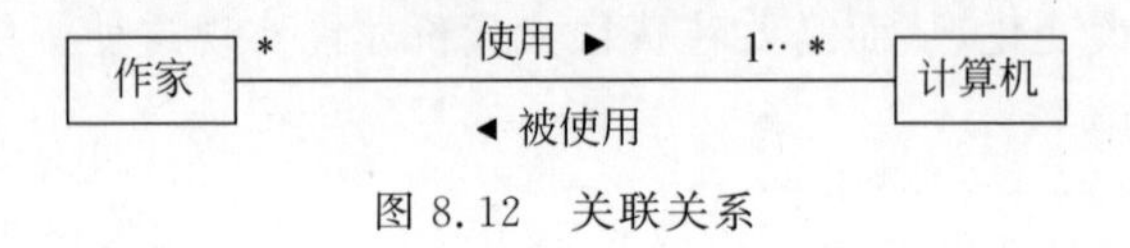

图 8.12　关联关系

(3) 聚集关系。

聚集也称为聚合，是关联的特例。聚集表示类与类之间的关系是整体与部分的关系。有共享聚集和组合聚集两种特殊的聚集关系。如果在聚集关系中处于部分方的对象可同时参与多个处于整体方的对象的构成，则该聚集称为共享聚集。如图 8.13 所示，一个课题组包含许多成员，每个成员又可以是另一个课题组的成员，则课题组和成员之间是共享聚集关系。共享聚集的关联关系用空心菱形表示。

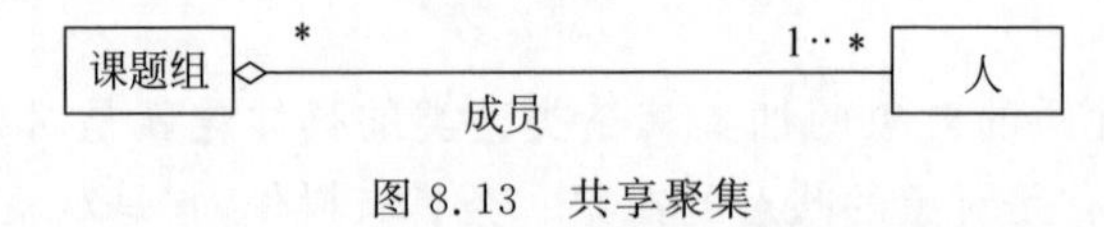

图 8.13　共享聚集

如果部分类完全隶属于整体类，部分与整体共存，整体不存在了部分也会随之消失，则该聚集称为组合聚集，简称为组合，如图 8.14 所示。

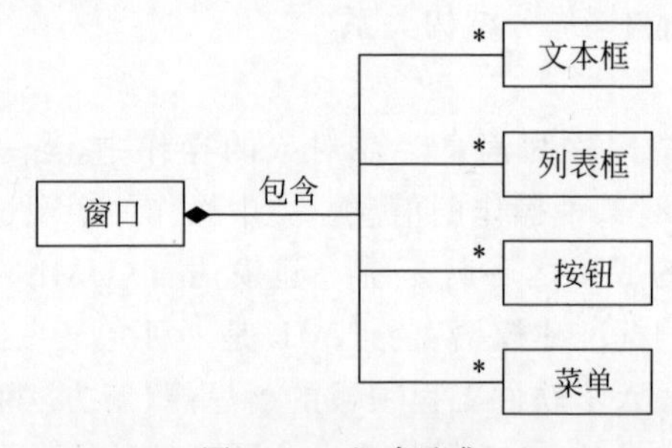

图 8.14　组合聚集

(4) 泛化关系。

泛化关系就是通常所说的继承关系，它是通用元素和具体元素之间的一种分类关系。用一端为空心三角形的连线表示泛化关系，三角形的顶角紧挨着通用元素。泛化关系指出在类与类之间存在“一般—特殊”关系，如图 8.15 所示。

2) 动态模型

动态模型是与时间和变化有关的系统性质。该模型描述了系统的控制结构，它表示了瞬间的、行为化的系统控制性质，它关心的是系统的控制，操作的执行顺序，它表示从对象的事件和状态的角度出发，表现了对象的相互行为。

该模型描述的系统属性是触发事件、事件序列、状态、事件与状态的组织。使用状态图作为描述工具。它涉及事件、状态、状态图等重要概念。

(1) 事件。

事件是指定时刻发生的某件事。事件包括系统与用户(或外部设备)交互的所有信号、输入、输出、中断、动作等。除了找出正常事件，也不要遗漏了异常事件和出错条件。

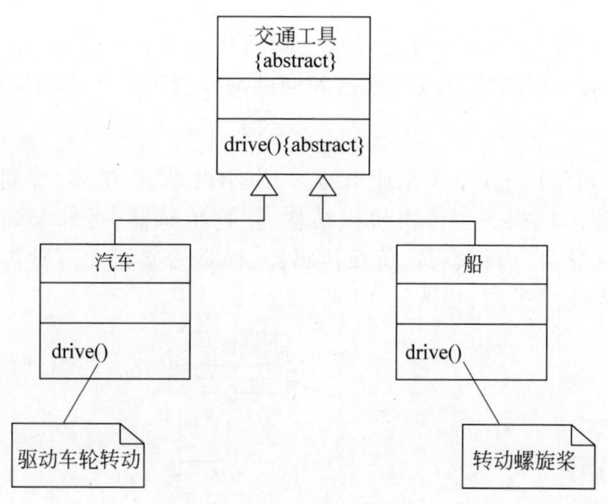

图 8.15　泛化关系

(2) 状态。

状态是对象属性值的抽象。对象的属性按照影响对象显著行为的性质将其归并到一个状态中。状态指明了对象对输入事件的响应。

(3) 状态图。

状态图是有限自动机的图形表示,这里把状态图作为建立动态模型的图形工具。状态图反映了状态与事件的关系。当接收一事件时,下一状态就取决于当前状态和所接收的该事件,由该事件引起的状态变化称为转换。状态图是一种动态图,用结点表示状态,结点用圆圈表示;圆圈内有状态名,用箭头连线代表状态的转换,上面标记事件名,箭头方向表示转换的方向。状态图如图 8.16 所示。

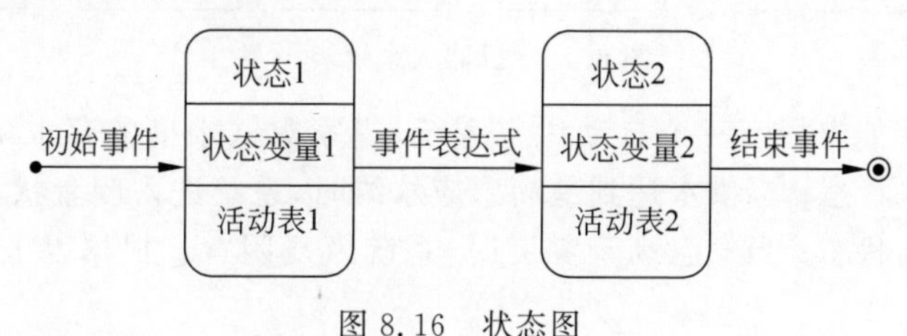

图 8.16　状态图

3) 功能模型

功能模型表示变化的系统的功能,它指明系统应该完成的任务,直接地反映了用户对目标系统的需求。一幅用例图包含的模型元素有系统、行为者、用例及用例之间的关系。图 8.17 是自动售货机系统的用例图。图中的方框代表系统,椭圆代表用例,线条人代表行为者,它们之间的连线表示关系。

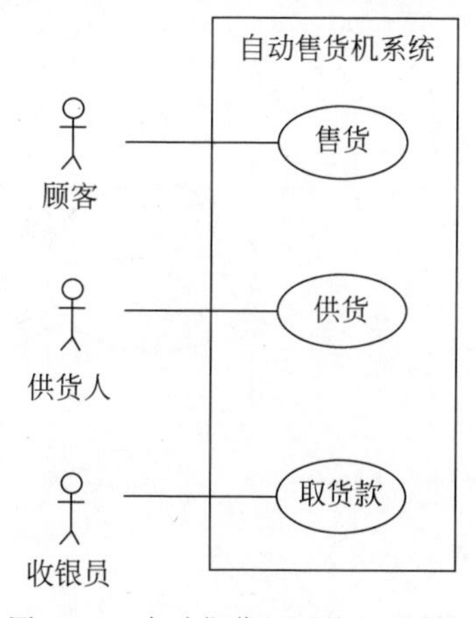

图 8.17　自动售货机系统的用例图

用例之间主要有扩展和使用两种关系,它们是泛化关系的两种不同形式。向一个用例中添加一些动作后构成了另一个用例,这两个用例之间的关系就是扩展关系,后者继承前者的一些行为,通常把后者称为扩展用例。

当一个用例使用另一个用例时，这两个用例之间就构成了使用关系。一般来说，如果在若干用例中有某些相同的动作，则可以把这些相同的动作提取出来单独构成一个用例。

4. 应用实例

【例 8-1】 某公司生产 KUKA 工业机器人，由驱动系统、主体、控制系统组成。驱动系统包括动力装置和传动机构。主体由机械结构、生物传感器、手部末端操作器组成。其中生物传感器有接触传感器、力传感器、负载传感器、视觉传感器和声觉传感器等类型。根据描述画出此机器人系统的类图，如图 8.18 所示。

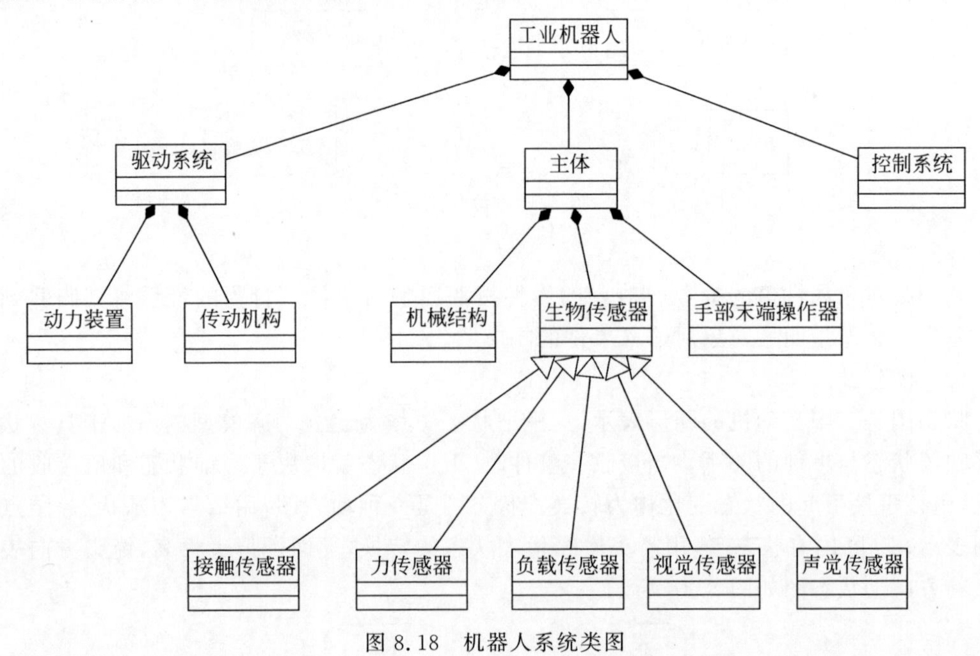

图 8.18 机器人系统类图

【例 8-2】 某智能农场有一个自动供水系统，当家禽饮水槽的存水量低于底层感应水线时，系统进入供水状态；当供水达到最高感应水线时，系统进入闲置状态；当气温低于零度时，系统进入恒温状态；当气温高于零度时，系统恢复闲置。根据以上描述画出状态图，如图 8.19 所示。

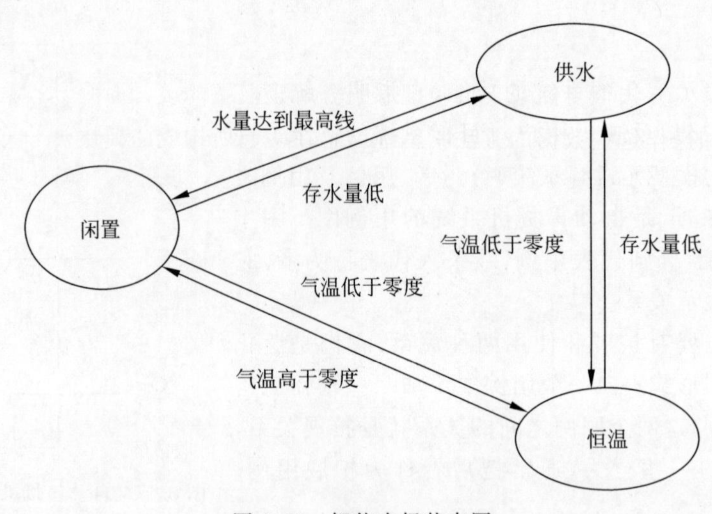

图 8.19 智能农场状态图

【例 8-3】 某军工企业研发了一款多功能复合无人机，爆破人员可使用该无人机系统的投放高爆炸弹和地形侦察功能，设备人员可使用该系统的网兜拦截和降落伞空降目标无人机功能，软件人员可使用系统的阻截传输代码和引导目标无人机返航功能。请根据以上描述画出该无人机系统的用例图，如图 8.20 所示。

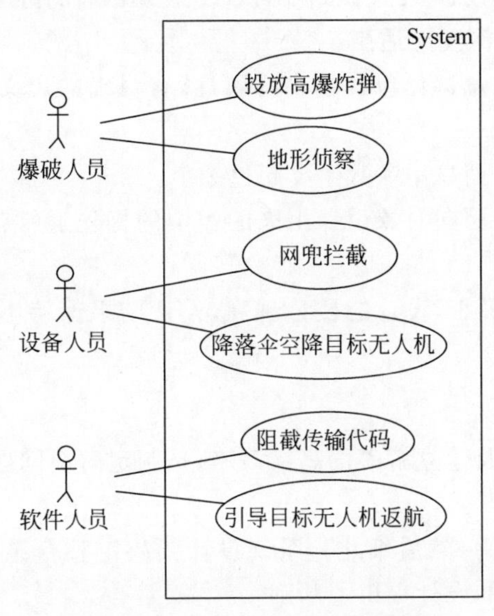

图 8.20 无人机系统的用例图

8.3.2 面向对象设计

面向对象设计是把分析阶段得到的需求转变成符合成本和质量要求的、抽象的系统实现方案的过程。从面向对象分析到面向对象设计，是一个逐渐扩充模型的过程。

可以把面向对象设计再细分为系统设计和对象设计。系统设计确定实现系统的策略和目标系统的高层结构。对象设计确定出求解域中的类、关联、接口形式及实现操作的算法。

1. 面向对象设计的准则

1）模块化

面向对象开发方法很自然地支持了把系统分解成模块的设计原则：对象就是模块。它是把数据结构和操作这些数据的方法紧密地结合在一起所构成的模块。

2）抽象

面向对象方法不仅支持过程抽象，而且支持数据抽象。

3）信息隐藏

在面向对象方法中，信息隐藏通过对象的封装性来实现。

4）低耦合

在面向对象方法中，对象是最基本的模块，因此，耦合主要指不同对象之间相互关联的紧密程度。低耦合是设计的一个重要标准，因为这有助于使得系统中某一部分的变化对其他部分的影响降到最低程度。

5）高内聚

内聚衡量一个模块内各个元素彼此结合的紧密程度，在设计时应该力求做到高内聚。

2. 面向对象设计的启发规则

（1）设计结果应该清晰易懂，尽量做到用词一致、使用已有的协议、减少消息模式的数量等。

（2）一般-特殊结构的深度应适当。

（3）设计简单类，应注意避免包含过多的属性、有明确的定义、尽量简化对象之间的合作关系等。

（4）使用简单的协议，消息中参数不要超过3个。

（5）使用简单的操作，面向对象设计出来的类中的操作通常都很小，一般只有3～5行源程序语句。

（6）把设计变动减至最小，设计的质量越高，设计结果保持不变的时间也越长，应该使修改的范围尽可能小。

3. 系统设计

系统设计是问题求解及建立解答的高级策略，是制定解决问题的基本方法。

1）系统设计概述

设计阶段先从高层入手，然后细化。系统设计要决定整个结构及风格，这种结构为后面设计阶段的更详细策略的设计提供了基础。

首先要进行系统分解并确定并发性，另外各数据存储可以将数据结构、文件、数据库组合在一起，还要必须确定全局资源，并且制定访问全局资源的策略。分析模型中所有交互行为都表示为对象之间的事件。系统设计必须从多种方法中选择某种方法来实现软件的控制。设计中的大部分工作都与稳定的状态行为有关，但必须考虑用户使用系统的交互接口。

2）系统分解

通过面向对象分析得到的问题域精确模型，为设计体系结构奠定了良好的基础，建立了完整的框架。

3）选择软件控制机制

软件系统中存在两种控制流，即外部控制流和内部控制流。

4）数据存储管理

数据存储管理是系统存储或检索对象的基本设施，它建立在某种数据存储管理系统之上，并且隔离了数据存储管理模式的影响。

5）设计人机交互接口

在面向对象分析过程中，已经对用户界面需求进行了初步分析，在面向对象设计过程中，则应该对系统的人机交互接口进行详细设计，以确定人机交互的细节，其中包括指定窗口和报表的形式、设计命令层次等内容。

8.3.3 面向对象实现

1. 程序设计语言

1）选择面向对象语言

采用面向对象方法开发软件的基本目的和主要优点是通过重用提高软件的生产率。

因此，应该优先选用能够最完善、最准确地表达问题域语义的面向对象语言。

在选择编程语言时，应该考虑的其他因素还有对用户学习面向对象分析、设计和编码技术所能提供的培训操作；在使用这个面向对象语言期间能提供的技术支持；能提供给开发人员使用的开发工具、开发平台，对机器性能和内存的需求，集成已有软件的容易程度。

2）程序设计风格

良好的程序设计风格对面向对象实现来说非常重要，能明显减少维护的开销，有助于在新的软件系统中重用已有的代码。设计的目标要提高可重用性、可扩充性和健壮性。

2. 类的实现

在开发过程中，类的实现是核心问题。在用面向对象风格所写的系统中，所有的数据都被封装在类的实例中，而整个程序则被封装在一个更高级的类中。在重用构件的面向对象系统中，可以只花费较少工作量来实现软件。只要增加类的实例，开发少量的新类和实现各个对象之间互相通信的操作，就能建立需要的软件。

3. 面向对象测试

面向对象测试的总目标是用最小的工作量发现最多的错误，测试的焦点是对象类。一旦完成了面向对象程序设计，就开始对每个类进行单元测试。测试类使用的方法有随机测试、划分测试和基于故障的测试等。集成测试可以采用基于线程或基于使用策略等方法。确认测试主要采用基于情景的测试。

8.4 软件项目管理

8.4.1 项目管理概述

软件工程包括软件开发技术和软件工程管理两大部分内容。软件工程管理是对软件项目的开发管理，具体地说是对整个软件生命周期的一切活动进行管理。

近代项目管理的成熟标志是使用关键路线法和计划评审技术成功实现了阿波罗登月计划。而现代项目管理的新发展方向为面向市场和竞争，注重人的因素、注重柔性管理和管理工具。

1. 软件工程管理的重要性

为了应对大型的软件系统，必须采用传统的分解方法。一个大型系统分解为若干小型系统，小型系统分解为子系统，子系统分解为模块，模块分解为过程。另外还要把软件开发过程分为几个阶段，每个阶段有不同的任务、特点和方法。为此，软件工程管理需要有相应的管理策略。

由于软件产品的固有特征，以及软件规模的不断增大而导致的开发人员增多，开发时间持续增长，这些因素都增加了软件工程管理的难度，同时也突出了软件工程管理的必要性和重要性。事实证明，由于管理失误造成的后果要比程序错误造成的后果更为严重。很少有软件项目的实施进程能准确地符合预定的目标、进度和预算，这也就足以说明软件工程管理的重要地位。

软件工程管理目前还没有引起人们的足够重视。其原因是人的传统观念，工程管理不为人们所重视；另一方面软件工程是一个新兴的科学领域，软件工程管理的问题也是刚刚提出的。同时，由于软件产品的特殊性，使软件工程管理涉及很多学科。

2. 软件工程管理的内容

软件工程管理的具体内容包括对开发人员、组织机构、用户、控制、文档资料等方面的管理。

1）开发人员

开发人员的组成有项目负责人、系统分析员、高级程序员、初级程序员、软件测试员、资料员和其他辅助人员。

2）组织机构

软件项目成功的关键是有高素质的软件开发人员。然而大多数软件的规模都很大，单个软件开发人员无法在给定期限内完成开发工作，因此，必须把多名软件开发人员合理地组织起来，使他们有效地分工协作共同完成开发工作。现有的软件项目组的组织方式很多，通常，组织软件开发人员的方法，取决于所承担的项目的特点、以往的组织经验以及管理者的看法和喜好。

民主制程序员组的一个重要特点是，小组成员完全平等，享有充分民主，通过协商做出技术决策。主程序员组用经验多、技术好、能力强的程序员作为主程序员，同时，利用人和计算机在事务性工作方面给主程序员提供充分支持，而且所有通信都通过一两个人进行。现代程序员组两个人共同担任负责人：一个技术负责人，负责小组的技术活动；一个行政负责人，负责所有非技术性事务的管理决策。由于程序员组人数不宜过多，当软件项目规模较大时，应该把程序员分成若干小组。

3）用户

软件是为用户而开发的，在开发过程中自始至终必须得到用户的密切合作和支持。作为项目负责人，要特别注意与用户保持联系，掌握用户心理和动态，防止来自用户的不积极配合或者随意更改需求等各种干扰。

4）控制

控制包括进度控制、人员控制、经费控制和质量控制。

5）文档资料

软件工程管理是通过对文档资料的管理来实现的。文档标准化是文档管理的重要方面。

3. 软件项目计划

在软件项目管理过程中一个关键的活动是制定项目计划，它是软件开发工作的第一步。项目计划的目标是为项目负责人提供一个框架，使之能合理地估算软件项目开发所需的资源、经费和开发进度，并控制软件项目开发过程按此计划进行。软件项目计划包括两个任务：研究和估算。即通过研究确定该软件项目的主要功能、性能和系统界面。另外，在做计划时，必须就需要的人力、项目持续时间及成本等列出估算。

软件项目计划内容如下：

1）范围

对该软件项目进行综合描述，定义所要做的工作以及性能限制，它包括：项目目标、主要功能、性能限制、系统接口、特殊要求、开发概述等。

2）资源

项目所需资源包括：人员资源、硬件资源、软件资源等。

3）进度安排

进度安排的成功与否会影响整个项目的如期完工，因此这一环节是十分重要的。制定软件进度的方法主要有 Gantt 图、工程网络图、任务资源表、成本估算等。

对软件工程管理来说，软件工程规范的制定和实施是不可缺少的，它与软件项目计划一样重要。软件工程规范可选用现成的各种规范，也可自己制定。目前软件工程规范可分为三级：国家标准与国际标准、行业标准与工业部门标准、企业级标准与开发组级别标准。

为了使开发项目能在规定的时间内完成，而且不超过预算，成本预算和管理的控制是关键。

4）成本估算模型

COCOMO(Constructive Cost Model)模型是最精确、最易于使用的成本估算方法之一。

该模型分为以下 3 种：

(1) 基本 COCOMO 模型，是一个静态单变量模型，它是对整个软件系统进行估算；

(2) 中级 COCOMO 模型，是一个静态多变量模型；

(3) 详细 COCOMO 模型，将软件系统模型分为系统、子系统和模块三个层次。

4. 软件项目进度安排

软件项目的进度安排与任何一个工程的进度安排没有实质上的不同。首先识别一组项目任务，建立任务间的相互关联，然后估计各个任务的工作量，分配人力和其他资源，指定进度时序。当软件项目有多人参加时，多个开发者的活动将并行进行。

1）Gantt 图

Gantt 图常用水平线段来描述把任务分解成子任务，以及每个子任务的进度安排，该图表示方法简单易懂，动态反映软件开发进度情况。用 Gantt 图表示的进程计划如表 8.2 所示。

表 8.2 用 Gantt 图表示的进程计划

项目	时间(以 2023 年为例)									
	3月	4月	5月	6月	7月	8月	9月	10月	11月	12月
前期准备										
系统调查										
系统分析										
系统设计										
系统实施										
系统试运行										
系统测试										
系统验收										
系统正式运行										

2）工程网络图

工程网络图是一种有向图，如图 8.21 所示，该图中用圆表示事件，有向弧或箭头表示任务的进行，箭头上的数字称为权，权表示此子任务的持续时间，箭头下面括号中的数字表示该任务的机动时间，图中的圆表示某个任务开始或结束事件的时间点。

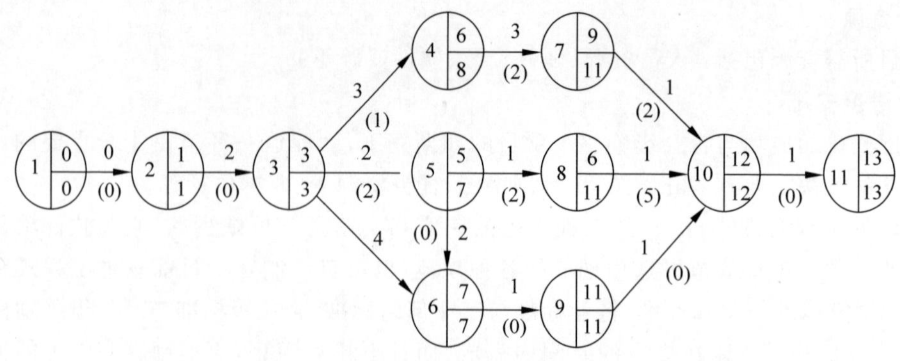

图 8.21 工程网络图

8.4.2 软件质量管理

软件质量是许多质量属性的综合体现，各种质量属性反映了软件质量的方方面面。人们通过提高软件的各种质量属性，从而提高软件的整体质量。软件的质量属性很多，如正确性、精确性、健壮性、可靠性、容错性、性能、易用性、安全性、可扩展性、可复用性、兼容性、可移植性、可测试性、可维护性、灵活性等。软件质量保证是软件工程管理的重要内容，软件质量保证应做好以下几方面的工作：采用技术手段和工具，组织正式技术评审，加强软件测试，推行软件工程规范，对软件的变更进行控制，对软件质量进行度量。

软件质量保证在具体实施过程中，通常采用以下方法：基于非执行的测试，基于执行的测试和程序正确性证明。复审主要用来保证在编码之前各阶段产生的文档的质量；基于执行的测试需要在程序编写出来之后进行，它是保证软件质量的最后一道防线；程序正确性证明使用数学方法严格验证程序是否与对它的说明完全一致。事实上，软件质量保证是在软件过程中的每一步都进行的活动。

8.4.3 软件配置管理

1. 软件配置管理

软件配置管理应用于整个软件工程过程。其主要目标是：标识变更；控制变更；确保变更正确地实现；报告有关变更。软件配置管理是一组管理整个软件生命周期各个阶段中变更的活动。

2. 基线

基线是已经通过了正式复审的规格说明或中间产品，它可以作为进一步开发的基础，并且只有通过正式的变化控制过程才能改变它。它的作用是把开发各阶段的划分更加明确化，使本来连续的工作在这些点上断开，以便于检查阶段成果。

3. 软件配置项

软件配置项是配置管理的基本单位，计算机程序、描述计算机程序的文档、数据等内容组成了在软件过程中产生的全部信息，人们把它们统称为软件配置，而这些项就是软件配置项。对已成为基线的软件配置项，虽然可以修改，但必须按照一个特殊的、正式的过程进行评估，确认每一处的修改。

4．版本控制

软件配置的版本管理是一个动态的过程，它随着软件生命周期向前推进，软件配置项的数量在不断增多，随时有新的变化出现，形成新的版本。版本控制联合使用规程和工具，以管理在软件工程过程中所创建的配置对象的不同版本。借助版本控制技术，用户能够通过选择适当的版本来指定软件系统的配置。

5．文档的作用与分类

1）文档的作用

文档是指某种数据媒体和其中所记录的数据。在软件工程中，文档用来表示对需求、工程或结果进行描述、定义、规定、报告或认证的任何书画或图示的信息。它们描述和规定了软件设计和实现的细节，说明使用软件的操作命令。高质量文档对于发挥软件产品的效益有着重要的意义。

2）文档的分类

软件开发项目生命周期各阶段应包括的文档以及各类人员的关系如表8.3所示。

表8.3 软件开发项目生命周期各阶段应包括的文档以及各类人员的关系

文档	用户			
	管理人员	开发人员	维护人员	用户
可行性研究报告	√	√		
项目开发计划	√	√		
软件需求说明书		√		
数据要求说明书		√		
测试计划		√		
概要设计说明书		√	√	
详细设计说明书		√	√	
用户手册		√		√
操作手册		√		√
测试分析报告		√	√	
开发进度月报	√			
项目开发总结	√			
程序维护手册	√		√	

8.5 本章小结

本章介绍了软件工程的相关内容，包括软件危机和软件工程的概念、软件开发过程中使用的模型；常用的软件开发方法，包括传统软件开发方法和面向对象的软件开发方法；软件项目管理的相关知识。软件工程使用工程方法来解决软件设计中的问题，以确保软件开发的顺利进行。

通过本章的学习，读者应该对软件工程所涉及的各方面的知识、原理和方法有个整体的了解，熟悉软件开发中几种典型的开发模型，熟悉常用的软件开发方法，对软件项目管理建立初步的印象,以便在软件项目开发过程中进行应用。

习题答案

习题8

一、选择题

1. 在下列选项中,(　　)不属于软件工程学科所要研究的基本内容。

A. 软件工程材料　　B. 软件工程目标

C. 软件工程原理　　D. 软件工程过程

2. 需求分析中,开发人员要从用户那里解决的最重要的问题是(　　)。

A. 要让软件做什么　　B. 要给该软件提供哪些信息

C. 要求软件工作效率怎样　　D. 要让该软件具有何种结构

3. 包含风险分析的软件工程模型是(　　)。

A. 喷泉模型　　B. 瀑布模型　　C. 增量模型　　D. 螺旋模型

4. 成功的测试是指运行测试用例后(　　)。

A. 发现了程序错误　　B. 未发现程序错误

C. 证明程序正确　　D. 改正了程序错误

5. 系统的健壮性是指(　　)。

A. 系统能够正确地完成预期的功能

B. 系统能有效地使用计算机资源

C. 在有干扰或输入数据不合理等意外情况下,系统仍能进行适当的工作

D. 在任何情况下,系统均具有错误自修复功能

二、简答题

1. 软件危机有哪些典型表现?
2. 什么是软件过程?它与软件工程方法学有何关系?
3. 模块设计的准则有哪些?
4. 软件测试的一般步骤有哪些?
5. 一个程序能既正确又不可靠吗?请说明理由。

三、设计题

1. 某医院打算开发一个以计算机为中心的患者监护系统。医院对患者监护系统的基本要求是随时接收每个病人的生理信号,如脉搏、体温、血压、心电图等,定时记录病人情况以形成患者日志,当某个病人的生理信号超出标准病症信号库所提供的标准时,系统向值班护士发出警告信息,此外,护士在需要时还可以要求系统打印出某个指定病人的病情报告。请根据以上描述画出该系统的用例图。

2. 复印机的工作过程大致如下:未接到复印命令时处于闲置状态,一旦接到复印命令则进入复印状态,完成一个复印命令规定的工作后又回到闲置状态,等待下一个复印命令;如果执行复印命令时发现没纸,则进入缺纸状态,发出警告,等待装纸,装满纸后进入闲置状态,准备接收复印命令;如果复印时发生卡纸故障,则进入卡纸状态,发出警告,等待维修人员来排除故障,故障排除后回到闲置状态。请用状态图描绘复印机的行为。

第9章

新一代信息技术

(1) 引导学生认识人工智能的基本概念和技术，了解人工智能的发展历程和现状，培养学生对人工智能的兴趣，激发学生对未来科技的探索热情；

(2) 通过让学生了解人工智能的应用领域，引导学生思考人工智能对社会的影响和作用，培养学生的创新思维和应用能力；

(3) 通过了解大数据、区块链等新型产业技术，培养学生主动探索前沿科学和技术的能力，具备格物致知精神；

(4) 通过了解物联网技术的发展和技术特征，培养学生严谨的科学态度和团队协作能力。

(1) 理解人工智能、大数据、物联网、区块链等新一代信息技术相关概念；

(2) 了解人工智能等新一代信息技术的发展过程及研究现状；

(3) 了解人工智能、大数据、物联网、区块链等技术的应用领域和应用场景。

新一代信息技术产业是国民经济的战略性、基础性和先导性产业，近十年来，我国新一代信息技术产业规模效益稳步增长，创新能力持续增强，企业实力不断提升，行业应用持续深入，为经济社会发展提供了重要保障。党的二十大报告提出“构建新一代信息技术、人工智能、生物技术、新能源、新材料、高端装备、绿色环保等一批新的增长引擎”。党的二十大报告为我国新一代信息技术产业发展指明了方向，随着新一代信息技术高速发展，不仅为我国加快推进制造强国、质量强国、网络强国和数字中国建设提供了坚实有力的支撑，而且将促进百行千业升级蝶变，成为推动我国经济高质量发展的新动能。本章将对人工智能、大数据、区块链和物联网等新一代信息技术进行介绍。

9.1 人工智能

随着科技的发展，人工智能(Artificial Intelligence，AI)技术发展突飞猛进，并以不可阻挡之势进入了人们的生活领域。人工智能的蓬勃发展将人们的生活推向了更高的层次，人类由此进入了智能化时代。人工智能不仅能够帮助人们高效学习和工作，而且可以为生活增姿添彩。本节将介绍人工智能的发展历程、研究内容以及应用领域，并探讨人工智能的未来发展前景。

9.1.1 人工智能概述

1956年夏天，约翰·麦卡锡等在美国达特茅斯学院开会研讨“如何用机器模拟人的智能”，约翰·麦卡锡在会上提出了“人工智能”这一概念，标志着人工智能的诞生。

1. 人工智能的定义

自从人工智能的概念出现以后，处于人工智能不同发展阶段的专家们从不同角度给出了关于人工智能的很多定义，他们并没有达成一致意见。美国斯坦福大学人工智能研究中心的尼尔逊(Nelson)教授曾经将人工智能定义为“怎样表示知识、怎样获得知识并使用知识的科学”。美国麻省理工学院(Massachusetts Institute of Technology，MIT)的温斯顿(Winston)教授则认为“人工智能就是研究如何使计算机去做过去只有人才能做的智能工作”。中国工程院院士李德毅在《不确定性人工智能》一书中对人工智能下的定义是“人类的各种智能行为和各种脑力劳动，如感知、记忆、情感、判断、推理、证明、识别、设计、思考、学习等思维活动，用某种物化了的机器予以人工实现”。

在社会上，人们更多的是从学科和工程技术角度来理解人工智能的。作为一门新学科，人工智能是一个以计算机科学为基础，由计算机、心理学、哲学等多学科交叉融合的交叉学科、新兴学科，是研究、开发用于模拟、延伸和扩展人的智能的理论、方法、技术及应用系统的一门新的技术科学，企图了解智能的实质，并生产出一种新的能以人类智能相似的方式做出反应的智能机器，该领域的研究包括机器人、语言识别、图像识别、自然语言处理和专家系统等。

简而言之，人工智能就是研究如何用计算机来实现人类的智能，例如，模仿人类的视觉、知觉、推理、学习能力等，从而让计算机能够像人一样思考和行动。

2. 人工智能的起源与发展

人工智能作为一门学科，经历了兴起、形成、发展、突破等多个阶段，下面简单介绍人工智能的起源与发展过程。

1）人工智能的兴起阶段(1936—1956年)

1950年，一位名叫马文·明斯基(后被人称为“人工智能之父”)的大四学生与他的同学邓恩·埃德蒙一起，建造了世界上第一台神经网络计算机。这也被看作人工智能的一个起点。巧合的是，同样是在1950年，被称为“计算机之父”的阿兰·图灵提出了一个举世瞩目的想法——图灵测试。按照图灵的设想：如果一台机器能够与人类进行对话，而不能被辨别出机器身份，那么这台机器就具有智能。而就在这一年，图灵还大胆预言了真正具备智能机器的可行性。

1956年，在由达特茅斯学院举办的一次会议上，计算机专家约翰·麦卡锡提出了“人工智能”一词。后来，这被人们看作人工智能正式诞生的标志。就在这次会议后不久，麦卡锡从达特茅斯搬到了MIT。同年，明斯基也搬到了这里，之后两人共同创建了世界上第一座人工智能实验室——MIT AI LAB。值得注意的是，达特茅斯会议正式确立了AI这一术语，并且开始从学术角度对AI展开了深入的研究。在那之后不久，最早的一批人工智能学者和技术开始涌现。达特茅斯会议被广泛认为是人工智能诞生的标志，从此人工智能上了快速发展的道路。

2）人工智能的形成阶段（1957—1969 年）

这一时期，研究者们发展了众多的原理与理论，人工智能概念也随之得以扩展，相继取得了一批显著的成果，如机器定理证明、通用问题求解、Lisp 语言等。

在十余年的时间内，早期的数字计算机被广泛应用于数学和自然语言领域，用于解决代数、几何和翻译问题。计算机的广泛应用让很多研究人员坚定了机器能够向人类智能趋近的信心。这一时期是人工智能发展的高峰时期，也奠定了人工智能符号主义学派的基础。

1958 年，美国康奈尔大学的心理学家和计算机学家弗兰克·罗森布拉特（Frank Rosenblatt）继承控制论的联结主义方法后，提出了感知器的概念，这在当时引发了一股研究热潮。1960 年，约翰·麦卡锡（J. McCarthy）发明了人工智能程序设计语言 Lisp，用于对符号表达式进行加工和处理。1963 年，纽厄尔（A. Newell）发布了问题求解程序，首次将问题的领域知识与求解方法分离开来，标志着人类走上了以计算机程序模拟人类思维的道路。1965 年鲁宾逊（Robinson）提出了归结原理，实现了自动定理证明的重大突破。1968 年，奎利恩（J. R. Quillian）指出，记忆是基于概念之间的相互联系来实现的。

总之，20 世纪 60 年代，为了模拟复杂的思考过程，早期的研究人员试图通过研究通用的方法来解决广泛的问题。这个阶段，许多伟大的科学家们针对人工智能的各方面提出创新性的基础理论，例如在知识表达、学习算法、人工神经网络等诸多方面都有新的理论出现。但是，由于早期的计算机性能有限，因此很多理论并未得以实现，但它们却为 20 年后人工智能的实际应用指出了方向。

3）人工智能的发展阶段（1970—1992 年）

20 世纪 70 年代，人工智能的研究已在世界许多国家相继展开，研究成果大量涌现。1970 年国际性的人工智能杂志 *Artificial Intelligence* 创刊，对推动人工智能的发展、促进研究者们的交流起到了重要作用。1972 年法国科默寥尔（A. Clomerauer）提出并实现了逻辑程序设计语言 PROLOG。肖特里费（E. H. Shortliffe）等从 1972 年开始研制用于诊断和治疗感染性疾病的专家系统 MYCIN。然而，这一时期，受到基础科技发展水平以及可获取的数据量等因素的限制，在机器翻译、问题求解、机器学习等领域出现了一些问题，在语音识别、图像识别等简单的机器智能技术方面取得的进展都非常有限。

经过了一段低谷时期后，人工智能的发展在 20 世纪 80 年代迎来了第二个春天，很多模仿人类学习能力的机器学习算法不断发展并越来越完善，机器的计算、预测和识别的能力也随之有了较大的提升。J. Hopfield 于 1982 年构建了一种新的全互联的神经元网络模型，并在 1985 年顺利解决了“旅行商”（TSP）问题。1986 年 Rumelhart 构建了反向传播学习算法（BP），成为普遍应用的神经元网络学习算法。

在这一时期，人工智能尽管在专家系统、人工神经元网络模型等方面取得了巨大的进展，能够完成某些特定的具有实用性的任务，但面对复杂问题却显得束手无策，尤其是当数据量积累到一定程度后，有些结果就难以实现改进，极大地限制了人工智能的实际应用价值。因此，人工智能发展到 20 世纪 90 年代中期，相关研究再度陷入困境。

4）人工智能的突破阶段（1993 年至今）

对于人工智能发展而言，这个阶段是一个超越历史上任何一个阶段的、非凡的创造性阶段。机器学习和人工神经网络的研发工作加速推进，人工智能实现了巨大的突破。1997

年，计算机深蓝完胜国际象棋大师卡斯帕罗夫，重新点燃了人们对人工智能的希望。2000年，日本率先研制出了人形机器人Asimo。

2006年，深度学习取得了重大突破，加拿大多伦多大学教授Hinton联合他的学生，发表了具有突破性的论文*A Fast Learning Algorithm for Deep Belief Net*，开创了深度神经网络和深度学习的技术历史，并引爆了一场现代商业革命。之后，图形处理器（GPU）、现场可编程门阵列（FPGA）异构计算芯片以及云计算等计算机硬件设施不断取得突破性进展，为人工智能提供了足够的计算力，得以支持复杂算法的运行。

2009年，斯坦福大学教授李飞飞创建了一个名为ImageNet的大型数据库（如图9.1所示），其中包含了数百万个带标签的图像，为深度学习技术性能测试和不断提升提供了一个舞台。从2010年以来，ImageNet每年都会举办一次竞赛，即ImageNet大规模视觉识别挑战赛（ImageNet Large Scale Visual Recognition Challenge，ILSVRC）。通过这个比赛，许多优秀的深度学习算法脱颖而出。

图9.1 ImageNet的大型数据库

2016年，谷歌旗下的DeepMind公司开发的Alpha Go完胜世界围棋大师李世石（如图9.2所示），将人工智能发展的高潮推到了一个新的高度。新一代人工智能引起了各国政府的关注，世界主要经济大国加快布局人工智能，加大对人工智能产业的投入，出台各项鼓励人工智能发展的政策，为人工智能在全球范围内取得新的突破打下了坚实的基础。

图9.2 Alpha Go对战李世石

2017年，Alpha Go Zero通过深度学习实现了自我更新升级，不断自我超越，完胜Alpha Go。IBM研发的人工智能Watson，通过机器学习分析和解读海量医疗数据和文献并提出治疗方案，其分析结果与医生的治疗建议具有高度的一致性。微软公司的机器人小冰，自学了自1920年以来519位诗人的现代诗，并在网络上发表诗歌作品，且并未被发现是机器所作。

而进入2023年以来，国内外一系列生成式人工智能(Artificial Intelligence Generated Content，AIGC)成果的推出，更是代表着人工智能进入了高速发展阶段。当前，以ChatGPT为代表的生成式人工智能技术通过智能算法和大数据分析，可以从全球范围内收集、分析和处理海量的数据，大型AI模型的应用场景已经远远超出了聊天和对话的范畴，甚至发展出了推理、理解和抽象思考的能力。许多学者认为，人工智能的发展已经临近"奇点"(Singularity)时刻。

3. 人工智能的主要研究内容

人工智能有着十分广泛和极其丰富的研究内容，不同的人工智能研究者从不同角度对人工智能的研究内容进行了分类，如基于人类智能模拟、基于不同认知观、基于应用领域、基于系统结构和支撑环境等。下面综合介绍一些具有普遍意义的人工智能的主要研究内容。

1）知识表示

人工智能研究的目的是要创建一个能模拟人类智能行为的系统，知识是一切智能行为的基础，人类智能活动过程主要是一个不断地获取知识并运用知识的过程。知识表示是人工智能的一个重要研究课题，就是将关于世界的信息用计算机可接受的符号并以某种形式描述出来，用于模拟人对世界的认识和推理，以解决人工智能中的复杂任务。应用人工智能技术解决实际问题，就要涉及各类知识的表示方法，需要把人类知识概念化、形式化或模型化，不同的结构形式又形成了不同的表示方法，例如图表结构、语法树、规则匹配模式、树形或网状表达等。在人工智能应用中，知识表示是数据结构和控制结构及解释过程的结合，涉及计算机程序中存储信息的数据结构设计，并对这些数据结构进行智能推理演变的过程。

2）机器感知

对人类而言，感知能力是一种本能，例如，视觉的形成和人脑对经由眼睛输入大脑的信息的处理等过程都不需要经过大脑的主动思考。但是机器则需要通过各种传感器和计算机技术才能获得感知能力。机器感知作为机器获取外界信息的主要途径，是机器智能的重要组成部分，主要指机器通过各种传感器及技术模拟人的视觉、听觉、触觉等感知能力，从而能够识别语音、图像等。主要技术领域有机器视觉、模式识别和自然语言处理。

(1) 机器视觉。

机器视觉是用计算机模拟或实现人类视觉系统和功能的重要研究领域，其主要目标是让计算机拥有类似人类提取、处理、理解和分析图像以及图像序列的能力。这种能力不仅包括对三维环境中物体形状、位置、姿态、运动等几何信息的感知，还包括对这些信息的描述、存储、识别与理解。机器视觉需要综合数学图像处理、模式识别、机器学习等多种人工智能技术。

视觉是人类各种感知能力中最重要的一部分。在人类感知到的外界信息中，约有80%以上是通过视觉获得的，正如一句俗语所说的"百闻不如一见"。目前，机器视觉技术发展迅速,并在社会的许多领域中得到了成功的应用。例如在图像识别领域的人脸识别、指纹识别、字符识别、车牌识别等;在航天与军事领域有卫星图像处理、飞行器跟踪、成像精确制导、景物识别、目标检测等;在医学领域有CT图像的脏器重建、医学图像分析等;在工业领域方面有各种监测系统和监控系统等。

未来机器视觉技术的发展主要面临以下挑战:一是如何在不同的应用领域与其他技术更好地结合,机器视觉在解决某些问题时可以广泛利用大数据,已经逐渐成熟并且可以超过人类,而在某些问题上却无法达到很高的精度;二是如何降低计算机视觉算法的开发时间和人力成本,目前计算机视觉算法需要大量的数据与人工标注,需要较长的研发周期以达到应用领域所要求的精度与耗时;三是如何加快新型算法的设计开发,随着新的成像硬件与人工智能芯片的出现,针对不同芯片与数据采集设备的机器视觉算法的设计与开发也是挑战之一。

(2) 模式识别。

模式识别(Pattern Recognition)是人工智能较早的研究领域之一。"模式"一词的原意是指供模仿用的完美无缺的一些样本。在日常生活中,我们可以把那些客观存在的事物形式称为模式。例如,一条河,一张照片,一处风景、一段音乐、一幢建筑等。在模式识别理论中,通常把对某一事物所做的定量或结构性描述的集合称为模式。

所谓模式识别就是让计算机能够对给定的事物进行鉴别,并把这归入与其相同或相似的模式中。为了能使计算机进行模式识别,通常需要给它配上各种感知器官,使其能够直接感知外界信息。模式识别的一般过程是先采集识别事物的模式信息,对其进行各种变换和预处理,从中抽出具有意义的特征或基元,得到待识别事物的模式;然后再与机器中原有的各种标准模式进行比较,完成对待识别事物的分类识别,最后输出识别结果。

所谓模式识别的问题就是用计算的方法根据样本的特征将样本划分到一定的类别中。解决模式识别问题的方法可归纳为基于知识的方法和基于数据的方法两大类。基于知识的方法,主要是指以专家系统为代表的方法,其基本思想是,根据人们已知的关于研究对象的知识,整理出若干描述特征与类别间关系的准则,建立一定的计算机推理系统,对未知样本通过这些知识推理决策其类别。基于数据的模式识别方法,是在确定了描述样本所采用的特征之后,这些方法并不是依靠人们对所研究对象的知识来建立分类系统,而是采集一定数量的已知样本,用这些样本作为训练集来训练一定的模式识别模型,使之在训练后能够对未知样本进行分类。

(3) 自然语言处理。

自然语言是人类之间信息交流的主要媒介,由于人类有很强的理解自然语言的能力,因此相互间的信息交流显得轻松自如。然而目前计算机系统和人类之间的交互几乎还只能使用严格限制的种种非自然语言,因此解决计算机系统能够理解自然语言的问题,引起人们的兴趣和重视。自然语言处理是计算机科学领域与人工智能领域的一个重要方向,研究能实现人与计算机之间用自然语言进行有效通信的理论和方法,涉及的领域较多,主要包括机器翻译、语义理解和问答系统等。

机器翻译技术是指利用计算机技术实现从一种自然语言到另一种自然语言的翻译过程。基于统计的机器翻译方法突破了之前基于规则和实例的翻译方法的局限性,翻译性能取得巨大的提升。基于深度神经网络的机器翻译在日常口语等一些场景的成功应用已经显现出了巨大的潜力。随着上下文的语境表征和知识逻辑推理能力的发展,机器翻译将会在多轮对话翻译及篇章翻译等领域取得更大的进展。

语义理解技术是指利用计算机技术实现对文本篇章的理解,并且回答与文章相关问题的过程。语言理解更注重于对上下文的理解以及对答案精准程度的把控。随着 MCTest 数据集的发布,语义理解受到更多关注,取得了快速发展,相关数据集和对应神经网络模型层出不穷。语言理解技术将在智能客服、产品自动问答等相关领域发挥重要作用,进一步提高问题与对话系统的精度。

问答系统分为开放领域的问答系统和特定领域的问答系统。问答系统技术是指让计算机像人类一样用自然语言与人交流的技术。人们可以向问题系统提交用自然语言表达的问题,系统会返回关联性较高的答案。尽管问答系统目前已经有不少应用产品出现,但大多是在实际信息服务系统和智能手机助手等领域的应用,在问题系统稳健性方面仍然存在着问题和挑战。

3) 机器思维

机器思维主要模拟人类的思维功能,在人工智能中,与机器思维有关的研究主要包括推理、搜索、规划等。

推理是人工智能中的基本问题之一。所谓推理是指按照某种策略,从已知事实出发,利用知识推出所需结论的过程。对机器推理,可根据所用知识的确定性,将其分为确定性推理和不确定性推理两大类型。推理的理论基础是数理逻辑,常用的确定性推理方法包括产生式推理、自然演绎推理、归结演绎推理等。由于现实世界中的大多数据问题是不能被精确描述的,因此确定性推理能解决的问题很有限,更多的问题需要采用不确定性推理方法来解决。不确定性推理的理论基础是非经典逻辑和概率等。非经典逻辑是泛指除了经典逻辑之外的其他各种逻辑,如多值逻辑、模糊逻辑、模态逻辑、概率逻辑等。最常用的不确定推理方法有基于可信度的确定性理论、基于改进的 Bayes 公式的主观 Bayes 方法、基于概率的证据理论和基于模糊逻辑的可能性理论等。

搜索也是人工智能中的基本问题之一。所谓搜索是指为了达到某一目标,不断寻找推理路线,以引导和控制推理,使问题得以解决的过程。对于搜索,可根据问题的表示方式将其分为状态空间探索和树搜索两大类型。其中状态空间搜索是一种用状态空间法求解问题的搜索方法,树搜索是一种用问题归约法求解问题的搜索方法。

对于搜索问题,人工智能最关心的是如何利用搜索过程所得到的那些有助于尽快达到目标的信息来引导搜索过程,即启发式搜索方法。博弈是一种典型的搜索问题,人们对于博弈的研究主要以下棋为对象。其典型代表是 IBM 公司研制的 IBM 超级计算机"深蓝"和"小深"与国际象棋世界冠军对弈。

规划是一种重要的问题求解技术,它是对从某个特定问题状态出发,寻找并建立一个操作序列,直到求得目标状态为止的一个行动过程的描述。与一般问题求解技术相比,规划更侧重于问题求解过程,并且要解决的问题一般是真实世界的实际问题,而不是抽象的数学模型问题。比较完整的规划系统是斯坦福研究所问题求解系统(Stanford Research Institute Problem Solver,STRIPS),它是一种基于状态空间和 F 规则的规划系统。

4) 机器学习

机器学习(Machine Learning,ML)涉及统计系统辨识、逼近理论、神经网络、优化理论、计算机科学、脑科学等诸多领域的知识,主要研究计算机怎样模拟或实现人类的学习行为,以获取新的知识或技术,重新组织已有的知识结构使之不断改善自身的性能,是人工智能的核心。根据学习模式、学习方法以及算法的不同,机器学习存在不同的分类方法。

(1) 根据学习模式分类。根据学习模式将机器学习分为监督学习、无监督学习和强化学习。

监督学习。监督学习是利用已标记的有限训练数据集,通过某种学习策略建立一个模型,实现对新数据的标记(分类)/映射,最典型的监督学习算法包括回归和分类。监督学习要求训练样本的分类标签已知,监督学习在自然语言处理、信息检索、文本挖掘、图像识别等领域获得了广泛的应用。

无监督学习。无监督学习是利用未标记的有限数据描述,学习隐藏在未标记数据中的结构或规律。最典型的无监督学习算法包括单类密度估计、数据降维、聚类等。无监督学习不需要训练样本和人工标注数据,便于压缩数据存储、减少计算量、提升算法速度,还可以避免正、负样本偏移引起的分类错误问题。无监督学习主要用于经济预测、异常检测、数据挖掘、图像处理等领域。

强化学习。强化学习是智能系统从环境到行为映射的学习,以使强化信号函数值最大。由于外部环境提供的信息很少,因此强化学习系统必须靠自身的经历进行学习。强化学习的目标是学习从环境状态到行为的映射,使得智能体选择的行为能够获得环境最大的奖赏,使得外部环境对学习系统在某种意义下的评价为最佳。其在机器人控制、无人驾驶、下棋、工业控制等领域获得成功应用。

(2) 根据学习方法分类。根据学习方法可以将机器学习分为传统机器学习和深度学习。

传统机器学习。传统机器学习从一些训练样本出发,试图发现不能通过原理分析获得的规律,实现对未来数据行为或趋势的准确预测,相关算法包括逻辑回归、隐马尔可夫方法、支持向量机方法、K 近邻方法、人工神经网络方法、贝叶斯方法以及决策树方法等。传统机器学习平衡了学习结果的有效性与学习模型的可解释性,为解决有限样本的学习问题提供了一种框架。传统机器学习方法共同的重要理论基础之一是统计学,在自然语言处理、语音识别、图像识别、信息检索和生物信息等许多计算机领域获得了广泛应用。

深度学习。深度学习是建立深层结构模型的学习方法。典型的深度学习算法包括深度置信网络、卷积神经网络、受限玻耳兹曼机和循环神经网络等。深度学习作为机器学习研究中的一个新兴领域,由 Hinton 等人于 2006 年提出。经过多年的研究,已经产生了诸多深度神经网络的模型,其中卷积神经网络、循环神经网络是两类典型的模型。深度学习框架是进行深度学习的基础底层框架,一般包括主流的神经网络算法模型,提供稳定的深度学习 API(Application Programming Interface),支持训练模型在服务器和 GPU、TPU 间的分布式学习,从而为深度学习算法带来前所未有的运行速度和实用性,目前主流的开源算法框架有 TensorFlow、Caffe、Torch/PyTorch、Theano 等。

5) 机器行为

机器行为既是智能机器作用于外界环境的主要途径,也是机器智能的重要组成部分。机器行为的研究内容比较多,这里主要介绍智能控制和智能制造。

智能控制是指那种无须或需要尽可能少的人工干预,就能够独立地驱动智能机器,实现其目标的控制过程。它是一种把人工智能技术与传统自动控制技术相结合,研制智能控制系统的方法和技术。目前,常用的智能控制方法主要包括模糊控制、神经网络控制、分层递阶智能控制、专家控制和学习控制等。智能控制的主要应用领域包括智能机器人系统、计算机集成制造系统、复杂工业过程的控制、航空航天控制系统、交通运输系统等。

智能制造是指以计算机为核心,集成有关技术,以取代、延伸与强化有关专门人才在制造中的相关智能活动所形成、发展乃至创新的制造。智能制造中所采集的技术称为智能制造技术,它是指在制造系统和制造过程中的各个环节,通过计算机来模拟人类专家的智能制造活动,并与制造环境中人的智能进行柔性集成与交互的各种制造技术的总称。智能制造技术主要包括机器智能的实现技术、人工智能与机器智能的融合技术,以及多智能体的集成技术。在实现智能制造模式下,智能制造系统一般为分布式协同求解系统,其本质特征表现为智能单元的自主性与系统整体的自组织能力。近年来,智能 Agent 技术被广泛应用于网络环境下的智能制造系统的开发。

4. 人工智能的主要应用领域

人工智能主要的应用领域主要集中在智慧教育、智慧医疗、无人驾驶、电商零售、个人助理、智能家居、智能安防、智能机器人等多个垂直领域内的多个场景。

1）智慧教育

科大讯飞、乂学教育等企业早已开始探索人工智能在教育领域的应用。通过图像识别,可以进行机器批改试卷、识题答题等；通过语音识别可以纠正、改进发音；而人机交互可以进行在线答疑解惑等。AI 和教育的结合一定程度上可以改善教育行业师资分布不均衡、费用高昂等问题,从工具层面给师生提供更有效率的学习方式,但还不能对教育内容产生较多实质性的影响。

2）智慧医疗

目前大数据和基于大数据的人工智能,为医生辅助诊断疾病提供了最好的支持,甚至在某些方面比大部分医生还要更专业。在人工智能的迅速发展下,并不是医生会没了工作,而是同样数量的医生可以服务几倍、数十倍甚至更多的人群。特别是对一些比较偏远落后的地区,有了人工智能的应用,会让越来越多的病人享受到极佳的医疗服务。

腾讯推出了首款将人工智能技术运用在医学领域的产品“腾讯觅影”——由腾讯互联网＋合作事业部牵头,聚合多个顶尖人工智能团队的能力,将图像识别、大数据处理、深度学习等 AI 领先技术与医学跨界融合研发而成,辅助医生进行疾病筛查和诊断。

3）无人驾驶

无人驾驶的应用给人类带来的变化还是很大的,汽车可以在任何时间、任何地点提供高质量的租用服务,随叫随到,24 小时待命。而且未来的道路也会发生变化,专用于自动驾驶的车道可以变得更窄,交通信号可以更容易被自动驾驶汽车识别。

即使无人驾驶足够吸引人,但是为了弥补人工智能的不足,企业常常采取幕后的人为干预措施。这种做法的理念是,人类监督者确信人工智能运转良好,并担任教师角色。当人工智能失败时,人的干预是软件调整的指南。这一启发式过程的明确目标是,最终人工智能将能够在没有监督的情况下运行。

4）电商零售

人工智能在零售领域的应用已经十分广泛,无人便利店、智慧供应链、客流统计、无人仓/无人车等都是热门方向。

图普科技则将人工智能技术应用于客流统计，通过人脸识别客流统计功能，门店可以从性别、年龄、表情、新老顾客、滞留时长等维度建立到店客流用户画像，为调整运营策略提供数据基础，帮助门店运营从匹配真实到店客流的角度提升转换率。

5）个人助理

现如今的机器翻译，能达到一个刚学某种外语两三年的中学生的翻译水平。而且对于很多非专业类的普通文本内容，机器翻译的结果已经几乎能够做到对原文的语义进行清晰的表达，完全不影响理解与沟通。

这个领域的应用比较多见，例如苹果 Siri、微软小冰等，都是较为基础的应用，随着聊天机器人日益发展成真正的智能助理，其可以帮助用户做很多事情，而人类赋予其的自主权也面临诸多挑战。智能助理需要在确定的框架下运行，包括如何与人类交互、如何做出决定、如何理解并利用获取的信息。

6）智能家居

智能家居主要是基于物联网技术，通过智能硬件、软件系统、云计算平台构成一套完整的家居生态圈。用户可以进行远程控制设备，设备间可以互联互通，进行自我学习等，并通过收集、分析用户行为数据为用户提供个性化生活服务，来整体优化家居环境的安全性、节能性、便捷性等。例如，借助智能语音技术，用户可以实现对家居系统各设备的操控，如开关窗帘、操控家用电器和照明系统等；借助机器学习技术，智能电视可以从用户看电视的历史数据中分析其兴趣和爱好，并把相关的节目推荐给用户；通过应用人脸识别、指纹识别等技术进行开锁等；通过大数据技术可以使智能家电实现对自身状态及环境的自我感知，具有故障诊断功能。

值得一提的是，近两年随着智能语音技术的发展，智能音箱成为一个爆发点。小米、天猫、Rokid 等企业纷纷推出自身的智能音箱，不仅成功打开家居市场，也为未来更多的智能家居用品培养了用户习惯。但目前家居市场智能产品种类繁多，如何打通这些产品之间的沟通壁垒，以及建立安全可靠的智能家居服务环境，是该行业下一步的发力点。

7）智能安防

智能安防离不开视频监控，视频监控离不开人脸识别，而人脸识别则离不开人工智能。智能安防技术是一种利用人工智能对视频、图像进行存储，从中识别安全隐患并对其进行处理的技术。智能安防与传统安防的最大区别在于智能化，传统安防对人的依赖性比较强，非常耗费人力，而智能安防能够通过机器实现智能判断，从而尽可能实现实时的安全防范与处理。

目前，几乎每个城市在公共场所都有监控摄像头，这些摄像头所获取的视频监控录像对维护社会治安方面发挥了重要作用。

近些年来，中国安防监控行业发展迅速，视频监控数量不断增长，在公共和个人场景监控摄像头安装总数已经超过了 1.75 亿个。而且，在部分一线城市，视频监控已经实现了全覆盖。不过，相对于国外而言，我国安防监控领域仍然有很大成长空间。

视频监控从理论上可以有力保障公共安全，然而在实践上还面临很多难题。这些难题制约了视频监控价值的充分利用。对于一个城市而言，它的监控摄像头是以万计的，所获得视频监控录像在数量上十分庞大，海量视频数据的分析、传输和处理给智能安防带来了很大的挑战。因此,智能安防需要解决海量视频数据分析、存储控制与传输问题,将智能视频分析技术、云计算及云存储技术结合起来,构建智慧城市下的安防体系。

8）智能机器人

智能机器人是人工智能一个重要而又活跃的研究和应用领域。在20世纪60年代,机器人随着工业自动化和计算机技术飞速发展开始大量生产并走向实际应用。几乎所有的人工智能技术都在机器人开发中得到应用,机器人实际上成了人工智能理论、方法、技术的试验场地,同时机器人学的相关研究也反过来推动了人工智能的发展。

智能机器人在生活中随处可见,扫地机器人、陪伴机器人等,这些机器人不管是跟人语音聊天,还是自主定位导航行走、安防监控等,都离不开人工智能技术的支持。人工智能技术把机器视觉、自动规划等认知技术、各种传感器整合到机器人身上,使得机器人拥有判断、决策的能力,能在各种不同的环境中处理不同的任务。

众所周知,机器人领域对学习算法提出了一系列独特的挑战:第一个挑战是为机器人执行的每项工作编写全新的学习算法和元素可能很困难,甚至是不可能的;第二个挑战是机器人必须处理现实世界中的大量多样性,这使得许多学习算法难以处理。

深度学习在计算机视觉领域的良好成果推动了一些机器人技术的应用,深度学习在机器人技术中被大量用于执行类似人类的任务。深度学习算法是能够直接从数据中学习的通用模型,因此它们非常适合机器人技术。传统深度学习算法在复杂场景下的应用存在局限性,而大模型的出现,使得机器人在多模态交互、感知认知以及行为指令生成等方面实现更加自动化和通用化,为智能机器人提供了更加强大的智能核心,使得机器人能够更好地适应各种场景和任务需求,大大提升了机器人的智能自主能力。从发展趋势来看,智能机器人正由“感知智能”向“认知智能”迈进,仿生机器人等新兴方向创新活跃,智能机器人研发再度迎来突破。

9.1.2　人工智能的应用

人工智能是引领世界未来发展的战略性技术,世界主要发达国家把发展人工智能作为提升国家竞争力、维护国家安全的重大战略。人工智能是经济发展的新引擎,是新一轮产业变革的核心驱动力,将催生新技术、新业态等,深刻改变人类生产、生活方式和思维模式,实现社会生产力整体跃升。

党的二十大报告明确指出,全面建设社会主义现代化国家,最艰巨最繁重的任务仍然在农村。加快推进农业农村现代化是中国式现代化过程中最为关键的一环。农业是人类的衣食之源,生命之本,是国家重要经济命脉,是国家稳定长治久安的保证。根据联合国粮农组织的数据,到2050年,世界人口将增加20亿人,然而,耕种土地只能增加4%。要解决世界粮食问题,利用新技术提高农业生产效率是最迫切的任务之一。随着信息技术的快速发展,人工智能为农业这一最古老的产业带来颠覆性变化,毫无疑问农业在人工智能的赋能下将焕发新生机,成为产业互联网时代的新蓝海。因此,本节以人工智能在农业领域的应用为例,介绍人工智能具体的应用场景。

当前,人工智能技术不仅可在气候变化复杂的环境里最大限度提高生产要素利用率,解决未来农业可持续发展的问题;还能赋能于传统农机装备,使其自主完成耕种管收整个作业周期,使整个农业生产规划更智能、作业管理更精准、储藏更安全、消费更健康。

1. AI 育种

良种是农业增产优产、提质增效的核心要素。育种,是在给定的环境条件下,选择各种表型指标(产量、品质、抗性)最优的基因型材料的过程。AI 育种,就是利用人工智能技术帮助育种家加速育种材料筛选的进程,这里面既包括了基因型大数据的分析、预测,也包括表型大数据的分析、预测,实质上是希望借助人工智能的各种神经网络,加速“万一挑一”和“大海里捞针”的过程。自从 2014 年开始有人将深度学习和植物表型工作结合以来,AI 已快速嵌入了植物表型的各个领域。育种的核心是产量、品质、抗性,这三者都属于植物表型指标。利用 AI 辅助的植物表型测量,加速育种筛选过程,是 AI 育种能起作用的理想路径。荷兰植物生态表型中心(The Netherlands Plant Eco-phenotyping Centre,NPEC)采用最先进的植物表型分析设施开展精准育种研究。育种研究人员通过叶绿素荧光成像技术、多光谱荧光成像技术、高光谱成像技术、3D 激光扫描成像、自动浇灌称重等装备采集的表型数据,结合基因和环境参数,使用运筹学方法可以快速评估哪些植物在特定气候下生长最快,哪些基因可以帮助植物在哪里茁壮成长,哪些植物在杂交时可以在某个区域会产生最佳基因组合,哪些植物品系以何种顺序杂交可以最少代数实现基因的最佳组合,以及如何选择提高产量的性状并避免气候变化的影响等。

2. 土壤健康管理

土壤健康是农业增产优产、提质增效的又一核心要素。定期监测土壤养分状况,可通过精准施肥来满足植物生长养分的需求;实时监测土壤水分状况(如含水量、导水率),可精准灌溉节约用水;长期监测土壤有机质含量变化,可防止土壤侵蚀和退化,合理安排农业生产活动。加拿大 SoilOptix 伽玛能谱土壤扫描技术采取网格化作业方式,可以被动接收来自土壤的 γ 射线数据,利用人工智能大数据挖掘算法可以准确、快速地获取土壤的多项理化数据,包括土壤 pH、有机质、氮、磷、钾、钙、镁、重金属以及土壤质地组成等。种植者可通过全要素、高分辨率的数字土壤地图深入了解土壤健康状况,创新出大量种植方案。此外,美国 Trace Genomics 建立土壤检测诊病大数据平台,可检测出涵盖镰刀霉、轮枝菌、大豆炭腐菌等在土壤中的含量,同时还能检测出有助土地修复的微生物。该平台利用人工智能算法可以将土壤中导致疾病和养分循环的细菌、真菌 DNA 与土壤化学属性进行关联分析,为种植者和农学家提供一个了解各种土壤信息、植物种子和对策的窗口。这种创新可以帮助农民“读懂土壤”,发现潜伏的病原体,并做出正确的决策,使农民受益。同时还可以通过识别有益的土壤微生物组特征,构建土壤碳存储和减少温室气体排放的策略模型,从根本上帮助农业实现负碳排放。

3. 精准灌溉

水是一切农作物生长的基本条件,没有水就没有农业,精准灌溉是实现农业可持续发展的关键。当前通过多个水泵将水从一级渠道输送到二级或三级渠道的传统灌溉方式,会产生大量的水损耗。此外,因土壤类型、含水量、田间容量、作物枯萎点、土壤中有机质的类型以及用于保水的土地坡度时空差异,要实现精准灌溉策略具有复杂性。日本 AHAMED 博士通过物联网技术实时跟踪土壤中的水分含量,并通过深度学习算法分析历年作物需水数据,结合先进的水肥一体化技术,可准确决策何时向作物灌溉,以及如何合理节约用水和节省能源。

4. 农业机器人

农业机器人已经成为国际机器人领域的一个研究热点。目前,农业机器人广泛应用于农业中的播种、耕作、采摘、除草、巡查、信息采集、移栽嫁接等场景,极大促进了智慧农业的发展。例如,美国 David Dorhout 研发了一款智能播种机器人 Prospero,可以通过探测装置获取土壤信息,然后通过算法得出最优化的播种密度并且自动播种。意大利洋马开发出一款智能田间管理机器人,通过采集土壤样本分析,结合作物的生长状态视觉监测,可精准判断出作物遭受的病害状况,并通过精确定位施用农化药品实现田间自动化管理(如图 9.3(a)所示)。瑞士 EcoRobotix 公司开发的 AVO 自动打药机器人利用先进的机器视觉技术识别出杂草,选择性地喷洒微量除草剂,与传统喷洒装备相比,该化学除草机器人可减少 95%以上的除草剂用量(如图 9.3(b)所示)。由百度 Apollo 和托尔泰克机器人公司共同开发的农业机器人“阿波牛”(如图 9.3(c)所示),是一款搭载百度 Apollo 技术的低成本、低速、安全的无人驾驶车,致力于解决标准化农场的日常作业,可在标准化农场内实现自动驾驶。加装作业模块的“阿波牛”配合无人驾驶技术,能够实现农场的采摘、割草、喷药等常规操作。英国 Garford 公司开发的 Robocrop InRow 全方位除草机器人通过作物间距图像综合分析,精确控制每个除草机具的月牙铲动作,杂草除净率可达到 95%(如图 9.3(d)所示)。意大利 Harvest CROO Robotics 公司开发的草莓采摘机器人拥有 96 个采摘爪,借助人工智能立体视觉系统,不仅可确定每个草莓是否成熟和健康,而且 1 台机器 3 天内可采摘 10.12hm^2 的土地,相当于替代大约 30 名农民(如图 9.3(e)所示)。美国 Agrobot 公司也推出了一款 24 个分散式机器臂+灵活平台的采摘机器人,该机器人集成 RGB 和红外深度传感器,采用环境组合深度学习算法,使机器检测定位的功能能够移植到不同的果蔬采摘场景应用(如图 9.3(f)所示)。

(a) 田间管理机器人

(b) 自动打药机器人

(c) 无人驾驶车“阿波牛”

(d) 除草机器人

(e) 草莓采摘机器人

(f) 果蔬采摘机器人

图 9.3 农业机器人

5. 作物健康监测

运用计算机视觉及深度学习算法,处理由无人机与/或基于软件的技术所采集的数据,以检测农作物健康程度。据报道,农用无人机应用可追溯到 20 世纪 80 年代——日本率先使用无人机喷洒农药。如今,越来越多的公司开始将人工智能与航空技术应用于农作物健康监测。

多家公司将无人机技术应用于葡萄园,SkySquirrel 运用各类算法合成与分析采集的图像与数据，提供一份关于葡萄园健康状态的详情报告。PEAT(总部位于柏林的农业技术初创公司)开发了一款名为 Plantix 的深度学习应用，能识别土壤的潜在缺陷及营养不良。并针对特定植物模式与某些土壤缺陷及植物病虫害展开相关性分析。与 Plantix 相似，Trace Genomics(总部位于加利福尼亚)开发了一个基于机器学习的系统，为农场主提供土壤分析服务，能够让客户对土壤优劣有较为清楚的认识，重点关注预防农作物缺陷及提升健康农作物产量的潜力。

6. 预测分析

运用机器学习模型追溯及预测各类环境因素(如气候变化)对于农作物产出的影响。在精准生产决策、食品安全监管、精准消费营销、市场贸易引导等方面，人工智能可以通过挖掘数据之间的关联特征，预测事物未来的发展趋势，增强预见性，实现精准农业、智慧农业。例如，美国 aWhere 运用机器学习算法与卫星开展天气情况预测、农作物可持续性分析及农场病虫害评价。FarmShots 基于卫星与无人机所采集的数据进行农作物健康及可持续性监测。

9.1.3 人工智能的未来发展

作为当今世界最热门的技术领域之一，随着技术的不断进步和应用场景的不断拓展，人工智能的未来发展趋势备受关注。

首先，AI 的未来发展趋势将继续向着更加智能化的方向发展。随着深度学习、自然语言处理、计算机视觉等技术的不断进步，特别是以 ChatGPT 为代表的 AI 大模型的横空出世，AI 将能够更加准确地识别和理解人类语言、行为和情感，并能够自主地进行决策和学习。未来，AI 将能够更好地适应各种场景和任务，为人类社会带来更多的便利和创新。

其次，AI 的应用场景将进一步扩大。随着各行各业数字化、智能化程度的不断提高，AI 将能够更加广泛地应用于医疗、教育、金融、制造等各个领域，为人类社会带来更多的价值和效益。特别是在医疗领域，AI 技术的应用将为患者提供更加个性化、精准化的治疗方案，有望大大提高医疗效果和质量。

此外，AI 的安全和隐私问题也将成为关注的焦点。随着 AI 技术的广泛应用和普及，越来越多的数据将产生和共享，如何保障数据的安全和隐私成为了一个重要的问题。未来，需要加强对 AI 技术的监管和规范，建立更加完善的安全和隐私保护机制，确保 AI 技术的安全和可靠性。

最后，AI 的发展将对人类社会产生深远的影响。随着 AI 技术的不断发展和应用，人类社会将面临更多的机遇和挑战。对于人类社会而言，需要积极探索 AI 技术的应用场景和发展前景，充分利用 AI 技术的优势，促进经济、文化、社会等各个领域的发展。同时也需要关注 AI 技术带来的影响和挑战，积极应对可能出现的问题和风险。

综上所述，人工智能的未来发展趋势将继续向着更加智能化、应用场景更加广泛以及对人类社会的影响更加深远化等方向发展。未来，需要加强对 AI 技术的监管和规范，建立更加完善的安全和隐私保护机制，确保 AI 技术的安全和可靠性，并积极探索 AI 技术的应用场景和发展前景，充分利用其优势促进经济、文化、社会等各个领域的发展。

9.2　大数据

9.2.1　大数据概述

1. 大数据的概念

什么是大数据，迄今并没有公认的定义。

根据维基百科和百度百科的描述，大数据指的是无法在一定时间范围内用常规软件工具进行捕捉、管理和处理的数据集合，需要用新的处理模式和更强的技术手段才能够处理的、海量的、高增长和多样化的数据。

在维克托·迈尔-舍恩伯格和肯尼思·库克耶编写的《大数据时代》一书中对大数据的定义是：大数据指不用随机分析法（抽样调查）这样的方法，而采用所有数据进行分析处理的方法。

IT研究与顾问咨询公司高德纳（Gartner）对大数据的定义是：大数据是需要新处理模式才能具有更强的决策力、洞察发现力和流程优化能力来适应海量、高增长率和多样化的信息资产。

尽管有多种不同的表述方式，一般认为大数据主要是指大数据在各个领域中应用的关键技术，以及从各种各样类型的数据中快速获得有价值信息的能力。因此，大数据技术的意义一方面在于掌握庞大的数据信息，另一方面在于对这些含有意义的数据进行专业化挖掘、处理和分析。

大数据的主要来源是互联网和物理世界。互联网中的网络大数据是指“人、机、物”三者交互融合所产生的大数据，包括视频图像、图片、音频日志、网页和定位信息等形式。物理世界的大数据一般来自科学实验，因此又称科学大数据。不同于网络大数据的无规律性，科学大数据用到的数据获取和处理方法一般都是科研人员提前设计的，因此在进行数据处理和分析时都有相应的规律可循。

2. 大数据的发展历程

早在1980年，美国未来学家托夫勒便预见到了大数据时代的到来。在他所著的《第三次浪潮》一书中，他将大数据称为“第三次浪潮的华彩乐章”。以下是大数据发展过程中一些具有重要意义的事件。

2001年，麦塔集团分析员莱尼指出了大数据的挑战和机遇有三个方向：量（Volume，数据大小），速（Velocity，资料输入输出的速度）与多变（Variety，多样性）。这三个方向被认为是大数据的三个重要特性。

2008年9月，国际顶级期刊《自然》（*Nature*）推出了“大数据”（Big Data）专刊，邀请研究人员和企业家来讨论和预测大数据所带来的革新。同年，业界组织计算社区联盟（Computing Community Consortium）发表了白皮书《大数据计算：在商务、科学和社会领域创建革命性突破》。白皮书中指出，人们的思维不能仅局限于数据处理，大数据真正重要的是新用途和新见解，而非数据本身。此组织可以说是最早提出大数据概念的机构。

2009年，印度政府建立了用于身份识别的生物识别数据库。同年，美国政府开放政府数据，向公众提供各种各样的政府数据。

2012年1月，瑞士达沃斯召开的世界经济论坛特别针对大数据发布了题为《大数据，大影响：国际发展新的可能性》(Big Data，Big Impact：New possibilities for international development)的报告，该报告重点关注了个人产生的移动数据和其他数据的融合和利用，以及在新的数据生产方式下，如何更好地利用数据产生良好的社会效益，由此将数据放到了资产级别。

2014年，"大数据"首次出现在我国的《政府工作报告》中。报告指出，要设计新兴产业创业创新平台，在大数据等方面赶超先进，引领未来产业发展。"大数据"随即成为国内热议词汇。

2015年9月，国务院正式印发《促进大数据发展行动纲要》，系统部署大数据发展工作。纲要明确提出要推动大数据发展和应用，这标志着大数据正式上升为我国的国家战略。

2017年12月，中共中央政治局在实施国家大数据战略的集体学习中，中共中央总书记习近平进一步强调要推动实施国家大数据战略，加快完善数字基础设施，推进数据资源整合和开放共享，保障数据安全，加快建设数字中国，更好地服务我国经济社会发展和人民生活改善。

从2015年，中国首席数据官联盟发布了《中国大数据企业排行榜》第一版，从商业应用、行业综合、智慧城市、物联网和平台技术5个维度64个领域呈现了国内大数据行业现状与发展趋势。到2020年，《中国大数据企业排行榜V7.0》发布，共计363家企业上榜。同时，随着2021年和2022年中国大数据企业前50强的出现，标志着大数据企业在中国已经蓬勃发展起来并成为中国数字经济发展的重要力量。

3. 大数据的特征

大数据作为一种数据集合，它的特性可以归纳为5V特征：数量(Volume)、种类(Variety)、价值(Value)、速度(Velocity)和真实性(Veracity)。

1) 数量

大数据的数据量很大。数据规模的大小是用计算机存储容量的单位来计算的，最小的基本单位是bit。当前，存储容量的单位由小到大依次为bit、Byte、KB、MB、GB、TB、PB、EB、ZB、YB、BB、NB、DB。

除bit与Byte外，它们按照进率1024(即2的10次方)来计算：

(1) 1Byte＝8bit；

(2) 1KB＝1024Bytes＝8192bit；

(3) 1MB＝1024KB＝1048576Bytes；

(4) 1GB＝1024MB＝1048576KB；

(5) 1TB＝1024GB＝1048576MB；

(6) 1PB＝1024TB＝1048576GB；

(7) 1EB＝1024PB＝1048576TB；

(8) 1ZB＝1024EB＝1048576PB；

(9) 1YB＝1024ZB＝1048576EB；

(10) 1BB＝1024YB＝1048576ZB；

（11）1NB＝1024BB＝1048576YB；

（12）1DB＝1024NB＝1048576BB。

大数据的起始计量单位至少是PB(即1024TB)、EB(100万TB)或ZB(10亿TB)级的数据。超大的数据量决定了我们需要考虑的数据价值和潜在信息，也决定了计算的规模。现今，人们存储、管理和分析的数据量再次继续增加，例如各种社交数据、传感器和摄像头、监控数据和医疗数据等，预计2025年全球将拥有163ZB的数据量。

2）种类

种类指大数据的数据类型繁多，数据来源多样，包括结构化数据、半结构化数据和非结构化数据。结构化数据是可以在结构数据库中进行存储管理的数据，一般用二维表来表示。当前，结构化数据主要用关系数据库来存储。半结构化数据指的是具有一定结构性的数据，如网页数据。非结构化数据是指在获取数据之前无法预知结构的数据。当前，非结构化数据的数据量增长特别迅速，例如互联网上的文本数据、位置信息、传感器数据和视频数据等，这些都很难利用主流的关系数据库来存储。

和过去不同的是，这些非结构化数据除了需要存储，还可以通过分析来获得有用的信息。例如超市监控视频中的数据，除了可以预防盗窃行为外，还可以用来分析顾客的购买行为。

类型繁多的异构数据对数据的处理和分析提出了新的挑战，也带来了新的机遇。例如非结构化数据的出现使得传统的关系数据库不再具有优势，而非关系数据库在大数据时代必将迎来广阔的市场前景。

3）价值

大数据的数据价值密度相对较低。相对于传统关系数据库中的数据，大数据的价值密度要低得多，绝大部分数据都是无效数据，有价值的信息大部分都分散在数据的海洋中。以超市的监控视频为例，从预防盗窃的角度来看，大部分时间产生的数据都是没有意义的，只有发生偷盗时的小部分视频才可能有参考价值。

大数据技术就是一种从各种类型的海量数据中快速获得有价值信息的技术。“大数据”不单指大数据自身，也包括解决大数据问题的核心技术、采集数据的工具平台和数据分析系统等。

4）速度

大数据的另一个重要特征是数据产生和更新的频率。大数据自身具有增长速度快、处理快和时效性强的特点。

例如，Meta每天产生25亿个以上的条目，每天增加的数据超过500TB。又如手机社交软件、道路上的交通探头、医院里的医疗设备等时时刻刻都在产生庞大的数据。同时，搜索引擎要求能够搜索到几分钟前发生的新闻事件，个性化推荐算法也要尽可能实时完成推荐。对大数据进行快速、持续的实时处理，也是大数据区别于传统海量数据处理技术的关键差别之一。

5）真实性

真实性指的是所标识的数据是真实的。数据的准确性和可信赖度影响着数据的质量。只有真实且准确的数据才能使数据的管控和治理有真正的意义。随着社交数据、企业内容、交易与应用数据等新数据源的兴起，传统数据源的局限性已经被打破，企业越来越需要有效的信息治理以确保数据的真实性和安全性。

除以上已经形成的5V特征外，业界人士又提出了7V特征的概念，也就是大数据还应具有处理和管理数据过程的可变性(Variability)和可视性(Visualization)的特点。

4. 大数据的研究方向

大数据技术是新一代技术，需要快速的采集、处理和分析技术，从而在海量的数据中提取有价值的信息。大数据技术的不断发展，使我们处理超大规模的数据更加容易和迅速，能更加充分和有效地利用数据，甚至改变了许多行业的商业模式。大数据技术的发展可以分为以下几个方向。

1）采集与预处理方向

大数据的采集是大数据技术的第一个环节。由于大数据来源多种多样，如数据可能来源于社交网络、也可能是监控数据，对应不同来源的数据有着不同的数据采集方法。根据数据来源的不同，基于大数据的采集方法可以分为三大类：基于网络数据的采集方法、基于系统日志文件的采集方法和基于数据库数据的采集方法。

基于网络数据的采集方法是指从网站上获取数据信息，一般是应用网络爬虫技术或网站的应用程序编程接口等获取数据。这种技术主要用于采集网页中的图像、音频、视频等数据。基于系统日志文件的采集方法是指对企业业务平台每天产生的大量系统日志进行收集、分析和使用的数据采集方法。此类的海量数据采集工具有很多，如Cloudera的FlumeNG、Facebook的Scribe以及Hadoop的Chukwa等。基于数据库数据的采集方法指的是从企业已存在的大型关系数据库(如MySQL和Oracle等)中采集数据。

由于数据类型的多样性，即结构化、半结构化和非结构化的数据等并存，可能会出现数据质量参差不齐的情况。为保证数据的可用性，通常需要在使用前对采集到的原始数据进行预处理。数据的预处理一般包括数据清洗、数据集成和数据规约三部分。数据清洗主要指将原始数据中的缺失值、异常值、重复值进行处理，使得数据开始变得“干净”起来。数据集成指把不同来源、格式、特点和性质的数据在逻辑上或物理上有机地集中，从而实现全面的数据共享。数据规约指在尽可能保持数据原貌的前提下，最大限度地精简数据量。

2）存储和管理方向

大数据的存储和管理是指将预处理后的大数据存储到相应的数据库进行管理和调用的过程。不同于传统数据的存储和管理，大数据特有的数据量大、存储规模大、数据来源和种类多样化等特点决定了其存储管理的复杂性。当前，大数据存储和管理针对数据的不同数据类型和应用，大数据存储和管理采用了三种不同的技术路线。第一类是针对大规模的结构化数据，通过列存储、行存储以及粗粒度索引等技术，结合大规模并行处理架构和分布式计算模式，以实现对大数据的存储管理；第二类是针对半结构化、非结构化数据的存储管理技术，以Hadoop开源体系平台为代表；第三类是采用大规模并行处理数据库集群与Hadoop集群混合模式的数据存储和管理技术。

3）分析和挖掘方向

大数据分析是指用准确适宜的分析方法和工具对预处理后的大数据进行分析，从而提取出具有价值的信息，进而形成有效的结果。大数据挖掘是从大数据集里挖掘出隐含在其中的、人们事先不知的、对决策有用的知识与信息的过程。大数据挖掘根据挖掘方法的不同，可分为机器学习、统计、神经网络和数据库等方法。

4）可视化展现方向

为使用户能清晰和深入地理解分析结果，通常需要对大数据分析出来的结果进行解释，包括对分析结果进行解释、采用可视化技术展现分析结果等。可视化技术一般利用计算机图形学和图像处理技术来展示数据分析的结果。可视化方式有助于人们探索和理解复杂的数据及其潜在的规律，从而有利于决策者进行决定，进而有助于大数据的发展。

5. 大数据思维

长久以来，人类把认知过程形象地总结为一个金字塔：数据-信息-知识。数据是这个金字塔的基础，信息是从数据中构建出它所表示的意义，知识则指人们对信息的解释和利用。这一观点意味着，将信息转化为有价值的知识需要"以知识为基础的系统"来完成，而实际上又很难做出这样的系统。大数据的出现为我们提供了另外一种选择：我们可以直接用大数据系统来对快速流动的、非结构化的数据灵活快速做出反应。相对于传统数据的处理，大数据时代处理数据的理念有如下三大转变。

1）分析全面的数据而非随机抽样

在大数据出现之前，常采用随机抽样的小样本方法来评估全体样本的实际情况。在理论上，越是随机抽取的样本越能代表整体样本，但获取随机样本的代价较高而且费时。随着数据仓库和云计算的出现，人们可以获取足够大的样本数据，使得获得全体数据成为可能。同时，大数据技术的发展也使对全体数据的分析和处理成为可能。

2）重视数据的复杂性、弱化精确性

对小数据而言，数据的质量至关重要。由于常常采用抽样数据，就需要样本数据尽可能准确。例如，如果总样本为1亿个，当从中抽样1000个数据来对总样本进行评估时，需要这1000个样本的数据尽可能准确，否则放大到1亿个样本中会产生很大误差。但如果将全体样本作为研究对象，即使部分数据有所偏差，也不会放大偏差。

在小数据状态下，追求精确是为了避免放大偏差。在采用总体大数据为样本的情况下，快速获得一个大概的轮廓和发展趋势，远比严格的精确性更为重要。而且，大数据的简单算法比应用在小数据上的算法更有效。因此，大数据不再期待精确性，也无法实现精确性。

3）关注数据的相关性，而非因果关系

相关性表明变量A与变量B有关，或者说变量A的变化与变量B的变化之间存在一定的关系，但这里的相关性未必一定是因果关系。对大数据而言，需要关注各种变量之间的相关性，而非因果关系。

6. 大数据与云计算

大数据和云计算是比较容易混淆的概念，其区别可以简单地理解为，云计算是硬件资源的虚拟化，而大数据是海量数据的高效处理。

1）云计算定义

云计算是一种基于互联网的计算方式。云计算按提供服务的类型可分为三种：IaaS、PaaS和SaaS。其中IaaS(Infrastructure as a Service，基础设施即服务)是指对基础设施的支付和使用模式，它通过创建虚拟的计算和存储中心，把计算单元、存储器、I/O设备、带宽等基础设施集中起来成为一个虚拟的资源池来对外提供服务。PaaS(Platform as a Service,平台即服务)是指通过互联网把计算环境、开发环境等平台以服务的形式提供给用户使用的一种形式。SaaS(Software as a Service,软件即服务)是通过互联网把软件及应用程序以服务的形式按需提供给用户使用的一种形式。

2）云计算和大数据的关系

云计算与大数据相互关联。云计算侧重计算,而大数据强调的是计算的对象。如果结合实际应用来看,云计算强调的是计算能力,而大数据看重的是存储能力。

从结果看,云计算注重资源分配,而大数据注重的是资源的处理。所以从某种角度来说,大数据需要云计算的支撑,云计算为大数据处理提供平台。

从二者定义的范围看,大数据比云计算更加广泛。大数据需要新的处理模式来对海量、高增长率、多样化、价值密度低的数据进行处理。因此需要由存储、处理和分析三层的大数据架构体系来实现。数据存储层存储类型复杂、海量和高增长率的数据;数据处理层来满足数据处理的快速和时效性强等要求;而数据分析层负责对数据进行分析,从而体现和实现大数据的价值。

3）云计算对大数据的影响

首先,云计算为大数据提供了可以弹性扩展及相对便宜的存储空间、计算资源、开发环境和软件,使得中小企业也可以通过云计算完成大数据分析。例如,利用 Azure 提供的虚拟机服务,可在几秒钟就配置好 Windows 和 Linux 虚拟机;利用 Microsoft 365 可以按实际时间段来租用相应软件而无须购买。利用以上云计算环境,企业无须大量资金就可以开始进行大数据的分析。

其次,云计算 IT 资源庞大、分布广泛,是异构系统较多的企业及时准确处理数据的有效方式。当然大数据要想走向云计算,还有赖于数据通信带宽的提高和云资源的建设,确保原始数据能迁移到云环境,同时也需要资源池能够随需求进行弹性扩展。

9.2.2 大数据的应用

1. 大数据的应用范围

当前,大数据的应用领域有很多,以是否以营利为目的可分为两大类,一类是以营利为目的的商业大数据应用;另一类是不以营利为目的、侧重于为社会公众提供服务的大数据应用。下面主要介绍大数据在互联网与电子商务、金融、医疗、交通以及政府机构领域等不同行业中的应用。

1）互联网与电子商务行业

在互联网和电子商务行业中,大数据和相关技术对传统的网络发展带来巨大影响。如通过收集互联网用户的地理分布数据、消费习惯以及社交兴趣等不同类型的用户数据,分析用户个性化需求导向、个性偏好导向等,进而实现精准化和个性化的网络营销。

另外,通过对大数据的整合可以实现跨平台、跨终端的商品推送。由于电商数据具有数据量集中、数据种类繁多等特点,未来电商还可以根据这些数据对流行趋势、地域消费特点、客户消费习惯以及影响消费的因素等进行预测。

2）金融行业

大数据技术的发展可以使金融行业能够更加精细地处理内部金融数据。例如,现有的数据分析技术可以简化银行的监督和评估流程，如银行可以通过掌握的企业交易数据进行自动分析，从而判定是否给予企业贷款。很多股权的交易也可以根据大数据算法来进行，通过对社交媒体和新闻网站的内容进行分析，从而判断民众情绪，进而决定下一步是买进还是卖出。一些信用卡公司也可以通过对网络用户行为和在线交易情况进行分析来提高服务质量。

3）医疗行业

在医疗机构中，病理报告、检测数据和治愈方案等都有着庞大的数据量。依据这些数据和不同病例的特征和治疗方案，可以建立针对不同疾病的专用数据库，为病人的治疗提供参考依据。

在医疗行业应用的临床决策系统可以提高医院的工作效率和诊疗质量。同时，医疗图像等的识别技术和医疗文献数据构建的医疗专家数据库，可以给医生提供诊疗建议。预测性大数据模型也是大数据在医疗方面的重要应用，如通过对已有的临床数据进行分析和建模，从而预测流行疾病的发展趋势；通过对大量早产儿相应体征数据的采集和分析，可提前预知哪些早产儿可能出现的问题并有针对性地采取措施。

4）交通行业

大城市的交通拥堵问题随着城市化进程的加速和汽车数量的增加而日益严重。大数据智能交通系统的出现可以改善城市交通管理。通过收集实时交通数据，可以判定当前的交通运行状况和交通流状况，从而可以预测未来的交通流量，为驾驶者选择最佳路线。同时，智能交通系统还具有改善交通条件、减少交通拥堵和管理费用，提高交通安全等功能。不仅如此，智能交通系统根据违章图像信息，可以识别违章车辆信息，从而提高交通案件侦查能力。

同时，利用大数据技术对公交 IC 卡数据、公交运行数据和移动通信数据等的分析和处理，可以对城市的交通规划和管理做出科学的决策。

5）农牧渔行业

大数据在农牧渔业也有相应的应用。如根据气候预测来调整农作物种植计划，实现生产策略的最优化；精准预测天气变化，帮助农业做好自然灾害的预防工作进而提高农作物产量；存储和分析传感器采集到的温湿度和土壤含水量等数据，可以实现农作物的自动化精准灌溉。牧民可以根据大数据安排放牧范围，有效利用农场，减少动物流失。渔民可以利用大数据来安排休渔期、定位捕鱼等。

6）电信行业

电信运营商可以分析采集到的客户行为数据，从而帮助公司及时采取措施来保留客户和减少客户流失率。同时，电信运营商可以快速捕捉市场变化，从而有针对性地对企业行为进行预警和跟踪。除此之外，电信业根据采集到的客户信息，能分析出多种使用者的行为习惯和趋势，继而提供给需要的企业实现对外的数据服务，这是大数据应用的高级阶段。

7）政府机构

不同于企业以营利为目的的推广和应用，政府机构中的大数据应用侧重于帮助政府提高科学化决策和精细化管理，从而提高对社会公众的服务质量。此外，政府部门也可对连续的监督和监测数据进行分析，减少犯罪或减轻其影响，进而保护公民的人身和财产安全。例如，为提升基层治理数字化、智能化水平，2023 年天津市大数据管理中心升级了“津治通”

全市一体化社会治理信息化平台，通过对现有信息资源的整合，构建市、区、街道和社区的四级联通体系，利用信息化手段，全面提升社会治理的“智治”水平。

2. 大数据的影响

当前，大数据在各行各业中都有了相应的应用。下面以农业为例说明大数据对农业的一些具体影响。

大数据对农业的影响主要体现在遗传育种、精准农业、食物安全和农产品流通等几方面。

1）遗传育种

育种是指通过创造遗传变异、改良遗传特性来培育优良农作物新品种的技术。传统的优良作物品种培育往往存在成本高、工作量大，育成时间长等问题。而大数据技术加速了这一过程。当前，中国育种已经向“生物技术＋信息技术＋人工智能＋大数据技术”的育种4.0时代迈进。

在植物方面，由中国热科院生物所自主开发的基因组随机扩增序列SNP多态性及甲基化多态性技术，结合大数据分析优势打造的热带作物基因大数据平台，可大规模、低成本地构建遗传连锁图谱，在建立热带特色作物分子标记育种平台方面发挥了重要作用。当前，该平台与国内外的10余家国内外研究机构和高校建立合作，覆盖了木薯、橡胶树、胡椒、可可、香蕉、甘蔗、土豆等多种农作物。

在动物育种方面，大数据分析软件HIBLUP(中文名为“天权”)能够高效处理百万级群体、千万级分子标记，初步用于猪基因组的分析与育种。通过基因组育种技术持续选育优质猪的新品种，可以提升育种效率和商品猪性能，进而提高猪的经济价值。

2）精准农业

精准农业是一种基于大数据技术的现代农业管理策略和农业操作体系。它需要各种准确的基础数据，包括耕作区域精确的GIS地图等基础空间数据，也需要耕作区精确的作物生长环境数据，包括光、热、水、土、气等基础数据，还需要作物生长过程的动态数据。在这些相关数据的基础上，再运用大数据分析算法来指导具体的农产品生产过程。

精准农业涉及的系统比较多，其中最核心的是农田地理信息系统(GIS)、全球定位系统(GPS)和农田遥感监测系统(RS)，即3S技术。

农田地理信息系统不仅能够管理各类属性的海量数据，而且通过对GPS和传感器采集的空间数据进行可视化分析，形成如作物产量分布图、土壤成分分布图等图表，为农产品生产者提供决策依据。另外，GIS还可以提供路径分析，如确定喷洒农药的最佳路线等。GIS和专家系统、决策支持系统相结合，实现对农产品生长状况的了解，并由此确定和完善播种、施肥、除草、灌溉、收获等各类管理计划和措施。

全球定位系统(GPS)可以实时动态地确定所需的空间位置。如2023年的“麦收快讯”，实时采集小麦收割机的分布情况并不断更新，记录下农机的轨迹，从而看到全国从南到北麦收的动态情况。从微观层面，麦收快讯可以服务于收割机的机手，有利于他们了解自己的作业效率，优化作业路线。从中观层面，收割机制造企业可以及时调配人员进行机器的维护、检修及疑难问题解决。从宏观层面，可以为我国各级农业农村部门提供数据，为宏观决策提供参考。

农田遥感监测系统在精准农业中的应用可体现在：一是对农作物长势进行监测和产量估算，二是可利用遥感技术监测土壤水分含量和分布；三是可估测作物营养素的供给情况；四是可监测病虫害对作物生长的影响。

大数据应用对精准农业的影响不仅局限于种植业，也广泛应用于养殖业。如英美等国的多数猪、牛和渔场都实现了从饲料配制、分发、饲喂到粪便清理等不同程度的智能化和自动化管理。

3）食品安全

食品安全追溯制度是应对食品安全问题的一种重要方案。从1997年欧盟建立的食品溯源管理体系雏形，2000年英国建立的“一条龙”监控机制，到2001年日本的食品溯源制度，2002年澳大利亚的“国家禽畜识别系统”和2005年美国农业部动植物健康检测服务中心APHIS实施的牛及其他种类动物的身份识别系统，食品安全问题一直是人类关注的焦点问题之一。

在我国，中国食品安全信息追溯平台和 …… 构成完整的食品追溯体系。其中，国家追溯平台主要负责采集主体信息 …… 息（外部追溯），拥有追溯链条长、跟踪流向、引领地方平台发展 …… 责采集生产过程信息。

很多省份都有自己的地方食品 …… 江省食品安全追溯闭环管理系统（简称“浙食链 …… 式将食品从农田（车间）到餐桌全过程生产流通 …… 全链条的可追溯。到2021年末，浙江省已有20 …… 单位归入系统。到2022年末，省内10 000多家 …… 应用，基本完成与食用农产品、进口食品追溯 ……

有了全国和各地的 …… 的溯源码来获得产品信息，可将产品在种植或 …… 消费者，从而实现食品的可溯源。除了企业对 …… 信息的监管对于食品安全也至关重要。大数据 …… 的各类海量数据聚合在一起，然后进行系统归 …… 后，大数据管理的虚拟性还有利于信息的跨区 …… 。

4）农产 ……

我国 …… 国农副产品在运输存储等流通环节上的损失率 …… 占农产品物流成本的主要部分。由于农产品 …… 的消费状况，而且会直接影响到供给端的资源 …… 解决农产品暴涨暴跌现象的重要手段之一。而 …… 起到了一定的作用，主要表现在以下几方面：

…… 流通成本和存储成本。

我国 …… 物流为主，因此在流通过程中损失较大。在农产品流通过程中， …… 农产品物流管理系统，全面采集运输载体、人员、农产品的实时信息，从而 …… 流活动过程进行有效控制和管理，优化运输路径、缩短运输时间，简化仓储管理，进 …… 降低和改善我国农产品流通成本居高不下的现状、减少仓储成本，最终有效降低农产品的流通价格。

（2）大数据技术优化农产品流通环节。

在我国，大部分农产品从生产者到消费者手中，需要经过生产者-产地市场-运销批发商-销售地市场零售商-消费者等多个环节，这也是农产品流通成本高的重要原因。

通过大数据技术构建农产品物流管理系统，逐步构建起基于互联网的各类便捷农产品信息传播通道，畅通农产品对接渠道，由此减少中间环节，让农产品生产者可以直接和需求端进行对接，从而优化农产品流通环节。

（3）通过优化市场布局，降低市场交易成本。

农产品物流成本高的一个重要原因是零售市场布局不够合理。借助大数据技术，对需求端进行分析预测，优化零售市场的地理布局，从而降低市场交易成本。

（4）大数据技术调节生产投入，避免无效信息误导生产过程。

当前农产品的生产销售日益市场化，可利用大数据技术来对农产品流通中的信息进行完善。通过整合天气信息、终端消费需求、菜场超市摊位等数据并对其进行数据挖掘，可以避免误导性信息对生产过程的干扰，进而促进农产品流通体系利益平衡机制的建立。

（5）借助大数据系统中的数据不断优化农产品流通体系。

通过对农产品销售数据的实时采集、存储及分析，有利于构建完善的农产品流通体系。借助大数据技术，采用数据挖掘等手段对积累的数据进行分析，可以实现农产品流通体系不断优化完善。

9.3 区块链技术

9.3.1 区块链概述

区块链（Blockchain）是一系列现有成熟技术的有机组合，它对账本进行分布式的有效记录，并且提供完善的脚本以支持不同的业务逻辑。在典型的区块链系统中，数据以区块（block）为单位产生和存储，并按照时间顺序连成链式（chain）数据结构。所有节点共同参与区块链系统的数据验证、存储和维护。新区块的创建通常需得到全网多数（数量取决于不同的共识机制）节点的确认，并向各节点广播实现全网同步，之后不能更改或删除。区块链的技术特性使其在应用场景支持上具备以下显著特点。

（1）去中心化：由于使用分布式核算和存储，区块链体系不存在中心化的硬件或管理机构，因此任意节点的权利和义务都是均等的，系统中的数据块由整个系统中具有维护功能的节点来共同维护。

（2）开放性：系统是开放的，除交易各方的私有信息被加密之外，区块链的数据对所有人公开，任何人都可以通过公开的接口查询区块链数据和开发相关应用，因此整个系统信息高度透明。

（3）自治性：区块链采用基于协商一致的规范和协议（如一套公开透明的算法）使得整个系统中的所有节点能够在去信任的环境中自由安全的交换数据，使得对“人”的信任换成了对机器的信任，任何人为的干预都不起作用。

（4）信息不可篡改：一旦信息经过验证并添加至区块链，就会永久存储起来，除非能够同时控制系统中超过 51% 的节点,否则单个节点上对数据库的修改是无效的,因此区块链的数据稳定性和可靠性极高。

(5) 匿名性：由于节点之间的交换遵循固定的算法,其数据交互是无须信任的(区块链中的程序规则会自行判断活动是否有效),因此交易对手无须通过公开身份的方式让对方对自己产生信任,对信用的累积非常有帮助。

(6) 可靠性：区块链上的数据保存多个副本,任何节点的故障都不会影响数据的可靠性。共识机制使得修改大量区块的成本极高,几乎是不可能的。破坏数据并不符合重要参与者的自身利益,这种实用设计增强了区块链上的数据可靠性。

9.3.2　基于区块链技术的溯源体系

基于区块链、物联网、大数据技术,通过设计区块链底层网络、区块链服务一站式开发平台、物联网大数据平台、区块链+食品溯源系统、数据存证系统等,建设形成“基于区块链的农产品可信溯源系统”,并逐步赋能供应链金融、数字政务、政府监管、其他行业溯源等应用场景。基于区块链的农产品可信溯源体系技术路线如图 9.4 所示。数据中台通过传感器、视频监控设备、GPS 模块等采集地理、环境等外部实时数据,并存储到数据库。区块云平台,针对传统技术在数据处理中的痛点问题,融合分布式云计算、共识算法、多语言智能合约 引擎、加密算法、多方安全计算、软硬件协同优化等多项核心技术,提供区块链应用的微服务运行环境、多方数据安全计算、智能化数据管理与分析等模块,为数据拥有方和数据使用方提供安全、敏捷、高性能的数据资产管理服务。区块链服务一站式开发平台 API 为用户提供所有区块链的 API 接口信息,包括 API 的类别、API 基本信息、API 参数信息、API 返回值字段信息。构建 SDK 开发包,支持 Java、Go 等语言,为技术人员提供标准的区

图 9.4　基于区块链的农产品可信溯源体系技术路线

块链开发包。应用层利用基于区块链上不可篡改及可追溯的信息，实现在农产品种植/养殖、仓储、加工、物流/冷链、销售、查询等多个环节过程中，对农产品质量控制存在影响的关键参数数据进行全面监测和记录，并可在事后查询、追溯农产品的品控数据，实现农产品种植/养殖、仓储、加工、物流/冷链、销售、查询等全流程环节溯源。此外，应用较为广泛的场景还包括物流数据存证及供应链金融等业务场景。

1）研究构建区块链底层网络体系

研究面向企业级应用的联盟级区块链基础设施，构建区块链底层网络。

区块链基础设施研究内容如下：

共识算法组件：设计具备强一致、高可靠、高可用等优点的 RAFT 可插拔共识算法组件，支撑可信网络体系的构建。

隐私安全计算模块：针对农产品流通环节的一般性交易场景，提供国密算法或标准国际椭圆曲线算法，签名和验签时间不超过 2 秒，加密认证达到金融应用级别，共识交易满足 1000TPS(Transaction Per Second)。

安全管理模块：研究扩展的 Kerberos 协议，支持传统的认证操作和访问控制；研究 ECDH 加解密模块，对信息传输、交换进行加密和隐私保护。通过证书和非对称加密的方式，保证客户端访问的服务端的安全可靠性，以及服务端回复的客户端的安全可靠性。

权限智能合约模型：设计基于 ACL 权限模型和 RBAC 权限模型的智能合约，快速将权限管理上链，并提供对应的 Java 版本客户端，实现通过调用接口的方式进行二次开发，并根据业务对 ACL 和 RBAC 权限模型的智能合约进行调用。

区块链数据接口：针对农产品溯源数据交换需求，研制区块链数据接口，建立区块链 API 仓库——为用户提供所有区块链的 API 接口信息。其包括 API 的类别、API 基本信息、API 参数信息、API 返回值字段信息。

基于区块链技术的数据访问架构如图 9.5 所示，区块链提供存证和智能合约执行功能。存证的信息包括认证和访问控制数据、云平台数据。智能合约将为版权合同构建版权管理智能合约，并根据智能合约更新认证和访问策略。区块链存证的认证和访问控制数据包括身份认证信息、授权信息、访问控制策略等；存证的云平台数据包括访问和认证日志、文件上传/下载日志、文件读/写/删除日志等。

云平台提供分布式文件存储服务，并将文件的访问和操作日志存证在区块链上。云平台将利用 Keystone 组件对认证访问控制系统生成的访问授权票据进行验证。Keystone 是 openstack 框架中负责身份验证、服务规则和服务令牌验证的功能，它实现了 openstack 的 Identity API。Keystone 类似一个服务总线(或者说是 openstack 框架的注册表)，其他服务通过 Keystone 来注册其服务的 Endpoint(服务访问的 URL)，任何服务之间的相互调用，需要经过 Keystone 的身份验证来获得目标服务的 Endpoint 来找到目标服务。

认证和访问控制模块：在该模块中，认证服务器(Authentication Server，AS)与认证数据库交互，对用户的认证请求进行验证，生成票据许可票据和会话秘钥；访问控制票据授权服务器与访问控制矩阵交互，获得用户对不同文件的操作和访问权限，并根据其生成云平台访问授权票据和会话密钥。用户使用该票据和会话密钥向云平台请求文件访问服务。云平台中的 Keystone 负责验证访问授权票据，并向资源池请求向用户提供文档访问服务。

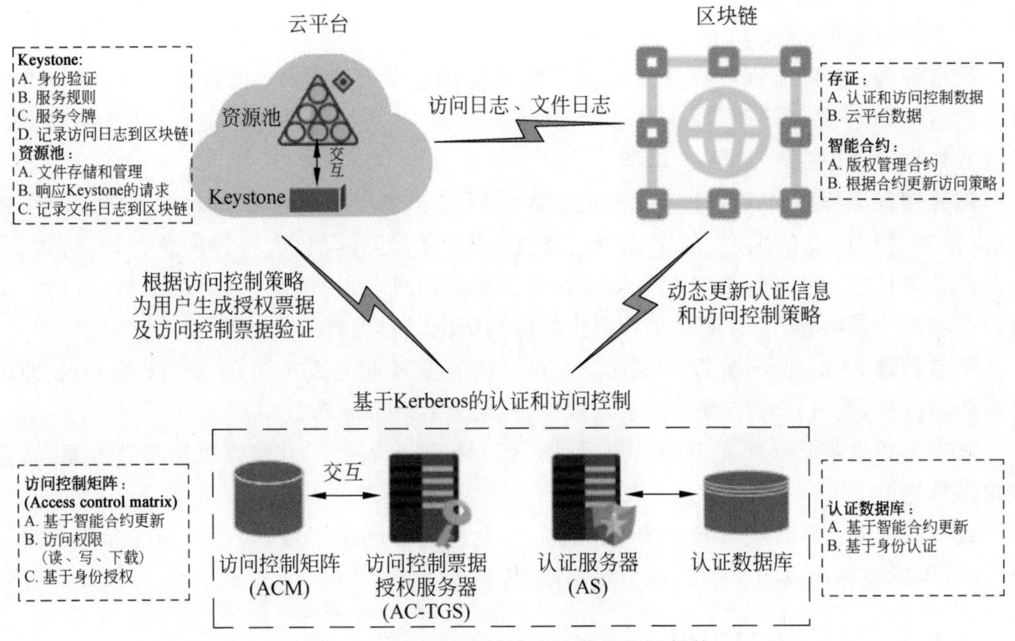

图 9.5　基于区块链技术的数据访问架构

2）研究搭建区块链＋农产品溯源可信体系

区块链＋农产品溯源可信体系采用区块链分布式记账管理，通过点对点传输、共识机制、加密算法、智能合约等技术构建新型应用模式，实现农产品全流程完整溯源。系统基于一物一码(芯)、物联网技术和工具、GPS卫星定位等，利用区块链链上信息不可篡改和可追溯的特性，实现在农产品种植/养殖、仓储、加工、物流/冷链、销售、查询等多个环节过程中，对农产品质量控制存在影响的关键参数数据进行全面监测和记录，并可在事后查询、追溯农产品的品控数据，实现农产品种植/养殖、仓储、加工、物流/冷链、销售、查询等全流程环节溯源。基于区块链的农产品可信溯源体系层级架构如图9.6所示。

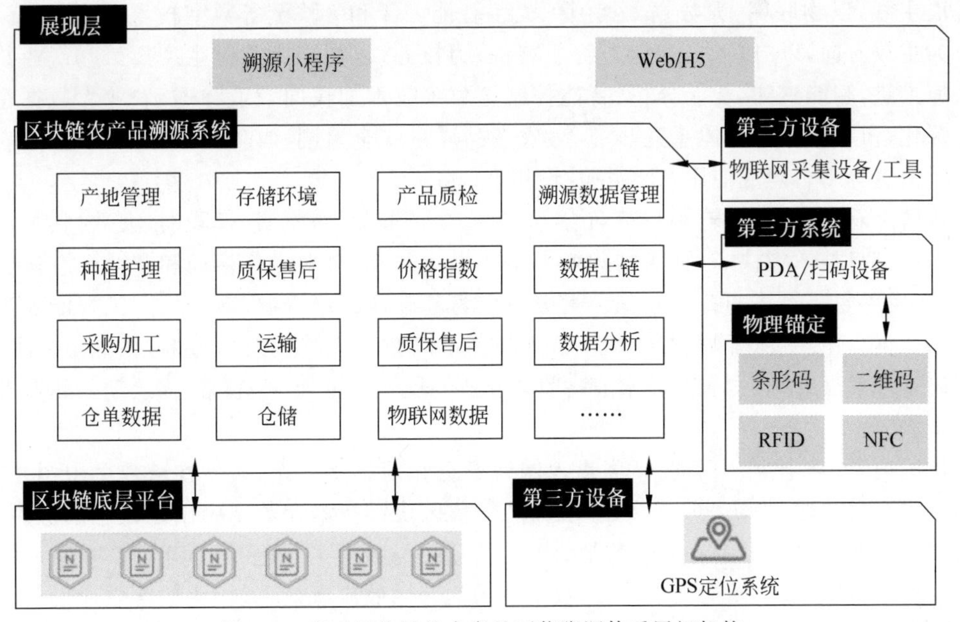

图 9.6　基于区块链的农产品可信溯源体系层级架构

主要内容如下。

后台管理：面向流程节点管理人员。研究实现登录管理、数据面板管理、数据节点管理、小程序管理、设备管理、企业信息管理、系统管理、区块链管理等功能，方便各参与方进行业务数据管理、维护、查询、校验等。

溯源档案小程序/Web/H5：面向消费者。研究实现可供消费者查询溯源档案的小程序，支持查看该产品的生产、加工、质检、物流运输、过程温度信息、销售信息、扫码次数、剩余总库存等信息。小程序溯源信息对接区块链账本信息，去中心化，避免数据造假，用户可复制区块链交易哈希，通过溯源平台提供的区块链浏览器进行二次认证。

节点管理 App：面向流程节点管理人员。研究实现业务人员可以通过安装 App 即可实现移动办公，提升流程节点信息录入效率，轻松查看内部流转数据。

第三方接入接口：面向流程节点管理。智能扩展接入第三方监管机构及其他系统，获取更多数据。

终端感知层：感知层由基本的感应器件以及感应器网络组成，包括 RFID 标签和读写器、二维码标签和识读器、NFC、摄像头、各类传感器等。

9.3.3 区块链的应用

党的二十大报告对建设现代化产业体系做出部署，强调“推动战略性新兴产业融合集群发展，构建新一代信息技术、人工智能、生物技术、新能源、新材料、高端装备、绿色环保等一批新的增长引擎”。国家发展和改革委员会已明确新型基础设施的范围，基于区块链的新技术基础设施是其中重要组成部分。2022 年底，中共中央、国务院《关于构建数据基础制度更好发挥数据要素作用的意见》对外发布，强化了基于区块链的数据确权，数据追溯，数据交易，数字资产抵押等数据要素方向。

党的十八大以来，党中央、国务院高度重视数字农业建设，做出实施大数据战略和数字乡村战略、大力推进“互联网＋”现代农业等一系列重大部署安排。数字农业以农业数字化为发展主线，以物联网、大数据、云计算、人工智能、5G 和区块链等数字技术和农业的深度融合为主攻方向，以“信息＋知识＋智能装备”为核心，以数据为关键生产要素。产业数字化快速推进，智能感知、智能分析、智能控制等数字技术加快向农业渗透，农业大数据建设不断深化，市场监测预警体系逐步完善，农产品质量安全追溯、农兽药基础数据、重点农产品市场信息等平台建成使用，大数据建设初见成效。

从国际看，全球新一轮科技革命、产业变革方兴未艾，物联网、智联网、大数据、云计算等新一代信息技术加快应用，深刻改变了生产生活方式，引发经济格局和产业形态深度变革，形成发展数字经济的普遍共识。大数据成为基础性战略资源，新一代人工智能成为创新引擎。世界主要发达国家都将数字农业作为战略重点和优先发展方向，相继出台了“大数据研究和发展计划”、“农业技术战略”和“农业发展 4.0 框架”等战略，构筑新一轮产业革命新优势。

从国内看，党中央、国务院高度重视网络安全和信息化工作，大力推进数字中国建设，实施数字乡村战略，加快 5G 网络建设进程，加快区块链技术在数字中国建设中的应用，为发展数字农业农村提供了有力的政策保障。信息化与新型工业化、城镇化和农业农村现代化同步发展，城乡数字鸿沟加快弥合，数字技术的普惠效应有效释放，为数字农业发展提供了强大动力。

区块链农产品溯源系统实现了农产品质量安全追溯及物流信息管理，贯穿从种植、生产、加工包装、流通直到消费者手中的全过程，切实保障消费者对农产品种植、加工运输等过程的相关信息知情权，进一步提升对农产品物流系统的监管和农产品品牌建设。

系统提供整套体系的运转与监管，可以为整个农产品生态提供价值，构建更值得信赖、透明和高效的数据共享平台，为供应链参与者创建有共享价值的可信连接。

1）农产品种植业

农产品种植业依靠种植基地部署的物联网设备监测农产品生长周期中的生长环境情况，通过多点部署智能气象站、视频监控、病虫害监测预警和智能灌溉系统，不间断采集土壤墒情、空气温湿度、降水量、光照强度等全维度环境指标数据以及自动化作业记录，每个农产品信息全部记录到区块链中，形成独一无二的真实生命轨迹，让消费者可以直观查看到农产品从一颗种子到生长为食品的全过程。

农产品种植业务流程如图9.7所示，结合北斗导航定位系统，可以通过空间的连续检测方式，将农场地理信息转化为可视化方式展现，让农场管理人员可以像玩"开心农场"一样可视化地管理地块和作物，辅助农场的智能化播种、收割、农药喷洒等设备进行高精度、标准化、自动化的农事作业。同时人工智能分析系统根据物联网采集数据进行AI智慧化的决策，预测农作物长势及环境监控预警，实现农田环境全方位监管和标准化、智能化种植管理。

通过地块划分和产出时间为农产品设立批次ID，通过批次ID关联农产品与农事与环境记录、采摘再加工记录等。农产品在物流运输过程中，可以通过货车车载监测设备准确采集车内的温度，湿度，关联运输车辆及驾驶人员信息，并通过北斗系统获取车辆位置，出发、到达时间以及实时的运动轨迹，精准掌握农产品运输情况。

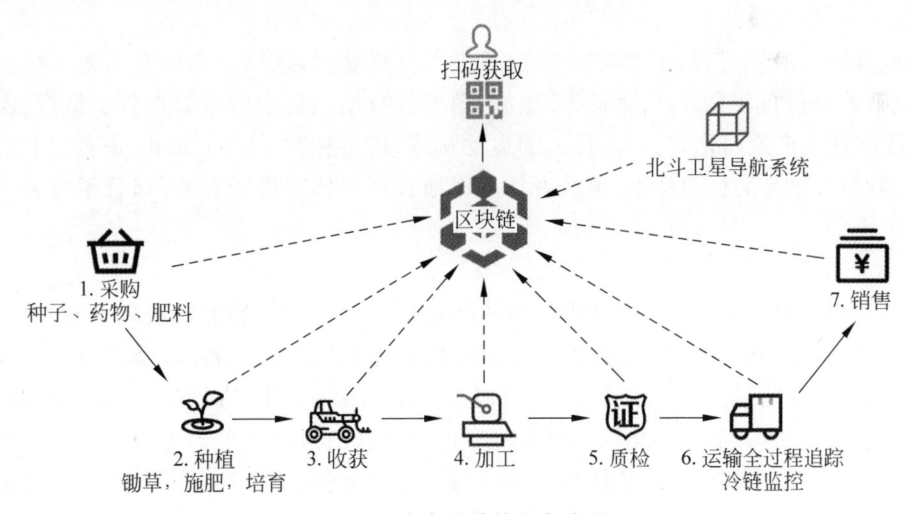

图9.7 农产品种植业务流程

2）禽畜养殖

根据基于禽畜生长模型的智能化养殖方案，通过物联网＋人工智能技术，实现鸡鸭牛羊等养殖、检疫、屠宰、加工、物流、销售等全过程的无缝跟踪和监管，实时监测棚舍内外的养殖环境和禽畜生长指标，对于禽畜异常行为进行监测和预警，结合数据分析最佳策略，远程智能化设备管理，实现数字化，精细化禽畜养殖，基于区块链的禽畜养殖业务流程如图 9.8 所示。

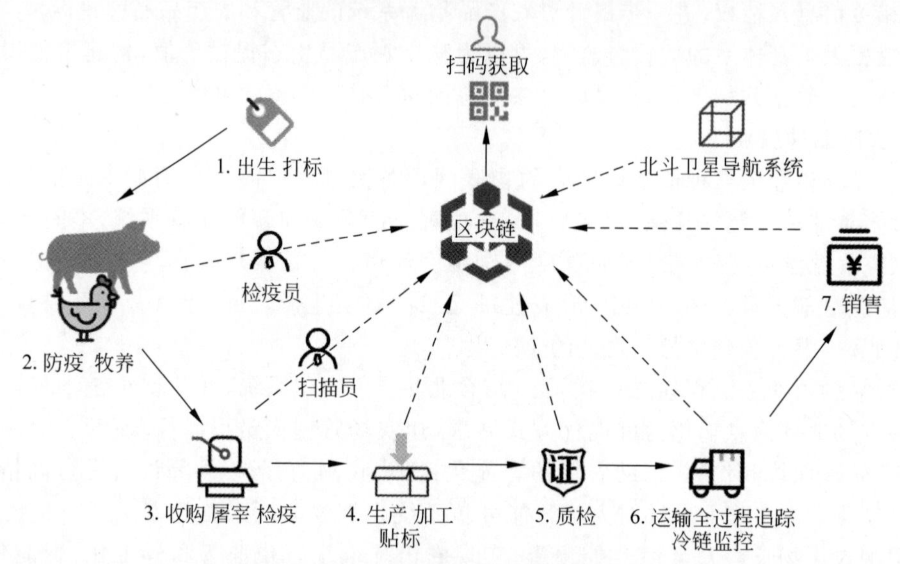

图 9.8 基于区块链的禽畜养殖业务流程

每一只禽畜都拥有独立的电子标签，作为唯一的身份标识，全程养殖信息将通过身份标识关联录入上传至平台，包括入栏时间、养殖人员、日常喂食喂水、清洁消毒、防疫用药等记录。同时电子标签具备北斗系统定位功能，通过管理系统可以了解到每一只禽畜的位置信息，养殖方设置“电子围栏”，当禽畜越过时，系统会进行警告通知，管理人员可以根据定位，寻回禽畜，减少损失。

对禽畜进行屠宰时，将对屠宰后的白条进行打码处理，该码包含原有禽畜电子标签信息，作为新的身份标识跟踪后续储藏、物流、销售等数据信息。所有数据将上链存证，整个养殖过程向社会全透明化式公开，每天的运动轨迹，进食种类、次数、重量，是否含有激素或添加剂，散养天数等信息和数据，消费者均可以通过溯源档案进行查看，保证了禽畜产品的安全和品质。

3）水产养殖

北斗＋物联网核心技术，将水产养殖的地块信息以可视化的方式展现在管理后台中。北斗的气候实时监测功能，对养殖地块的水汽及对流天气进行探测，结合全程立体式多点水质环境监测，对气候、水质、水环境信息（温度、光照、深度、pH 值、溶解氧、浊度、盐度、氨氮含量等）进行实时采集。智能控制换水、增氧、增温、喂料，对养殖环境因素与饵料养分的吸收能力、摄取量关系建立数据模型，实现科技化、智能化、便捷性、低成本、高收益的水产养殖。

基于区块链的水产养殖业务流程如图 9.9 所示，将水产品的育苗、繁育、加工、包装、销售等全过程的信息录入、存储在区块链上，形成完整的溯源档案，利用一物一码技术，把二维码或电子标签作为水产品合格证明的“身份证”，增强了水产养殖产业链数据信息的安全性和透明性。消费者即可在购买生鲜产品时对产品的养殖及加工生产环节全过程溯源档案进行查看,提升消费者对于产品的信心。

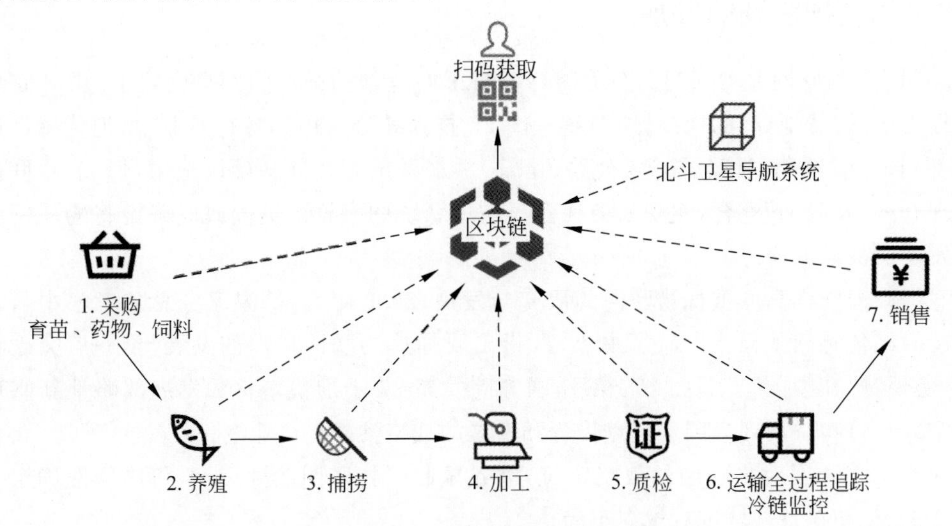

图 9.9 基于区块链的水产养殖业务流程

9.4 物联网技术及应用

9.4.1 物联网的起源

物联网(Internet of Things,IoT)被称为继计算机、互联网之后,世界信息产业的第三次浪潮。它以感知为前提,实现人与人、人与物、物与物的全面互联,促进了信息世界与物理世界的深度融合,是互联网的延伸和拓展。

物联网理念的最早应用,可追溯到著名的"特洛伊咖啡壶"事件。1991 年,剑桥大学特洛伊计算机实验室的科学家们,工作之余需下楼查看咖啡是否煮好,但往往空手而归。为此,他们在咖啡壶旁边安装了一个摄像机,并编写程序捕捉瞬时图像,传递到实验室的计算机上,就可以远程查看咖啡是否煮好。

1995 年,比尔·盖茨在《未来之路》一书中,也提到"物物互联"的设想,但受限于当时的网络和传感器技术水平,该思想未能引起关注。1999 年,美国麻省理工学院的 Auto-ID(自动识别)中心,以 EPC(Electronic Product Code,产品电子代码)为核心,在物品编码、RFID(Radio Frequency Identification,射频识别)技术和互联网的基础上,提出了物联网的基本概念和解决方案。

直到 2005 年,在信息社会峰会(World Summit on the Information Society,WSIS)上,国际电信联盟(International Telecommunications Union,ITU)发布了《ITU 因特网报告 2005:物联网》正式提出了物联网的概念。报告指出,无所不在的"物联网"通信时代即将来临,世界上所有物体从轮胎到牙刷、从房屋到纸巾都可以通过因特网主动进行数据交换。通过在各种物品上嵌入一种短距离移动收发器,人类在信息与通信世界里将获得一个新的沟通维度。报告描绘了"物联网"时代任何时刻、任何地点、任意物体之间互联的发展远景,并预见射频识别、传感器、纳米、智能嵌入这 4 项技术将得到广泛应用。

9.4.2 物联网的发展

2009 年，物联网蓬勃兴起。在美国总统与工商业领袖举行的圆桌会议上，IBM 首席执行官提出了“智慧地球”的构想，即把新一代 IT 技术充分运用到各行各业中，把传感器嵌入和装备到电网、铁路、桥梁、隧道、公路、建筑、供水系统等各种基础设施中，形成“物联网”，再与现有的“互联网”整合，实现人类社会与物理系统的融合。美国政府确定将物联网作为国家发展的战略方向之一。

我国政府同样高度重视物联网的研究与发展，2009 年 8 月，温家宝总理考察中科院无锡高新微纳传感网工程技术研发中心时，指出要加速物联网技术的发展，早一点突破核心技术，实现“感知中国”。2010 年 10 月，国务院发布《关于加快培育和发展战略性新兴产业的决定》中，将物联网列为国家重点培育和发展的战略性新兴产业之一。

随着中美两国对物联网的战略定位，世界掀起了物联网热潮，纷纷将物联网确定为国家战略重点，并在各领域进行规划布局。

2011 年 4 月，我国工业和信息化部发布的《物联网“十二五”发展规划》中，明确指出物联网是我国新一代信息技术自主创新突破的重点方向，蕴含着巨大的创新空间。通过物联网技术进行传统行业的升级改造，重点支持物联网在工业、农业、流通业等领域的应用示范。

2016 年 12 月，我国农业部发布《农业物联网发展报告 2016》提出，物联网正在成为提升农业竞争力和促进可持续发展的重要手段，成为整合农村各类资源、改造传统农业的有效举措。要准确把握物联网发展应用的新趋势，努力实现农业物联网跨越式发展。

2021 年 3 月，新华社发表《中华人民共和国国民经济和社会发展第十四个五年规划和 2035 年远景目标纲要》，确定了 7 个数字经济的重点行业，包括云计算、大数据、物联网、工业互联网、区块链、人工智能、虚拟现实和增强现实等 7 大产业。其中，物联网重点发展的领域有推进传感器、网络切片、高精度定位等技术创新，合作开发云服务和边缘计算服务，培育汽车联网、医疗物联网、家居物联网产业。分层次推进新型智慧城市建设，把物联网感知设备、通信系统等纳入公共基础设施统一规划建设，推进市政公用设施、建筑等物联网应用和智能化改造。

2022 年 10 月，党的二十大报告中提出，加快发展物联网，建设高效顺畅的流通体系，降低物流成本。加快发展数字经济，促进数字经济和实体经济深度融合，打造具有国际竞争力的数字产业集群。

近年来，我国科技部、农业部、交通部等行业主管部委，相继出台多项推动物联网产业发展的专项规划及政策，促进了我国物联网产业的健康发展。物联网在各行各业的应用在不断深化。

9.4.3 物联网的定义

物联网概念的兴起，源自 ITU 的年度互联网报告，但该报告并未给出物联网的清晰完整定义。以下是我国及国际组织对物联网的定义。

(1) 2010年,时任总理温家宝在十一届人大三次会议上所作政府工作报告中对物联网做出定义：物联网是指通过信息传感设备,按照约定的协议,把任何物品与互联网连接起来,进行信息交换和通信,以实现智能化识别、定位、跟踪、监控和管理的一种网络。它是在互联网基础上延伸和扩展的网络。

(2) 欧盟定义：将现有的互联的计算机网络扩展到互联的物品网络。

(3) ITU 定义：物联网主要解决物品到物品(Thing to Thing,T2T),人到物品(Human to Thing,H2T),人到人(Human to Human,H2H)之间的互联。

(4) 综合各种物联网应用系统的共性特征,南开大学吴功宜教授在《物联网工程导论》一书中总结的定义如下：物联网是按照约定的协议,将具有"感知、通信、计算"功能的智能物体、系统、信息资源互联起来,实现对物理世界"泛在感知、可靠传输、智慧处理"的智能服务系统。

9.4.4　物联网的技术特征

物联网是客观物理世界与虚拟信息世界融合的桥梁纽带,其工作过程与人类处理物理世界问题的过程类似。如图9.10所示,人的感官、神经、大脑,分别用来获取、传输和处理外界信息,依次对应物联网系统工作的三个过程：泛在感知、可靠传输和智能处理。因此,物联网中的"物"是具有感知、通信和计算能力的智能物体。而任意物体的智能特性,需要通过配置嵌入式装备来实现,可以是结构简单的RFID标签,也可以是相对复杂的传感器节点或机器人。

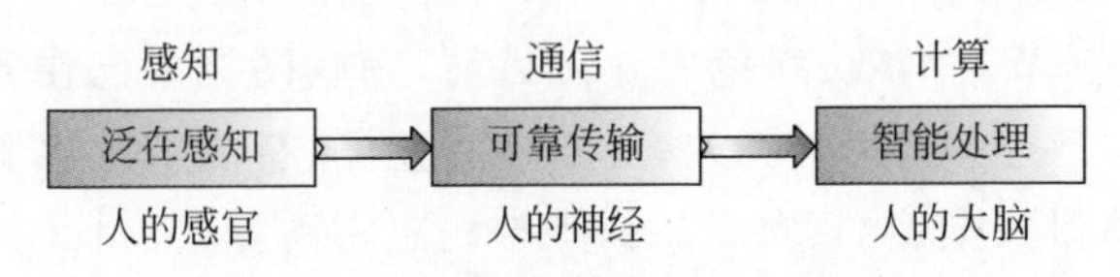

图9.10　物联网系统工作过程类比

对于大量复杂的、面向不同应用的物联网系统,需总结其系统结构共性。物联网体系结构借鉴了互联网成熟的研究方法与思路,用"分层结构"的思想描述了物联网共性结构的抽象模型,从下至上依次为感知层、网络层和应用层。

感知层,由大量具有感知和识别功能的终端设备组成,包括RFID、传感器、智能家电、智能手机、智能可穿戴设备等,主要作用是感知和识别物体、采集信息、获取数据。

网络层,包括各种通信网络与互联网形成的融合网络,是物联网成为普遍服务的基础设施层。

应用层,是将物联网技术与行业专业技术相结合,实现广泛应用的智能化解决方案。可进一步划分为管理服务层和行业应用层。管理服务层通过中间件软件对应用层软件屏蔽感知层设备和网络层传输网络的差异,对海量感知数据进行高效汇聚、存储,并利用数据挖掘、大数据处理及智能决策等技术,为行业应用层提供服务。

物联网作为一个复杂的综合信息智能服务系统,其体系结构的各层面都涉及许多关键技术。表9.1中归纳汇总了物联网的主要关键技术。

表 9.1 物联网主要关键技术

关键技术	涵盖内容
感知技术	RFID技术、传感器、无线传感器网络、GPS位置服务等
通信与网络技术	计算机网络、移动通信网、终端设备接入、无线网络等
计算技术	大数据处理、云计算、数据可视化、中间件与应用软件开发等
嵌入式技术	嵌入式软件开发、智能硬件设计、可穿戴设备开发等
人工智能技术	人机交互、机器智能与机器学习、智能决策、虚拟现实等
网络安全技术	感知层安全、网络层安全、应用层安全、隐私保护与法律法规等
物联网应用系统规划与设计	物联网应用系统集成、组建、运维、管理等

9.4.5 物联网的应用

物联网能有效整合通信基础设施资源和行业基础设施资源,提高各个行业业务系统的信息化水平。物联网在农业、医疗、交通、家居、物流等各行业的广泛应用,深刻改变了人们的生活方式,推动了社会、经济的全方位发展。

1. 智慧农业

物联网与农业技术装备、农业经营、农业农村大数据、农业生产生活生态的融合,顺应我国农业转型升级的迫切需求,正在引领传统农业生产经营模式的改造和升级,成为改变农业、农村、农民的新力量。通过物联网能够实现农业生产自动化,节省人工和作业时间,提高资源利用率和劳动生产率,加快实现农业农村现代化;在农业物联网的支撑下,能够实现科学栽培、精准种植,节本增效、绿色农业。目前,物联网技术已在大田农业、设施农业、果园生产管理中得到了初步应用。例如,气象环境监测、智能节水灌溉、温室智能控制、畜牧养殖管理、农产品质量安全追溯、农产品长势与病虫害防控等方面,都已取得了较好的应用效果。

2. 智慧医疗

智慧医疗,是指运用物联网先进的感知技术实现医疗信息的准确、综合、实时感知;通过便捷、全方位的通信技术实现医疗系统的互联互通;采用高效的数据处理技术实现医疗信息的全面、科学分析与决策。覆盖医疗信息感知、监护服务、医院管理、药品管理、远程医疗等领域,旨在提高全社会的疾病预防、治疗、保健与健康管理水平,提升医疗机构的工作效率,保障优良医疗资源的高效应用。基于物联网技术的智慧医疗的发展与应用,对提高全民医疗保健水平的意义非常重大。

3. 智能交通

我国将智能交通系统作为未来交通发展的重要方向。利用物联网的感知、传输与智能处理技术,实现"人、车、路、基础设施与计算机和网络的深度融合"。典型的研究工作是无线车载网,及在此基础上发展起来的车联网。目前,无人驾驶汽车,受到了世界各国研究机构与产业界的高度重视。国内外互联网公司与传统汽车生产商合作,用互联网、物联网、云计算、大数据、人工智能、虚拟现实等先进技术改造传统汽车制造业,未来将建立起一个全新的"安全、可控、可信、可视、畅通、环保"的智能交通体系。

4. 智能家居

智能家居，是以住宅为平台，综合应用计算机网络、无线通信、自动控制与音视频等技术，集服务和管理于一体；将家庭供电与照明系统、音视频设备、网络家电、安防系统，以及水、电、煤气表等自动抄送设施连接起来；通过触摸屏、手机、语音等方式进行家电、照明、安防、环境监测等多种远程操作或自动控制，并可与社区物业管理联动，达到居住环境舒适、安全、环保、高效、便捷的目的。智能家居的应用，改变了人们的工作和生活方式，促进了传统家电制造商生产模式的转变和产品的换代升级，并已逐渐形成完善的智能家居产业链。

5. 智能物流

随着社会的发展，物品的生产、流通、销售逐步专业化，连接产品生产者与消费者之间的运输、装卸、存储逐步发展成专业化的物流行业。智能物流，采用物联网 RFID、无线传感器网络和互联网技术，综合运用运筹学、供应链管理等经济学理论，实现对物品从采购、入库、制造、调配、运输等环节全过程的信息采集和传输。并将采集到的信息进行智能化处理，形成物流决策，服务于企业，进而降低物流成本、提升物流效率、提高物流管理水平和客户满意度。

9.5 本章小结

本章主要对于人工智能、大数据、区块链、物联网等新一代信息技术进行了介绍，从基本概念、技术发展、研究内容和领域、主要应用场景等方面进行了详细介绍。通过本章的学习，读者可以对人工智能等新一代信息技术所涉及的主要技术有所了解，能够掌握人工智能、大数据、区块链、物联网的基本概念与核心技术，了解这些技术的应用领域和发展。

习题 9

习题答案

一、选择题

1. 以下哪个不是大数据的特征(　　)。

A. 价值密度低　　B. 数据类型繁多
C. 访问时间短　　D. 处理速度快

2. 大数据的简单算法与小数据的复杂算法相比(　　)。

A. 更有效　　B. 相当　　C. 不具备可比性　　D. 无效

3. 相比依赖于小数据和精确性的时代，大数据因为更强调数据的(　　)，帮助我们进一步接近事实的真相。

A. 安全性　　B. 完整性　　C. 混杂性　　D. 完整性和混杂性

4. 人工智能是一门(　　)。

A. 数学和生理学　　B. 心理学和生理学
C. 语言学　　D. 综合性的交叉学科

5. 首次提出“人工智能”是在(　　)年。

A. 1946　B. 1960　C. 1916　D. 1956

6. 下列哪个不是人工智能的研究领域？(　　)

A. 机器学习　B. 图像处理　C. 自然语言处理　D. 编译原理

7. 用(　　)语言研究人工智能较多。

A. C　B. C++　C. Python　D. C#

8. 下列关于人工智能的叙述不正确的有(　　)。

A. 人工智能技术与其他科学技术相结合,极大地提高了应用技术的智能化水平

B. 人工智能是科学技术发展的趋势

C. 因为人工智能的系统研究是从20世纪50年代才开始的,非常新,所以十分重要

D. 人工智能有力地促进了社会的发展

9. 被称为世界信息产业第三次浪潮的是(　　)。

A. 计算机　B. 互联网　C. 传感网　D. 物联网

10. 提出"智慧地球"构想的公司是(　　)。

A. IBM　B. 微软　C. Intel　D. Google

11. 1995年,提出"物物互联"设想的是(　　)。

A. 史蒂夫·乔布斯　B. 比尔·盖茨

C. 谢尔盖·布林　D. 罗伯特·诺宜斯

12. 物联网体系结构从下至上分为三个层次,依次为感知层、(　　)和应用层。

A. 物理层　B. 网络层　C. 链路层　D. 会话层

13. 关于物联网的应用层,描述错误的是(　　)。

A. 应用层可分为管理服务层和行业应用层

B. 管理服务层通过中间件软件对应用层软件屏蔽设备和网络差异

C. 管理服务层利用数据挖掘、大数据等技术,为行业应用层提供服务

D. 管理服务层位于感知层和应用层之间

二、判断题

1. 大数据更强调批量式分析而非实时分析。(　　)
2. 大数据具有体量大、结构单一、时效性强的特征。(　　)

三、论述题

1. 人工智能有哪些研究领域和应用领域？其中,哪些是新的研究热点？
2. 人工智能的发展对人类有哪些影响？
3. 举例说明人工智能技术在智慧农业中的应用。
4. 人工智能可能的局限及如何规避风险？
5. 简述大数据的定义及其主要特征。
6. 简述你身边大数据的一些具体应用。
7. 简述区块链技术在数字农业中发挥的作用。
8. 基于区块链的农产品可信溯源体系架构主要包括哪几层？
9. 区块链技术在农业中的典型应用场景包括哪些？

参考文献

[1] Association for Computing Machinery(ACM),IEEE Computer Society(IEEE CS). 信息技术课程体系指南 2017[M]. ACM 中国教育委员会,教育部高等学校大学计算机课程教学指导委员会,译. 北京：高等教育出版社,2017.

[2] Association for Computing Machinery(ACM),IEEE Computer Society(IEEE CS). 计算机工程课程体系指南 2016[M]. ACM 中国教育委员会,教育部高等学校大学计算机课程教学指导委员会,译. 北京：高等教育出版社,2017.

[3] Association for Computing Machinery(ACM),IEEE Computer Society(IEEE CS). 计算机科学课程体系规范 2013[M]. ACM 中国教育委员会,教育部高等学校大学计算机课程教学指导委员会,译. 北京：高等教育出版社,2015.

[4] Association for Computing Machinery(ACM),IEEE Computer Society(IEEE CS),Association for Information Systems Special Interest Group on Information Security and Privacy(AIS SIGSEC), International Federation for Information Processing Technical Committee on Information Security Education(IFIP WG 11. 8). Cybersecurity Curricula 2017[R]. Web link：https://dl. acm. org/citation. cfm?id＝3184594,2017.

[5] 黄国兴,丁岳伟,张瑜,等. 计算机导论[M]. 4 版. 北京：清华大学出版社,2019.

[6] 张小峰,孙玉娟,李凌云,等. 计算机与科学技术导论[M]. 2 版. 北京：清华大学出版社,2020.

[7] 宋晓明,张晓娟. 计算机基础案例教程[M]. 2 版. 北京：清华大学出版社,2020.

[8] 史蒂芬·卢奇,丹尼·科佩克. 人工智能[M]. 林赐,译. 2 版. 北京：人民邮电出版社,2018.

[9] 吴功宜,吴英. 计算机网络应用技术教程[M]. 5 版. 北京：清华大学出版社,2019.

[10] 唐朔飞. 计算机组成原理[M]. 3 版. 北京：高等教育出版社,2020.

[11] 艾伦·克莱门茨. 计算机组成原理[M]. 沈立,王苏峰,肖晓强,译. 北京：机械工业出版社,2017.

[12] 蒋本珊. 计算机组成原理[M]. 4 版. 北京：清华大学出版社,2021.

[13] 王爱英. 计算机组成与结构[M]. 5 版. 北京：清华大学出版社,2020.

[14] 汤小丹,梁红兵,哲凤屏,等. 计算机操作系统[M]. 4 版. 西安：西安电子科技大学出版社,2014.

[15] 汤小丹,王红玲,姜华,等. 计算机操作系统(慕课版)[M]. 北京：人民邮电出版社,2021.

[16] 徐甲同,陆丽娜,古建华. 计算机操作系统教程[M]. 2 版. 西安：西安电子科技大学出版社,2006.

[17] 庞丽娜,阳富民. 计算机操作系统(慕课版)[M]. 北京：人民邮电出版社,2018.

[18] 刘振鹏,王煜,张明. 操作系统[M]. 3 版. 北京：中国铁道出版社,2003.

[19] 刘腾红. 操作系统[M]. 北京：中国铁道出版社,2008.

[20] 瞿中,刘玲,林丽丹,等. 计算机科学导论[M]. 6 版. 北京：清华大学出版社,2021.

[21] 贝赫鲁兹·佛罗赞. 计算机科学导论[M]. 吕云翔,杨洪洋,曾洪洋,等译. 4 版. 北京：机械工业出版社,2020.

[22] 托尼·加迪斯. 程序设计基础[M]. 王立柱,译. 3 版. 北京：机械工业出版社,2018.

[23] 罗伯特·W. 塞巴斯. 程序设计语言原理(原书第 12 版)[M]. 徐宝文,王子元,周晓宇,等译. 北京：机械工业出版社,2022.

[24] 陈火旺,刘春林,谭庆平等. 程序设计语言编译原理[M]. 3 版. 北京：国防工业出版社,2020.

[25] 何炎祥,伍春香,王汉飞. 编译原理[M]. 北京：机械工业出版社,2010.

[26] 刘刚,张杲峰,周庆国. 人工智能导论[M]. 北京：北京邮电大学出版社,2020. 07

[27] 曾凌静,黄金凤. 人工智能与大数据导论[M]. 成都：电子科技大学出版社,2020. 07

[28] 莫宏伟. 人工智能导论[M]. 北京：人民邮电出版社,2020. 07

[29] 梁颖慧,蒋志华. 国外人工智能技术在现代农业中的应用及其对中国的启示[J]. 安徽农业科学,2019,47(17)：254-255,265.

[30]　熊征，孟祥宝，汪洋，等. 国内外农业人工智能典型应用案例及启示[J]. 现代农业装备，2021，42(5)：8-16.
[31]　王成良，廖军. 大数据基础教程[M]. 北京：清华大学出版社，2020.
[32]　周奇，张纯，苏绚，等. 大数据技术基础应用教程[M]. 北京：清华大学出版社，2020.
[33]　韦德泉，杨振. 大数据与人工智能导论[M]. 北京：北京师范大学出版社，2021.
[34]　许艳春，张文硕，江天仿. 新信息技术概论[M]. 大连：大连理工大学出版社，2019.
[35]　陈明. 数据科学与大数据技术导论[M]. 北京：清华大学出版社，2021.
[36]　温孚江. 大数据农业[M]. 北京：中国农业出版社，2015.
[37]　李宏，王拥军. 大数据时代的生物技术和农业[M]. 北京：科学出版社，2019.
[38]　吴功宜，吴英. 物联网工程导论[M]. 2 版. 北京：机械工业出版社，2018.
[39]　刘云浩. 物联网导论[M]. 4 版. 北京：科学出版社，2022.
[40]　张飞舟. 物联网应用与解决方案[M]. 2 版. 北京：电子工业出版社，2019.

图书资源支持

感谢您一直以来对清华版图书的支持和爱护。为了配合本书的使用,本书提供配套的资源,有需求的读者请扫描下方的"书圈"微信公众号二维码,在图书专区下载,也可以拨打电话或发送电子邮件咨询。

如果您在使用本书的过程中遇到了什么问题,或者有相关图书出版计划,也请您发邮件告诉我们,以便我们更好地为您服务。

我们的联系方式:

清华大学出版社计算机与信息分社网站:https://www.shuimushuhui.com/

地　　址:北京市海淀区双清路学研大厦 A 座 714

邮　　编:100084

电　　话:010-83470236　010-83470237

客服邮箱:2301891038@qq.com

QQ:2301891038(请写明您的单位和姓名)

资源下载:关注公众号"书圈"下载配套资源。

资源下载、样书申请

书圈

图书案例

清华计算机学堂

观看课程直播